21世纪高职高专土建类专业规划教材

建筑施工测量

主　编　⊙　李　楠　王云江
主　审　⊙　王作成

中国建材工业出版社

图书在版编目（CIP）数据

建筑施工测量/李楠，王云江主编 . --北京：中
国建材工业出版社，2016.9
21世纪高职高专土建类专业规划教材
ISBN 978-7-5160-1644-2

Ⅰ.①建… Ⅱ.①李… ②王… Ⅲ.①建筑测量—高
等职业教育—教材 Ⅳ.①TU198

中国版本图书馆 CIP 数据核字（2016）第 214560 号

内 容 简 介

全书共十五章。第一章~第五章主要介绍测量的基本知识、水准测量、角度和
距离测量的基本原理和方法；测量仪器的构造、使用、检校以及目前建筑施工使用
较广泛的全站仪及 GPS 应用；第六章讲述了控制测量；第七章~第十一章介绍了工
业与民用建筑的施工测量方法；工程变形监测；管道与道路施工测量。第十二章~
第十五章为建筑施工测量实训与习题。

本书力求叙述简明、通俗易懂、注重实用、图文并茂，突出了课程的基础性、
实用性、技能性，可供高职高专院校建筑工程技术专业师生使用，也适合上述专业
的函授、高教自考教学之用，还可供建筑施工技术人员学习和参考。

建筑施工测量

李楠 王云江 主编

出版发行：中国建材工业出版社
地　　址：北京市海淀区三里河路 1 号
邮　　编：100044
经　　销：全国各地新华书店
印　　刷：北京雁林吉兆印刷有限公司
开　　本：787mm×1092mm 1/16
印　　张：20.25
字　　数：500 千字
版　　次：2016 年 9 月第 1 版
印　　次：2016 年 9 月第 1 次
定　　价：52.80 元

本社网址：www.jccbs.com 微信公众号：zgjcgycbs
本书如出现印装质量问题，由我社市场营销部负责调换。联系电话：(010) 88386906

前　　言

本书是按照高等院校建筑工程技术专业教育标准、培养目标及建筑施工测量课程的教学大纲编写的一本教材。

本书在编写中根据高职高专教学的特点，从培养应用型人才目标出发，在论述基础理论和方法的同时，重视基本技能的训练与实践性教学环节，并力求叙述简明、通俗易懂、注重实用、图文并茂，突出了课程的基础性、实用性、技能性。在保留必需的测绘基础知识和理论的前提下，摒弃陈旧的教学内容，吸纳了先进的测量技术与方法。本书注重建筑施工测量的内容，列举了大量施工现场实际放样的案例，各项测量观测、记录、计算均有实例和表格。为加强学生测、算等基本技能，配套实训与习题。测量基本技能训练、综合技能训练和课后习题练习有助于学生将所学测量技术知识进一步系统化，同时增强学生"认真、负责、严格、精细、实事求是"的科学态度和良好学风，提高学生的全面素质。

全书共十五章。第一章～第五章主要介绍了测量的基本知识、水准测量、角度和距离测量的基本原理和方法，测量仪器的构造、使用、检校以及目前建筑施工使用较广泛的全站仪及 GPS 应用，由李楠编写。第六章介绍了控制测量，由王云江编写。第七章～第十一章介绍了工业与民用建筑的施工测量方法，工程变形监测、管道与道路施工测量，由李楠编写。第十二章～第十五章为建筑施工测量实训与习题，由王云江编写。本书由李楠统稿，由王作成担任主审。。

本书可供高等院校建筑施工专业师生使用，也适合上述专业的函授、高教自考教学之用，还可供测绘和土木类工程技术人员学习和参考。

限于笔者的水平，书中难免有疏漏之处，敬请读者批评指正。

编者

2016 年 8 月

中国建材工业出版社
China Building Materials Press

我 们 提 供

图书出版、图书广告宣传、企业/个人定向出版、设计业务、企业内刊等外包、代选代购图书、团体用书、会议、培训，其他深度合作等优质高效服务。

编 辑 部
010-88386119

出版咨询
010-68343948

市场销售
010-68001605

门市销售
010-88386906

邮箱：jccbs-zbs@163.com　　网址：www.jccbs.com.cn

发展出版传媒　　服务经济建设

传播科技进步　　满足社会需求

目　　录

第一章 测量基本知识

第一节 建筑施工测量的任务与作用

一、建筑施工测量的任务

建筑施工测量属于工程测量学的范畴，是工程测量学在建筑工程建设领域中的具体表现。建筑施工测量的任务包括测定、测设两方面，建筑施工测量的主要工作是测设。

1. 测定

测定又称测图，是指使用测量仪器和工具，通过测量和计算，并按照一定的测量程序和方法将地物和地貌按一定的比例尺和特定的符号缩绘成地形图，以供工程建设的规划、设计、施工和管理使用。

2. 测设

测设又称放样，是指使用测量仪器和工具，按照设计要求，采用一定的方法将设计图纸上设计好的建筑物、构筑物的位置测设到实地，作为工程施工的依据。

此外，施工中各施工工序的交接和检查、校核、验收工程质量的施工测量，工程竣工后的竣工测量，监视重要建筑物或构筑物在施工、运营阶段的沉降、位移和倾斜所进行的变形观测等，也是施工测量的主要任务。

施工测量主要包括施工放样（定位、放线、抄平）与工程变形监测内容。

二、建筑施工测量的作用

建筑施工测量是工程施工中一项非常重要的工作。它服务于工程建设的每一个阶段，贯穿于工程的始终。在工程勘测阶段，测绘地形图为规划设计提供各种比例尺的地形图和测绘资料；在工程设计阶段，应用地形图进行总体规划和设计；在工程施工阶段，要将图纸上设计好的建筑物、构筑物的平面位置和高程按设计要求测设于实地，以此作为施工的依据；在施工过程中进行土方开挖、基础和主体工程的施工测量；在施工中还要经常对施工和安装工作进行检验、校核，以保证所建工程符合设计要求；施工竣工后，还要进行竣工测量，施测竣工图，供日后扩建和维修之用；在工程管理阶段，对建筑物和构筑物进行变形观测，以保证工程的安全使用。由此可见，在工程建设的各个阶段都需要进行测量工作，而且测量的精度和速度直接影响到整个工程的质量和进度。因此，工程技术人员必须掌握工程测量的基本理论、基本知识和基本技能，掌握常用的测量仪器和工具的使用方法，初步掌握小地区大比例尺地形图的测绘方法，正确掌握地形图应用的方法，以及具有一般土建工程施工测量的能力。

三、建筑施工测量的现状与发展方向

建筑施工测量为建筑业的发展作出了重要的贡献，同时建筑业的发展也为施工测量的技术水平得到了很大的提高。目前，除常规测量仪器和工具如光学经纬仪、光学水准仪和钢尺等在工程测量中继续使用外，现代化的测量仪器如电子经纬仪、电子水准仪和电子全站仪等也已普及，提高了测量工作的速度、精度、可靠度和自动化程度。一些专用激光测量仪器设备如用于高层建筑竖直投点的激光铅直仪、用于大面积场地精确自动找平的激光扫平仪和用于地下开挖指向的激光经纬仪等的应用，为建筑施工提供了更高效、准确的测量技术服务。利用卫星测定地面点坐标的新技术——全球定位系统（GPS），也逐渐被应用于工程测量中，该技术作业时不受气候、地形和通视条件的影响，只需将卫星接收机安置在已知点和待定点上，通过接收不同的卫星信号，就可计算出该点的三维坐标，这与传统测量技术相比是质的飞跃，目前在施工测量中，一般用于大范围和长距离施工场地中的控制性测量工作。计算机技术也正被应用到测量数据处理、测量仪器自动控制等方面，进一步推动建筑施工测量从手工化向电子化、数字化、自动化和智能化方向发展。

第二节　地面点位的确定

测量工作的基本任务（即实质）是确定地面点的位置。地面点的空间位置由点的平面位置 x、y 和点的高程位置 H 来确定。

一、地面点平面位置的确定

在普通测量工作中，当测量区域较小（一般半径不大于 10km 的面积内），可将这个区域的地球表面当作水平面，用平面直角坐标来确定地面点的平面位置，如图1—1所示。

测量平面直角坐标规定纵坐标为x，向北为正，向南为负；横坐标为y，向东为正，向西为负；地面上某点M的位置可用x_M和y_M来表示。平面直角坐标系的原点O一般选在测区的西南角，使测区内所有点的坐标均为正值。象限以北东开始按顺时针方向依次为Ⅰ、Ⅱ、Ⅲ、Ⅳ。与数学坐标的区别在于坐标轴互换，象限顺序相反，其目的是便于将数学中的公式直接应用到测量计算中而不需作任何变更。

在大地测量和地图制图中要用到大地坐标。用大地经度L和大地纬度B表示地面点在旋转椭球面上的位置，称为大地地理坐标，简称大地坐标。如图1—2所示，地面上任意点P的大地经度L是该点的子午面与首子午面所夹的两面角；P点的大地纬度B是过该点的法线（与旋转椭球面垂直的线）与赤道面的夹角。

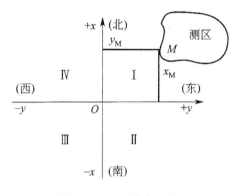

图1—1　平面直角坐标

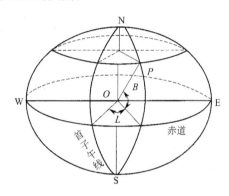

图1—2　大地坐标

大地经纬度是根据大地测量所得的数据推算而得出的。我国现采用陕西省泾阳县境内的国家大地原点为起算点，由此建立新的统一坐标系，称为"1980年国家大地坐标系"。

随着国民经济建设、国防建设和社会发展等对国家大地坐标提出了新的要求，迫切需要采用原点位于地球质量中心的坐标系统（地心坐标系）作为国家大地坐标系，因此，我国规定自2008年7月1日起，将全面启用"2000国家大地坐标系"（CGCS2000），与现行国家大地坐标系转换、衔接的过渡期为8～10年。

二、地面点高程位置的确定

地球自然表面很不规则，有高山、丘陵、平原和海洋。海洋面积约占地表的71%，而陆地约占29%，其中最高的珠穆朗玛峰高出大地水准面8844.43m，最低的马里亚纳海沟低于大地水准面11022m。但是，这样的高低起伏，相对于地球半径6371km来说还是很小的。

地球上自由静止的海水面称为水准面，它是个处处与重力方向垂直的连续曲面。与水准面相切的平面称为水平面。由于水面高低不一，因此水准面有无限多个，其中与平均海水面相吻合并向大陆、岛屿延伸而形成的闭合曲面，称为大地水准面，如图

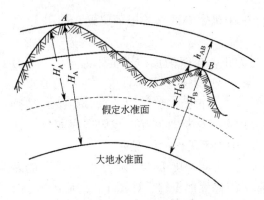

图 1-3　大地水准面

1-3所示。

我国以在青岛观象山验潮站1952～1979年验潮资料确定的黄海平均海水面作为起算高程的基准面，称为"1985国家高程基准"。以该大地水准面为起算面，其高程为零。为了便于观测和使用，在青岛建立了我国的水准原点（国家高程控制网的起算点），其高程为 72.260m，全国各地的高程都以它为基准进行测算。

地面点到大地水准面的铅垂距离，称为该点的绝对高程，亦称海拔或标高。如图1-3所示，H_A、H_B 即为地面点 A、B 的绝对高程。

当在局部地区引用绝对高程有困难时，可采用假定高程系统，即假定任意水准面为起算高程的基准面。地面点到假定水准面的铅垂距离，称为相对高程。如图1-3所示，H'_A、H'_B 即为地面点 A、B 的相对高程。例如，工业民用建筑工程中常选定底层室内地坪面为该工程地面点高程起算的基准面，记为（±0.000）。建筑物某部位的标高，是指某部位的相对高程，即某部位距室内地坪（±0.000）的垂直间距。

两个地面点之间的高程差称为高差，用 h 表示。$h_{AB}=H_B-H_A=H'_B-H'_A$。

三、用水平面代替水准面的限度

在测量中，当测区范围很小时才允许以水平面代替水准面。那么，究竟测区范围多大时，可用水平面代替水准面呢？

（一）水平面代替水准面对距离的影响

如图1-4所示，A、B 两点在水准面上的距离为 D，在水平面上的距离为 D'，则 ΔD（$\Delta D=D'-D$）是用水平面代替水准面后对距离的影响值。

它们与地球半径 R 的关系为：

$$\Delta D=\frac{D^3}{3R^2} \text{ 或 } \frac{\Delta D}{D}=\frac{D^2}{3R^2} \qquad (1-1)$$

根据地球半径 $R=6371km$ 及不同的距离 D 值，代入式（1-1），得到表1-1所列的结果。

由表1-1可见，当 $D=10km$ 时，所产生的相对误差为1/1250000。目前最精密的距离丈量时的相对误差为1/1000000。因此，可以得出结论：在半径为10km的圆面积内进行距离测量，可以用水平面代替水准面，不考虑地球曲率对距离的影响。

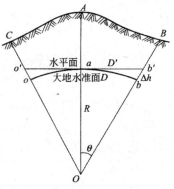

图 1-4　水平面替代水准面
对距离和高程的影响

表 1-1 水平面代替水准面后对距离的影响值

D （km）	ΔD （cm）	$\Delta D/D$
10	0.8	1：1250000
20	6.6	1：300000
50	102	1：49000

（二）水平面代替水准面对高程的影响

如图 1-4 所示，$\Delta h = bB - b'B$，这是用水平面代替水准面后对高程的测量影响值。其值为

$$\Delta h = \frac{D^2}{2R} \tag{1-2}$$

用不同的距离代入式（1-2）中，得到表 1-2 所列结果。

从表 1-2 可以看出，用水平面代替水准面，在距离 1km 内就有 8cm 的高程误差。由此可见，地球曲率对高程的影响很大。在高程测量中，即使距离很短，也要考虑地球曲率对高程的影响。实际测量中，应该考虑通过加以改正计算或采用正确的观测方法，消除地球曲率对高程测量的影响。

表 1-2 水平面代替水准面对高程的影响值

D （km）	0.2	0.5	1	2	3	4	5
Δh （cm）	0.31	2	8	31	71	125	196

四、确定地面点位的三个基本要素

地面点的空间位置是以地面点在投影平面上的坐标 x、y 和高程 H 决定的。在实际测量中，x、y 和 H 的值不能直接测定，而是通过测定水平角 β_a、β_b…和水平距离 D_1、D_2…以及各点间的高差，再根据已知点 A 的坐标、高程和 AB 边的方位角计算出 B、C、D、E 各点的坐标和高程，如图 1-5 所示。

由此可见，水平距离、水平角和高程是确定地面点的三个基本要素。水平距离测量、水平角测量和高程测量是测量的三项基本工作。

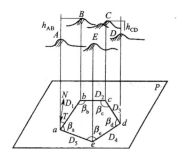

图 1-5 确定地面点位

第三节 地形图的认识

地球表面固定不动的物体称为地物，如河流、湖泊、道路、建筑等。地球表面高低起伏的形态称为地貌。地物与地貌合称为地形。地形图指的是地表起伏形态和地物

位置、形状在水平面上的投影图。具体来讲，地形图就是将地面上的地物和地貌以正投影的方法，并按一定的比例尺、用规定的符号及方法缩绘到图纸上。地形图包括了地物与地貌的平面位置以及它们的高程。如果仅表达地物的平面位置，而省略表达地貌的则称为平面图。

一、地形图的比例尺

1. 比例尺表达及分类

图上一段直线的长度与地面上相应线段真实长度的比值，称为地形图的比例尺。数字比例尺是常见的比例尺表示方法，它用分子为1，分母为整数的分数表示，如图上一线段的长度为 d，对应实际地面上的水平长度为 D，则其比例尺可以表示为：

$$\frac{d}{D} = \frac{1}{D/d} = \frac{1}{M} \tag{1-3}$$

式中，M 称为比例尺分母，该值越小即式（1-3）中分数越大，则比例尺越大，图上表示的内容越详细，但是相同图面表达内容的范围越小。

我国一般把地形图按比例尺的大小分为大比例尺地形图、中比例尺地形图和小比例尺地形图三类。通常将比例尺分母值小于10000的地形图称为大比例尺地形图，如1：500、1：1000、1：2000、1：5000。城市管理和工程建设等普遍采用大比例尺地形图，可以通过全站仪或者动态 GPS 内外业一体化数字成图。采用比例尺分母值在10000～100000之间的比例尺的地形图称为中比例尺地形图。采用比例尺分母值大于100000的地形图称为小比例尺地形图。小比例尺地形图一般由中比例尺地形图缩小编绘而成。

2. 比例尺精度

在正常情况下，人肉眼可以在图上进行分辨的最小距离是 0.1mm，当图上两点之间的距离小于 0.1mm 时，人眼将无法进行分辨而将其认成为一点。因此可以将相当于图上长度 0.1mm 的实际地面水平距离称为地形图的比例尺精度。

表 1-3　常用比例尺对应的比例尺精度

比例尺	1：500	1：1000	1：2000	1：5000	1：10000
比例尺精度（m）	0.05	0.1	0.2	0.5	1.0

表 1-3 为常用比例尺的比例尺精度。比例尺精度对测图非常重要。如选用比例尺为 1：500，对应的比例尺精度为 0.05m，在实际地面测量时仅需测量距离大于 0.05m 的物体与距离，而即使测量的再精细，小于 0.05m 的物体也无法在图纸上表达，因此可以根据比例尺精度来确定实地量距的最小尺寸。再比如，在测图上需反映地面上大于 0.1m 细节，则可以根据比例尺精度选择测图比例尺为 1：1000，即根据需求来确定合适的比例尺。

二、地形图的表示方法

1. 地物符号在图上的表示方法

地物在图中用地物符号表示，地物符号可以分为比例符号、半依比例符号、非比例符号和文字或数字注记。

（1）比例符号。

按照测图比例尺缩小后，用规定的符号画出的为比例符号。如房屋、草地、湖泊及较宽的道路等在大比例尺地形图中均可以用比例符号表示。其特点是可以根据比例尺直接进行度量与确定位置。

（2）半依比例符号。

对于一些呈长带状延伸的地物，其长度方向可以按比例缩小后绘制，而宽度方向缩小后无法直接在图中表示的符号称为半依比例符号，也称为线性符号。如小路、通信线路、管道、篱笆或围墙等。其特点是长度方向可以按比例度量。

（3）非比例符号。

对于有些地物，其轮廓尺寸较小，无法将其形状与大小按比例缩小后展绘到地形图上，则不考虑其实际大小，仅在其中心点位置按规定符号表示，称为非比例符号。如导线点、水准点、路灯、检修井或旗杆墩等。

（4）文字或数字注记。

有些地物用相应符号表示还无法表达清楚，则对其相应的特性、名称等用文字或数字加以注记。如建筑物层数、地名、路名、控制点的编号与水准点的高程等。

2. 地貌符号的表示方法

地形图上表示地貌的主要方法为等高线。地面上高程相同的相邻点依次首尾相连而形成的封闭曲线称为等高线。如图1－6所示，有一静止水面包围的小山，水面与山坡形成的交线为封闭曲线，曲线上各点的高程是相等的。随着水位的不断上升，形成不同高度的闭合曲线，

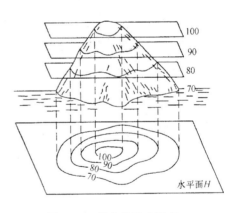

图1－6　等高线形成示意

将其投影到平面上，并按比例缩小后绘制的图形，即为该山头用等高线表示的地貌图。

第四节　测量误差的基本概念

在测量工作实践中我们发现，不论测量仪器多么精密，观测者多么仔细认真，当对某一未知量，如一段距离、一个角度或两点间的高差进行多次重复观测时，所测得

的各次结果总是存在着差异。这些现象说明观测结果中不可避免地存在着测量误差。

需要指出的是，错误（粗差）在观测结果中是不允许存在的。例如：水准测量时，转点上的水准尺发生了移动；测角时测错目标；读数时将9误读成6；记录或计算中产生的差错等。所以，含有错误的观测值应舍去不用。为了杜绝和及时发现错误，测量时必须严格按测量规范去操作，工作中要认真仔细，同时必须对观测结果采取必要的检核措施。

一、测量误差产生的原因

测量误差的来源很多，其产生的原因主要有以下三个方面。

1. 仪器的原因

观测工作中所使用的仪器，由于制造和校正不可能十分完善，受其一定精度的限制，使其观测结果的精确程度也受到一定限制。

2. 人的原因

在观测过程中，由于观测者的感觉器官鉴别能力的限制，如人的眼睛最小辨别的距离为0.1mm，所以，在仪器的对中、整平、瞄准、读数等工作环节时都会产生一定的误差。

3. 外界条件的原因

观测是在一定的外界自然条件下进行的，如温度、亮度、湿度、风力和大气折光等因素的变化，也会使测量结果产生误差。

观测结果的精度简称为精度，其取决于观测时所处的条件，上述三个方面综合起来就称三观测条件。观测条件相同的各次观测，称为同精度观测；观测条件不同的各次观测，则称为非等精度观测。

二、测量误差的分类

由于测量结果中含有各种误差，除需要分析其产生的原因，采取必要的措施消除或减弱对观测结果的影响之外，还要对误差进行分类。测量误差按照对观测结果影响的性质不同，可分为系统误差和偶然误差两大类。

（一）系统误差

1. 系统误差的概念

在相同的观测条件下，对某量进行一系列的观测，如果误差出现的符号相同，数值大小保持为常数，或按一定的规律变化，这种误差称为系统误差。例如，某钢尺的注记长度为30m，鉴定后，其实际长度为30.003m，即每量一整尺段，就会产生0.003m的误差，这种误差的数值和符号都是固定的，误差的大小与所量距离成正比。又如，水准仪经检验校正后，水准管轴与视准轴之间仍会存在不平行的残余误差i角，这种误差的大小与水准尺至水准仪的距离成正比，也保持同一符号。这些误差都属于系统误差。

2. 系统误差消除或减弱的方法

系统误差具有积累性，对测量结果的质量影响很大，所以，必须使系统误差从测量结果中消除或减弱到允许范围之内，通常采用以下方法：

（1）用计算的方法加以改正。对某些误差应求出其大小，加入测量结果中，使其得到改正，消除误差影响。例如，用钢尺量距时，可以对观测值加入尺长改正数和温度改正数，来消除尺长误差和温度变化误差对钢尺的影响。

（2）检校仪器。对测量时所使用的仪器进行检验与校正，把误差减小到最小程度。例如，水准仪中水准管轴是否平行于视准轴检校后，i 角不得大于 $20''$。

（3）采用合理的观测方法，可使误差自行消除或减弱。例如，在水准测量中，用前后视距离相等的方法能消除 i 角的影响；在水平角测量中，用盘左、盘右观测值取中数的方法，可以消除视准轴不垂直于横轴和横轴不垂直于竖轴及照准部偏心差等影响。

（二）偶然误差

1. 偶然误差的概念

在相同的观测条件下，对某量进行一系列的观测，如果误差在符号和大小都没有表现出一致的倾向，即每个误差从表面上来看，不论其符号上或数值上都没有任何规律性，这种误差称为偶然误差。例如，测角时照准误差、水准测量在水准尺上的估读误差等。

由于观测结果中系统误差和偶然误差是同时产生的，但系统误差可以用计算改正或适当的观测方法等消除或减弱，所以，本章中讨论的测量误差以偶然误差为主。

2. 偶然误差的特性

偶然误差就其单个而言，看不出有任何规律，但是随着对同一量观测次数的增加，大量的偶然误差就能表现出一种统计规律性，观测次数越多，这种规律性越明显。例如，在相同的观测条件下，观测了某测区内 168 个三角形的全部内角，由于观测值存在着偶然误差，使三角形内角观测值之和 l 不等于真值 $180°$，其差值 Δ 称为真误差，可由下式计算，真值用 x 表示。

$$\Delta = l - x \tag{1-4}$$

由式（1-4）计算出 168 个真误差，按其绝对值的大小和正负，分区间统计相应真误差的个数，列于表 1-4 中。

表 1-4 误差个数统计表

误差区间	正误差个数	负误差个数	总数
$0''\sim0.4''$	25	24	49
$0.4''\sim0.8''$	21	22	43
$0.8''\sim1.2''$	16	15	31
$1.2''\sim1.6''$	10	10	20
$1.6''\sim2.0''$	6	7	13

误差区间	正误差个数	负误差个数	总数
$2.0''\sim2.4''$	3	3	6
$2.4''\sim2.8''$	2	3	5
$2.8''\sim3.2''$	0	1	1
$3.2''$以上	0	0	0
总和	83	85	168

从表1—4中可以看出,绝对值小的误差比绝对值大的误差出现的个数多,例如误差在$0''\sim0.4''$内有49个,而$2.8''\sim3.2''$内只有1个。绝对值相同的正、负误差个数大致相等,例如表1—4中正误差为83个,负误差为85个。最大误差不超过$3.2''$。

大量的观测统计资料结果表明,偶然误差具有如下特性:

(1) 在一定的观测条件下,偶然误差的绝对值不会超过一定的限值。

(2) 绝对值较小的误差比绝对值较大的误差出现的机会多。

(3) 绝对值相等的正负误差出现的机会相同。

(4) 偶然误差的算术平均值,随着观测次数的无限增加而趋近于零,即

$$\lim_{n\to\infty}\frac{[\Delta]}{n}=0 \qquad\qquad (1-5)$$

式中　　n——观测次数。

$$[\Delta]=\Delta_1+\Delta_2+\cdots+\Delta_n$$

偶然误差的第4个特性是由第三个特性导出的,说明大量的正负误差有互相抵消的可能,当观测次数无限增加时,偶然误差的算术平均值必然趋近于零。事实上对任何一个未知量不可能进行无限次的观测,因此,偶然误差不能用计算改正或用一定的观测方法简单地加以消除。只能根据偶然误差的特性,合理地处理观测数据,减少偶然误差的影响,求出未知量的最可靠值,并衡量其精度。

三、测量误差精度的标准

精度,就是观测成果的精确程度,为了衡量观测成果的精度,必须建立衡量的标准,在测量工作中通常采用容许误差和相对误差作为衡量精度的标准。例如在水准测量工作中,由于测量存在误差,观测的高差代数和不能等于理论值,即存在"高差闭合差",一般用f_h表示。为保证水准测量的精度,必须满足实测高差闭合差小于闭合差的容许值$f_{h容}$,即$|f_h|<|f_{h容}|$,否则需重测直至精度符合要求。又如距离测量工作中,一般用相对误差K来表示距离丈量的精度,其值等于往返丈量的距离之差与平均距离之比,相对误差通常化为分子为1的分式,量距的相对误差必须符合规范要求。

第五节　测量工作的原则和程序

一、"从整体到局部，先控制后碎部、由高级到低级"的原则

无论是测绘地形图还是施工放样，都不可避免地会产生误差，甚至还会产生错误，为了限制误差的传递，保证测区内一系列点位之间具有必要的精度，测量工作都必须遵循"从整体到局部、先控制后碎部、由高级到低级"的原则进行。如图1—6所示，首先在整个测区内，选择若干个起着整体控制作用的点1、2、3…作为控制点，用较精密的仪器和方法，精确地测定各控制点的平面位置和高程位置这种测量工作，称为控制测量。这些控制点测量精度高，均匀分布在整个测区。因此，控制测量是高精度的测量，也是带全局性的测量。然后以控制点为依据，用低一级精度测定其周围局部范围的地物和地貌特征点，称为碎部测量。例如，图1—6中在控制点1测定周围碎部点 L、M、N、O…碎部测量是较控制测量低一级的测量，是局部的测量，碎部测量由于是在控制测量的基础上进行的，因此碎部测量的误差就局限在控制点的周围，从而控制了误差的传播范围和大小，保证了整个测区的测量精度。

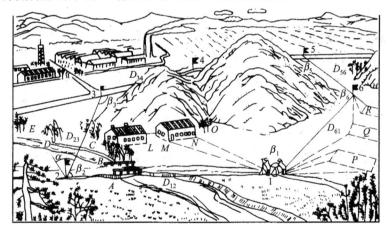

图1—6　控制测量

建筑施工测量首先是对施工场地布设整体控制网，用较高的精度测设控制网点的位置，然后在控制网的基础上，再进行各局部轴线尺寸和高低的定位测设，其精度较低。例如图1—6中利用控制点1、6测设拟建的建筑物 R、Q、P。因此，施工测量也遵循"先控制后碎部、从整体到局部、由高级到低级"的施测原则。

测量工作的程序分为控制测量和碎部测量两步。

遵循测量工作的原则和程序，不但可以减少误差的累积和传递，而且还可以在几个控制点上同时进行测量工作，既加快了测量的进度，缩短了工期，又节约了开支。

二、"边工作边校核"的原则

测量工作有外业和内业之分，测定地面点位置的角度测量、水平距离测量、高差测量是测量的基本工作，称为外业。将外业成果进行整理、计算（坐标计算、高程计算）、绘制成图，称为内业。

为了防止出现错误，在外业或内业工作中，还必须遵循另一个基本原则"边工作边校核"。用检核的数据说明测量成果的合格和可靠。测量工作实质是通过实践操作仪器获得观测数据，确定点位关系。因此测量是实践操作与数据密切相关的一门技术，无论是实践操作有误，还是观测数据有误，或者是计算有误，都会在点位的确定上产生错误。因而在实践操作与计算中都必须步步有校核，检核已进行的工作有无错误。一旦发现错误或达不到精度要求的成果，必须找出原因或返工重测，这样才能保证测量成果的质量和较高的工作效率。

测量应遵行有"先外业、后内业"或"先内业、后外业"的双向工作程序。规划设计阶段所采用的地形图，是首先取得多地野外观测资料、数据，然后再进行室内计算、整理、绘制成图，即"先外业、后内业"。建筑施工测量（测设阶段）是按照施工图上所定的数据、资料，首先在室内计算出测设所需要的放样数据，然后再到施工场地按测设数据把具体点位放样到作业面上，并做出标记，作为施工的依据。因此测设阶段是"先内业、后外内"的工作程序。

☞ **思考题与习题**

1. 建筑施工测量的任务是什么？其内容包括哪些？
2. 测量工作的实质是什么？
3. 何谓大地水准面、1985年国家高程基准、绝对高程、相对高程和高差？
4. 测量上的平面直角坐标系与数学上的平面直角坐标系有什么区别？
5. 确定地面点位置的三个基本要素是什么？测量的三项基本工作是什么？
6. 测量工作的原则和程序是什么？
7. 已知地面某点 A 的高程为 71.580m，B 点到 A 点的高差为 -10.126m，则 B 点的高程为多少？
8. 已知地面某点相对高程为 -14.58m，其对应的假定水准面的绝对高程为 68.98m，则该点的绝对高程为多少？绘出示意图。
9. 何谓比例尺？何谓比例尺精度？比例尺为 1：1000 的地形图，其比例尺精度是什么？
10. 地物符号在图上的表示方法有哪几种？地物符号表示的房屋是什么符号？
11. 测量误差产生的原因主要有哪几个方面？
12. 系统误差消除或减弱通常采用哪些方法？
13. 偶然误差具有哪些特性？

第二章 水准测量

☞ **教学要求**

通过本章学习，熟悉水准仪的构造及各部件的名称和作用，掌握水准仪的基本操作及水准线路测量的外业、内业工作方法；熟悉水准仪的检验与校正方法。

高程是确定地面点空间位置的基本要素之一，确定地面点高程的测量工作，称为高程测量。高程测量的方法有水准测量、三角高程测量、气压高程测量和 GPS 高程测量等，其中，水准测量是最基本的一种方法，具有操作简便、精度高和成果可靠的特点，被广泛应用到大地测量、普通测量和工程测量中。

第一节 水准测量原理

一、水准测量原理

水准测量的原理就是利用水准仪提供的一条水平视线，分别照准竖立在地面上两点的水准尺并读数，直接测量两点间的高差，然后根据已知点的高程和测得的高差，推算出未知点的高程。

如图 2—1 所示，已知 A 点的高程为 H_A，预测定 B 点的高程 H_B。可在 A、B 两点上竖立水准尺，在两点中间安置水准仪，利用水准仪提供的水平视线先后在 A、B 点的水准尺上读取读数 a、b，根据几何学中矩形的性质可知，A、B 点之间的高差 h_{AB} 为：

$$h_{AB} = a - b \qquad\qquad (2-1)$$

如果测量是由 A 点向 B 点前进，称 A 点为后视点，其水准尺上的读数 a 称为后视读数；B 点为前视点，其水准尺上的读数 b 称为前视读数。因此，地面上两点间的高差等于后视读数减前视读数。由式（2—1）可知，当 a 大于 b 时，h_{AB} 值为正，说明后视点低于前视点；反之，h_{AB} 值为负，则后视点高于前视点。所以，高差必须标明正负号，测量时还必须规定前进方向。为了避免计算中发生正负符号的错误，在书写高差的符号时必须注意 h 的下标，例如 h_{AB} 是表示由已知高程的 A 点推算至未知高程的 B 点的高差。

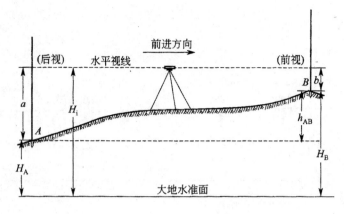

图 2-1 单测站水准测量原理

二、未知点的高程计算

1. 高差法

测得 A、B 两点间高差 h_{AB} 后，如果已知 A 点的高程 H_A，则 B 点的高程为：

$$H_B = H_A + h_{AB} = H_A + (a - b) \tag{2-2}$$

这种直接利用高差计算待测点高程的方法，称为高差法。

【例 2-1】 设 A 点的高程为 40.516m，若后视 A 点读数为 1.224m，前视 B 点读数为 1.028m，求 B 点的高程。

【解】 A、B 两点的高差为：

$$h_{AB} = a - b = 1.224 - 1.028 = 0.196m$$

B 点高程是：

$$H_B = H_A + h_{AB} = 40.516 + 0.196 = 40.712m$$

2. 视线高法

当要在一个测站上同时观测多个地面点的高程时，先观测后视读数，然后依次在待测点竖立水准尺，分别用水准仪读出其读数，再用式（2-2）计算各点高程。为简化计算，可把式（2-2）变换成

$$H_B = (H_A + a) - b \tag{2-3}$$

式中 $H_A + a$ 实际上是水准仪水平视线到大地水准面的铅垂距离，通常叫水准仪的视线高程（H_i），简称视线高。未知点的高程也可以通过视线高 H_i 求得。

计算时，先算出仪高 H_i。如图 2-1 所示，视线高等于后视点高程加上后视读数，即

$$H_i = H_A + a$$

则待测点 B 的高程为：

$$H_B = H_i - b$$

也就是说，前视点高程等于视线高减去前视读数。这种利用仪器视线高计算未知点高程的方法，叫做视线高法，这种计算高程的方法在实际测量工作中应用很广泛。

【例2—2】　如图4.5所示。已知 A 点高程 $H_A = 423.518$m，先测得 A 点后视读数 $a = 1.563$m，接着在各待定点上立尺，分别测得读数 $b_1 = 0.953$m，$b_2 = 1.152$m，$b_3 = 1.328$m。请测出相邻1、2、3点的高程。

解： 先计算出视线高程

$$H_i = H_A + a = 423.518 + 1.563 = 425.081 \quad (m)$$

各待定点高程分别为：

$$H_1 = H_i - b_1 = 425.081 - 0.953 = 424.128 \quad (m)$$
$$H_2 = H_i - b_2 = 425.081 - 1.152 = 423.929 \quad (m)$$
$$H_3 = H_i - b_3 = 425.081 - 1.228 = 423.753 \quad (m)$$

在安置一次仪器需求出几个点的高程时，视线高法比高差法方便，因而视线高法在施工中被广泛采用。

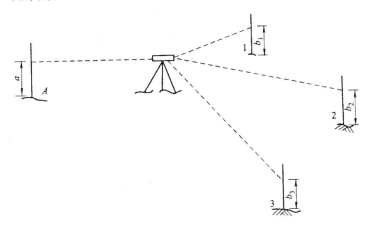

图4.5　测多个点高程时的示意图

第二节　水准测量的仪器及工具

水准测量所使用的仪器为水准仪，工具为水准尺和尺垫。水准仪按精度分，有 DS_{10}、DS_3、DS_1、DS_{05} 等几种不同等级的仪器。"D"表示大地测量仪器，"S"表示"水准仪"，下标中的数字表示仪器能达到的观测精度——每公里往返测高差中误差（毫米）。例如，DS_3 型水准仪的精度为"± 3mm"，DS_{05} 型水准仪的精度为"± 0.5mm"。DS_{10} 和 DS_3 属普通水准仪，而 DS_1 和 DS_{05} 属精密水准仪。另外，从水准仪获得水平视线的方式来看，又可分为微倾式水准仪和自动安平水准仪。本章主要介绍常用的 DS_3 型微倾式水准仪，在本章的最后一节简单介绍精密水准仪、自动安平水准仪和数字式水准仪。

一、DS₃型微倾式水准仪

根据水准测量的原理，水准仪的主要功能是提供一条水平视线，并能照准水准尺进行读数。因此，水准仪主要由望远镜、水准器及基座三部分构成。图2—2所示为常见的DS₃微倾式水准仪。

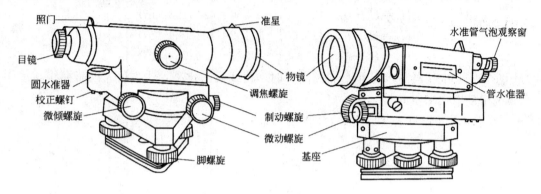

图2—2 DS₃型微倾式水准仪

（一）望远镜

望远镜是用来瞄准目标并在水准尺上进行读数的部件，主要由物镜、目镜、调焦透镜和十字丝分划板等部件组成。图2—3是DS₃型水准仪内对光望远镜构造图。

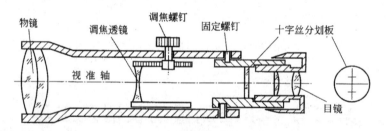

图2—3 DS₃型水准仪内对光望远镜构造图

物镜是由几个光学透镜组成的复合透镜组，其作用是将远处的目标在十字丝分划板附近形成缩小而明亮的实像。

目镜也由复合透镜组组成，其作用是将物镜所成的实像与十字丝一起进行放大，它所成的像是虚像。

十字丝分划板是一块圆形的刻有分划线的平板玻璃片，安装在金属环内。十字丝是刻在玻璃片上相互垂直的细丝，是瞄准目标和读数的重要部件。竖直的一根称为纵丝（亦称竖丝），中间横的一根成为横丝（亦称中丝、水平丝）。横丝上、下两根对称的短丝称为视距丝，分为上丝和下丝，主要用于粗略测量水准仪到水准尺之间的水平距离。

调焦透镜是安装在物镜与十字丝分划板之间的凹透镜。当旋转调焦螺旋，前后移动凹透镜时，可以改变由物镜与调焦透镜组成的复合透镜的等效焦距，从而使目标的影像正好落在十字丝分划板平面上，再通过目镜的放大作用，就可以清晰地看到放大了的目标影像及十字丝。

物镜的光心与十字丝交点的连线称为视准轴，用 CC 表示。视准轴的延长线即为视线，水准测量就是在视准轴水平时，用十字丝的中丝在水准尺上截取读数的。

（二）水准器

水准器是水准仪的重要部件，借助于水准器才能使视准轴处于水平位置。水准器分为管水准器和圆水准器，管水准器又称为水准管。

1. 管水准器（水准管）

如图 2—4 所示，水准管的构造是将玻璃管纵向内壁磨成圆弧，管内装酒精和乙醇的混合液加热熔封而成，冷却后在管内形成一个气泡，在重力作用下，气泡位于管内最高位置。水准管圆弧中心为水准管零点，过零点的水准管圆弧纵切线称为水准管轴，用 LL 表示，水准管轴也是水准仪的重要轴线。当水准管零点与气泡中心重合时，称为气泡居中。气泡居中时，水准管轴 LL 处于水平位置；否则，LL 处于倾斜位置。由于水准管轴与水准仪的视准轴平行，便可以根据水准管气泡是否居中来判断视准轴是否处于水平状态。

为便于确定气泡居中，在水准管上刻有间距为 2mm 的分划线，分划线对称于零点，当气泡两端点距水准管两端刻划的格数相等时，即为水准管气泡居中。水准管上相邻两分划线间的圆弧（弧长 2mm）所对的圆心角，称为水准管分划值，用 τ 表示。τ 值的大小与水准管圆弧半径 R 成反比，半径 R 越大，τ 值越小，灵敏度越高。水准仪上水准管圆弧的半径一般为 $7\sim20$m，所对应的 τ 值为 $20''\sim60''$。水准管的 τ 值较小，因而用于精平视线。

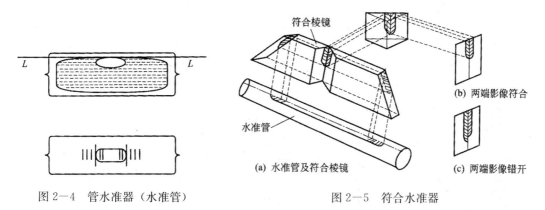

图 2—4　管水准器（水准管）　　　　　　图 2—5　符合水准器

为了提高观察水准管气泡是否居中的精度，在水准管上方装有符合棱镜，如图 2—5（a）所示。通过符合棱镜的反射作用，把气泡两端的半边影像反映到望远镜旁的观察窗内。当两端半边气泡影像符合在一起，构成 U 形时，则气泡居中，如图 2—5（b）所示。若成错开状态，则气泡不居中，如图 2—5（c）所示。这种设有符合棱镜的水准管，称为符合水准器。

2. 圆水准器

如图 2—6 所示，圆水准器顶面内壁是球面，正中刻有一圆圈，圆圈中心为圆水准

器零点。过零点的球面法线称为圆水准器轴,用
$L'L'$表示。当气泡居中时,圆水准器轴处于竖直位
置。不居中时,气泡中心偏离零点 2mm 所对应的
圆水准器轴倾斜角值称为圆水准器分划值,DS$_3$ 水
准仪一般为 $8'\sim10'$。由于它的精度较低,故只用于
仪器的粗略整平。

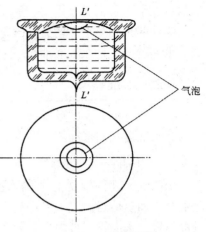

图 2-6 圆水准器

(三) 基座

基座由轴座、脚螺旋和底板等构成,其作用是
支撑仪器的上部并与三脚架相连。轴座用于仪器的
竖轴在其内旋转,脚螺旋用于调整圆水准器气泡居
中,底板用于整个仪器与下部三脚架连接。

二、水准尺

水准尺是水准测量的重要工具,水准尺有倒像的,也有正像的,使用时要与仪器
配套。水准尺采用经过干燥处理且伸缩性较小的优质木材制成,现在也有用玻璃钢或
铝合金制成的水准尺。从外形看,常见的有直尺和塔尺两种,如图 2-7 所示。

1. 直尺

常用直尺为木质双面尺,尺长 3m,两根为一对,如图 2-7 (a) 所示。直尺的两
面分别绘有黑白和红白相间的区格式厘米分划,黑白相间的一面称为黑面尺,亦称为主
尺;红白相间的一面称为红面尺,亦称为辅尺。在每一
分米处均有两个数字组成的注记,第一个表示米,第二
个表示分米,例如 "13" 表示 1.3m。在水准测量中,
水准尺必须成对使用。每对双面尺的黑面底端起点为
零,红面底端起点一根为 4687 (mm),另一根为 4787
(mm)。设置两面起点不同的目的,是为了检核水准测
量作业时读数的正确性。为了便于扶尺和竖直,在尺的
两侧面装有把手圆水准器。双面水准尺由于直尺整体性
好,故多用于精度较高的水准测量中。

2. 塔尺

塔尺由两节或三节套接在一起,其长度有 3m、
4m 和 5m 等,如图 2-7 (b) 所示。塔尺最小分为
1cm 或 0.5cm,一般为黑白相间或红白相间,底端起
点均为零。每分米处有由点和数字组成的注记,点数
表示米,数字表示分米,例如 "3" 表示 3.3m。塔尺
连接处稳定性较差,精度低于直尺,但使用携带方
便,适用于地形图测绘和施工测量等。

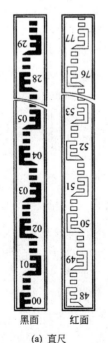

(a) 直尺   (b) 塔尺

图 2-7 水准尺

三、尺垫

尺垫用生铁铸成，一般为三角形，如图 2-8 所
示。尺垫下部有三个支脚，上部中央有一凸起的半球体。尺垫
用于进行多测站连续水准测量时，在转点上作为临时立尺点，
以防止水准尺下沉和立尺点移动。使用时应将尺垫的支脚牢固地踩入地下，然后将水
准尺立于其半球顶上。

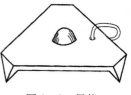

图 2-8　尺垫

第三节　水准仪的使用

在每个测站上，水准仪的使用包括水准仪的安置、粗略整平（粗平）、照准与对
光、精确整平（精平）和读数等基本操作步骤。

一、安置水准仪

松开三脚架架腿的固定螺旋，调节三个架腿长度，使其与观测者高度相适应，用
目估法使架头大致水平，并将三脚架腿尖踩入土中或使其与地面稳固接触，然后将水
准仪从箱中取出，置放在三脚架头上，一手握住仪器，另一手用连接螺旋将仪器固连
在三脚架上。

二、粗略整平

使圆水准器气泡居中的操作称为粗略整平（又称粗平）。整平方法如下，在图 2-9
（a）中，设气泡未居中并位于 a 处，可按图中所示方向用两手同时相对转动脚螺旋①
和②，使气泡从 a 处移至 b 处；然后用一只手转动另一脚螺旋③，如图 2-9（b），使
气泡居中。

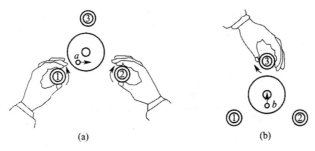

(a)　　　　　　　　　　(b)

图 2-9　水准仪粗略整平

三、照准与对光

（1）目镜调焦：松开制动螺旋，将望远镜转向明亮的背景，转动目镜调焦螺旋，使十字丝成像清晰。

（2）粗略瞄准：松开制动螺旋，转动望远镜，通过镜筒上方的照门和准星粗略瞄准水准尺，旋紧制动螺旋。

（3）物镜对光：转动物镜调焦螺旋，使水准尺的成像清晰。

（4）精确瞄准：转动微动螺旋，使十字丝的竖丝瞄准水准尺边缘或中央。照准水准尺和读数如图2—10所示。若尺子倾斜，要指挥扶尺者扶直。

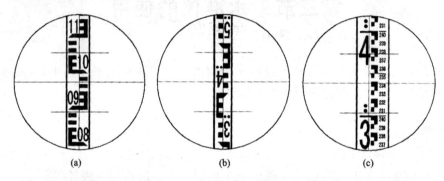

图 2—10　照准水准尺和读数

（5）消除视差。照准目标后，眼睛在目镜端上下作少量移动，若发现十字丝与水准尺影像之间存在相对运动，这种现象叫视差。产生视差的原因是水准尺的尺像与十字丝分划板不重合。视差的存在将影响读数的正确性，观测中必须消除。

消除视差的方法是反复仔细地调节物镜调焦螺旋、目镜调焦螺旋，直至尺像与十字丝分划板重合。

四、精确整平

如图2—11，转动微倾螺旋，使符合水准器气泡两端影像对齐，成 U 形，此时，水准管轴水平，从而使得视准轴水平。在精确整平时，转动微倾螺旋的方向与符合水准器气泡左边影像移动的方向一致。

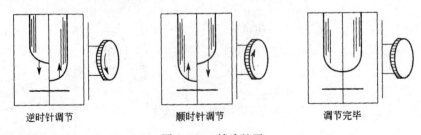

图 2—11　精确整平

五、读数

精确整平后，应立即用中丝在水准尺上读数，直接读米、分米和厘米，估读毫米，共四位数。例如，在图 2－10 中，（a）是 1cm 刻划的直尺，读数为 0.976m；（b）是 1cm 刻划的塔尺，读数为 2.423m，（c）是塔尺的另一面，刻划为 0.5cm，每厘米处注有读数，便于近距离观测，此处读数为 2.338m。

读数时，注意从小往大读，若望远镜是正像，即是由下往上读；若望远镜是倒像，则是由上往下读。读完数后，还应检查气泡是否居中，以确信视线水平。若不居中，应进行精确整平后重新读数。

第四节　水准测量方法

一、水准点

用水准测量方法测定高程的控制点称为水准点，一般用 BM 表示。水准点分为永久性水准点和临时水准点两种。

永久性水准点是国家有关专业测量单位按一、二、三、四等四个精度等级分级要求，在全国各地建立的国家等级水准点，要求埋设永久性标志。永久性水准点一般用石料、金属或混凝土制成，顶面嵌入不锈钢或不易锈蚀材料制成的半球状标志，标志的顶点代表水准点的点位。顶点高程即为水准点高程，如图 2－12 所示。永久性水准点也可用金属标志埋设于基础稳固的建筑物墙脚上，称为墙脚水准点。

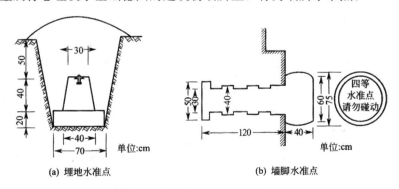

(a) 埋地水准点　　　　　(b) 墙脚水准点

图 2－12　永久性水准点

实际工作中常在国家等级水准点的基础上进行补充和加密，得到精度低于国家等级要求的水准点，这个测量工作称为等外水准测量或普通水准测量。根据具体情况，普通水准测量可按上述方法埋设永久性水准点，也可埋设临时性水准点。临时性水准点可利用地面突出的坚硬稳固的岩石用红漆标记；也可用木桩打入地下，桩顶钉一半球形铁钉，如图 2－13 所示。

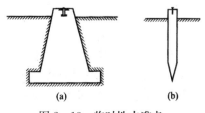

(a)　　　　　(b)

图 2－13　临时性水准点

为了便于寻找，水准点埋设之后，应绘出水准点附近的地面草图，图上要注明定位尺寸、水准点编号和高程，必要时设置指示桩。

二、水准路线

在水准点间进行水准测量所经过的路线，称为水准路线。相邻两水准点间的路线称为测段。为了避免在成果中存在人为误差，并保证测量成果能达到一定的精度要求，必须按某种形式布设水准路线。布设水准路线时，应考虑已知水准点、待定点的分布和实际地形情况，既要能包含所有待定点，又要能进行成果检核。

水准路线的布设形式分为单一水准路线和水准网，单一水准路线分闭合水准路线、附合水准路线和支水准路线三种。

1. 闭合水准路线

如图 2—14 (a)，从已知水准点 BM_A 出发，沿高程待定点 1，2，…进行水准测量，最后再回到原已知水准点 BM_A，这种形成环形的路线，称为闭合水准路线。闭合水准路线高差代数和的理论值等于零，即 $\sum h_{测} = 0$，利用这个特性可以检核观测成果是否正确。

2. 附合水准路线

如图 2—14 (b)，从已知水准点 BM_A 出发，沿高程待定点 1，2，…进行水准测量，最后附合到另一个已知水准点 BM_B，这种在两个已知水准点之间布设的路线称为附合水准路线。附合水准路线高差代数和的理论值等于起点 BM_A 至终点 BM_B 的已知高差。即 $\sum h_{测} = H_B - H_A$，利用这个特性也可以检核观测成果是否正确。

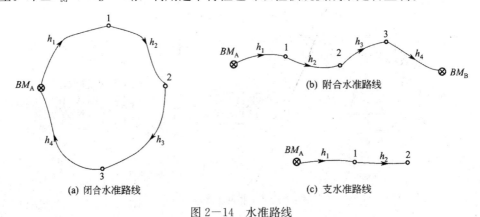

(a) 闭合水准路线   (b) 附合水准路线   (c) 支水准路线

图 2—14　水准路线

3. 支水准路线

如图 2—14 (c)，从已知水准点 A 出发，沿高程待定点 1，2，…进行水准测量，既不闭合，也不附合到已知水准点的路线，称为支水准路线。支水准路线缺乏检核条件。一般要求进行往返观测，或者单程双线观测，来检核观测数据的正确性。从理论上说，往测高差与返测高差应大小相等、符号相反，即 $\sum h_{往} + \sum h_{返} = 0$。

三、水准测量方法和记录

水准测量一般都是从已知高程的水准点开始，引测未知点的高程。当欲测高程点距水准点较远或高差较大时，或有障碍物遮挡视线时，在两点间仅安置一次仪器难以测得两点间的高差（安置一次仪器只能测定 $100\sim200$m 或高差小于水准尺长度的两点间高差），此时应把两点间距分成若干段，分段连续进行测量。

下面分别以高差法和仪高法，用实例说明普通水准测量的施测和记录、计算方法。

（一）高差法

如图 2-15 所示，已知 A 点高程 $H_A=43.150$m，欲测出 B 点高程 H_B。可先在 AB 之间增设若干个临时立尺点，将 AB 路线分成若干段，然后由 A 点向 B 点逐段连续安置仪器，分段测定高差。具体观测步骤如下：在距 A 约 $100\sim200$m 处选定 TP_1 点，分别在 A 和 TP_1 点竖立水准尺，在距 A 点与 TP_1 点大致等距离的 Ⅰ 处安置水准仪，按规定操作程序，精平后读取 A 点尺上后视读数 $a_1=1.525$m，TP_1 点尺上前视读数 $b_1=0.897$m，则 A 点与 TP_1 点之间高差为：$h_1=a_1-b_1=0.628$m；TP_1 点的高程 $H_{TP1}=H_A+h_1=43,778$m，以上完成第一个测站的观测与计算。然后将水准仪搬至测站 Ⅱ 处安置，将点 TP_1 上的尺面在原处反转过来，变为测站 Ⅱ 的后视尺，点 A 上的尺子向前移至 TP_2，按照测站 Ⅰ 的工作程序进行测站 Ⅱ 的工作。按上述步骤依次沿水准路线前进方向，连续逐站进行施测，多次重复一个测站的操作程序，直至测定终点 B 的高程为止。观测、记录与计算见表 2-1。

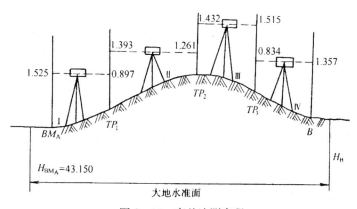

图 2-15　高差法测高程

由图 2-15 可知，每安置一次仪器，就测得一个高差，即各站高差分别为：

$$h_1=a_1-b_1=1.525-0.897=0.628\text{m}$$
$$h_2=a_2-b_2=1.393-1.261=0.132\text{m}$$
$$h_3=a_3+b_3=1.432-1.515=-0.083\text{m}$$
$$h_4=a_4-b_4=0.834-1.357=-0.523\text{m}$$

表 2—1　水准测量记录手簿（高差法）

测点	后视读数（m）	前视读数（m）	高差（m）	高程（m）	备注
BM_A	1.525			43.150	
			0.628		
TP_1	1.393	0.897		43.778	
			0.132		
TP_2	1.432	1.261		43.910	已知水准点
			−0.083		
TP_3	0.834	1.515		43.827	
			−0.523		
B		1.357		43.304	
计算校核	$\sum_后=5.184$ $\sum_后-\sum_前=0.154$	$\sum_前=5.030$	$\sum_h=0.154$	$H_终-H_始=0.154$	计算无误

将以上各式相加，并用总和符号$\sum$表示，则得 A、B 两点的高差：

$$h_{AB}=h_1+h_2+h_3+h_4=(a_1+a_2+a_3+a_4)-(b_1+b_2+b_3+b_4)$$
$$=\sum h=\sum a-\sum b$$

即 A、B 两点高差等于各段高差之代数和，也等于后视读数的总和减去前视读数的总和。

若逐站推算高程，则有下列各式：

$$H_{TP1}=H_A+h_1=43.150+0.628=43.778m$$
$$H_{TP2}=H_{TP1}+h_2=43.778+0.132=43.910m$$
$$H_{TP3}=H_{TP2}+h_3=43.910+(-0.083)=43.827m$$
$$H_{TP4}=H_{TP3}+h_4=43.827+(-0.523)=43.304m$$

分别填入表 2—1 相应栏内。

最后由 B 点高程 H_B 减去 A 点高程 H_A，应等于$\sum h$，即

$$H_B-H_A=\sum h$$

则得

$$\sum h=\sum a-\sum b=h_终-H_始$$

图 2—15 中，BM_A 与 B 之间的临时立尺点 TP_1、TP_2……是高程传递点，称为转点，通常用"TP"表示。在转点上既有前视读数，也有后视读数。转点高程的施测、计算是否正确，直接影响最后一点高程的准确，因此是有关全局的重要环节。通常这些转点都是临时选定的立尺点，并没有固定的标志，所以立尺员在每一个转点上必须等观测员读完前，后视读数并得到观测员的准许后才能移动（即相邻前、后两测站观测中的转点位置不得变动）。

由上述可知，长距离的水准测量，实际上是水准测量基本操作方法、记录与计算的重复连续性工作，其特点就是工作的连续性。因而应养成操作按程序记录与计算依顺序进行的工作习惯。

（二）仪高法

仪高法测高程的施测步骤与高差法基本相同，如图 2—16 所示。在相邻两测站之间出现了中间点 1、2、3，它是待测的高程点，而不是转点。在测站Ⅰ上，除读出 TP_1 点上的前视读数 1.310m 外，还要读取中间点尺上的读数，如 1 点尺上的渎数为 1.585m、2 点尺上的读数为 1.312m、3 点尺上读数 1.405m，以便求出中间点地面高程。中间点尺上的读数称为中间前视。中间点只有前视读数，与 TP_1 使用同一视线高，

而无后视读数。记录与计算见表2－2相应栏。

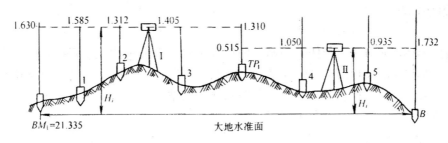

图2－16 仪高法测高程

仪高法的计算方法与高差法不同，须先计算仪器视线高程 H_i，再推算前视点和中间点高程。为了减少高程传递误差，观测时应先观测转点，后观测中间点。计算过程如下：

表2－2 水准测量记录手簿（仪高法）

测站	测点	后视读数（m）	视线高（m）	前视读数（m）		高程（m）	备注
				转点	中间点		
I	BM_1	1.630	22.965			21.335	
	1				1.585	21.380	
	2				1.312	21.653	
	3				1.405	21.560	
II	TP_1	0.515	22.170	1.310		21.655	
	4				1.050	21.120	
	5				0.935	21.235	
	B			1.732		20.438	
计算检核	$\sum_后=2.145$ $\sum_后-\sum_前=-0.897$			$\sum_前=3.042$（不包括中间点） $H_终-H_始=20.438-21.335$ $\quad=-0.897$（计算无误）			

第 I 测站　　$H_i=21.335+1.630=22.965$m

$\qquad\qquad H_1=22.965-1.585=21.380$m

$\qquad\qquad H_2=22.965-1.312=21.653$m

$\qquad\qquad H_3=22.965-1.405=21.560$m

第 II 测站　　$H_{TP1}=22.965-1.310=21.655$m

$\qquad\qquad H_i=22.655+0.515=21.170$m

$\qquad\qquad H_4=22.170-1.050=21.120$m

$\qquad\qquad H_5=22.170-0.935=21.235$m

$\qquad\qquad H_B=22.170-1.732=20.438$m

最后由 B 点高程 H_B 减去 A 点高程 H_A，应等于 $\sum a-\sum b$。在计算 $\sum b$ 时，应剔除中间点读数。

四、测站检核

按照上述观测方法，若任一测站上的后视读数或者前视读数不正确，或者观测质量太差，都将影响高程的正确性和精度。因此，必须在每个测站上进行测站检核，一旦发现错误或不满足精度要求，必须及时重测。测站检核主要采用双面尺法和变动仪器高度法。

1. 双面尺法

利用双面水准尺，在每一测站上，保持仪器高度不变，分别读取后视和前视的黑面与红面读数，按式（2—1）分别计算出黑面高差 $h_黑$ 和红面高差 $h_红$。由于两水准尺的黑面底端起点读数相同，而红面底端起点读数相差 100mm，应在红面高差 $h_红$ 中加或减 100mm 后，再与黑面高差 $h_黑$ 进行比较，两者之差不超过容许值（等外水准容许值为 6mm）时，说明满足要求，取黑、红面高差平均值作为两点之间的高差，否则，应立即重测。

2. 变动仪器高度法

在每个测站上，读后尺和前尺的读数，计算高差后，重新安置仪器（一般将仪器升高或降低 10cm 左右），再测一次高差，两次高差之差的容许值与双面尺法相同，满足要求时取平均值作为两点之间的高差；否则重测。

第五节　水准测量成果计算

在实际测量工作中，由于存在误差，观测的高差代数和不能等于理论值，这种不符合的差值称为"高差闭合差"，一般用 f_h 表示。高差闭合差的大小是用来评定水准测量成果精度的标准。

水准测量成果计算的目的，是根据水准路线上已知水准点高程和各段观测高差，求出待定水准点高程。在进行计算前，要先检查外业观测手簿，计算各段路线两点间高差。经计算检核无误后，检核整条水准路线的高差闭合差是否达到精度要求。若高差闭合差在容许值范围内，认为精度合格、成果可用，可把观测误差按一定原则调整后，再求取待定水准点的高程；否则，查明原因予以纠正，必要时应返工重测，直至达到精度为止。下面根据水准路线布设的不同形式，举例说明计算方法、步骤。

一、闭合水准路线成果计算

图 2—16 为一条闭合水准路线，由四段组成，各段的观测高差和测站数如图所示，箭头表示水准测量进行的方向，BM_A 为水准点，高程为 44.856m，1、2、3 点为待定高程点。

水准路线成果计算一般在如表 2—3 所示的表格中进行，计算前先将有关的已知数据和观测数据填入表内相应栏目内，然后按以下步骤进行计算。

表 2—3 水准测量成果计算表

测段编号	点名	测站数	观测高差 (m)	改正数 (m)	改正后高差 (m)	高程 (m)	备注
1	BM_A	8	−1.434	0.010	−1.424	44.856	
2	1	10	2.884	0.012	2.896	43.432	
3	2	12	3.877	0.015	3.892	46.328	水准点
	3					45.220	
4	BM_A	15	−5.383	0.019	−5.364	44.856	
Σ		45	−0.056	0.056	0.000		
辅助计算	$f_h=\sum h_{测}=-0.056\text{m}=-56\text{mm}$ $f_{h容}=\pm12\sqrt{45}=\pm80\text{mm}$ $\mid f_h\mid<\mid f_{h容}\mid$，精度合格						

1. 计算高差闭合差

一条水准路线的实际观测高差与已知理论高差的差值称为高差闭合差，用 f_h 表示，即

$$f_h=观测值-理论值=\sum h_{测}-\sum h_{理} \quad (2-4)$$

对于闭合水准路线，高差闭合差观测值为路线高差代数和，即 $\sum h_{测}=h_1+h_2+\cdots+h_n$ 理论值 $\sum h_{理}=0$，按式（2—4）有：

$$f_h=\sum h_{测} \quad (2-5)$$

将表 2—3 中的观测高差代入式（2—5），得高差闭合差为 $f_h=-0.056\text{m}=-56\text{mm}$。

2. 高差闭合差的容许值

不同等级的水准测量，对高差闭合差的限差规定也不同，工程测量规范中规定，在等外水准测量时，平地和山地的高差闭合差容许值分别为：

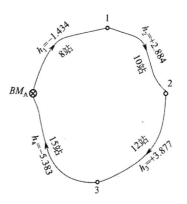

图 2—16 闭合水准路线略图

$$平地 \quad f_{h容}=\pm40\sqrt{L}\ \text{mm} \quad (2-6)$$

$$山地 \quad f_{h容}=\pm12\sqrt{n}\ \text{mm} \quad (2-7)$$

式中，L 为水准路线长度，以 km 计；n 为水准路线的测站数。当每千米水准路线中测站数超过 16 站时，可认为是山地，采用式（2—7）计算容许差。

将表 2—3 中的测站数累加，得总测站数 $n=45$，代入式（2—7），得高差闭合差的容许值为

$$f_{h容}=\pm12\sqrt{45}=\pm80\text{mm}$$

由于 $\mid f_h\mid<\mid f_{h容}\mid$，精度符合要求。

3. 高差闭合差的调整

闭合差调整的目的，是将水准路线中的各段观测高差加上一个改正数，使得改正后高差总和与理论值相等。在同一条水准路线上，可认为观测条件相同，即每千米（或测站）出现误差的可能性相等，因此，可将闭合差反号后，按与距离（或测站数）成比例分配原则，计算各段高差的改正数，然后进行相应的改正。计算过程如下：

（1）改正数

对于第 i 段观测高差（$i=1, 2, \cdots, n$），其改正数 v_i 的计算公式为：

$$v_i = \frac{f_h}{\sum L} \cdot L_i \tag{2-8}$$

或

$$v_i = \frac{f_h}{\sum n} \cdot n_i \tag{2-9}$$

式中，$\sum L$ 为水准路线总长度；L_i 为第 i 测段长度；$\sum n$ 为水准路线总测站数；n_i 为第 i 测段站数。将各段改正数均按上式求出后，记入改正数栏。高差改正数凑整后的总和，必须与高差闭合差绝对值相等，符号相反。

将表 2-3 中的数据代入式（2-9），得各段高差的改正数为

$$v_1 = \frac{-0.056}{45} \times 8 = 0.010 \text{m}$$

$$v_2 = \frac{-0.056}{45} \times 10 = 0.012 \text{m}$$

$$v_3 = \frac{-0.056}{45} \times 12 = 0.015 \text{m}$$

$$v_4 = \frac{-0.056}{45} \times 15 = 0.019 \text{m}$$

由于 $\sum v = 0.056 \text{m} = -f_h$，说明改正数的计算正确，可以进行下一步的计算。

（2）求改正后的各段高差

将各观测高差与对应的改正数相加，可得各段改正后的高差，计算公式为：

$$h_{改} = h_i + v_i \tag{2-10}$$

式中，$h_{改}$ 为改正后的高差；h_i 为原观测高差；v_i 为该高差的改正数。改正后高差总和应等于高差总和的理论值。

将表 2-3 中的观测高差与其改正数代入式（2-10），得各段改正后的高差为：

$$h_{1改} = -1.434 + 0.010 = -1.424 \text{m}$$

$$h_{2改} = 2.884 + 0.012 = 2.896 \text{m}$$

$$h_{3改} = 3.877 + 0.015 = 3.892 \text{m}$$

$$h_{4改} = -5.383 + 0.019 = -5.364 \text{m}$$

由于 $\sum h_{改} = 0.000$，说明改正后的高差计算正确。

4. 高程计算

根据改正后高差，从起点 A 开始，逐点推算出各待定水准点高程，直至终点 3，记入高程栏。为了检核高程计算是否正确，对闭合水准路线应继续推算到起点 A，A

的推算高程应等于已知高程。

根据表 2－3 的已知高程和改正后高差，得各点的高程为：

$$H_1 = 44.85 + (-1.424) = 43.432\text{m}$$
$$H_2 = 43.432 + 2.896 = 46.328\text{m}$$
$$H_3 = 46.328 + 3.892 = 50.220\text{m}$$
$$H_A = 50.220 + (-5.364) = 44.85\text{m}$$

上述计算中，A 的推算高程 H_A 等于其已知高程，说明高程计算正确。

二、附合水准路线的成果计算

图 2－17 是一附合水准路线等外水准测量示意图，E、G 为已知高程的水准点，1、2、3 为待定高程的水准点，h_1、h_2、h_3 和 h_4 为各测段观测高差，n_1、n_2、n_3 和 n_4 为各测段测站数，L_1、L_2、L_3 和 L_4 为各测段长度。现已知 $H_E = 46.978\text{m}$，$H_G = 47.733\text{m}$，各测段站数、长度及高差均注于图 2－17 中。

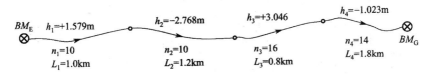

图 2－17　附合水准路线等外水准测量示意图

附合水准路线成果计算的步骤与闭合水准路线成果计算的方法与步骤基本一样，只是在闭合差计算公式有一点区别。这里着重介绍闭合差的计算方法，其他计算过程不再详述，计算结果见表 2－4。

1. 闭合差计算

附合水准路线各测段高差的代数和值应等于起点、终点间的高差值，即理论值 $\sum h_{\text{理}} = H_{\text{终}} - H_{\text{起}}$，观测值为路线高差代数和，即 $\sum h_{\text{测}} = h_1 + h_2 + \cdots + h_n$，按式 (2－4) 有：

$$f_h = \sum h_{\text{测}} - (H_{\text{终}} - H_{\text{起}}) \tag{2－11}$$

将表 2－4 的观测高差总和以及 E、G 两点的已知高程代入式 (2－11)，得闭合差为

$$f_h = 0.834 - (47.733 - 46.978) = 0.079$$

2. 高差闭合差的容许值

根据附合水准路线的测站数及路线长度计算每千米测站数

$$\frac{\sum n}{\sum L} = \frac{50}{4.4} = 11.4 \text{ 站/km} < 16 \text{ 站/km}$$

故高差闭合差的容许值采用平地公式计算，即：

$$f_{h\text{容}} = \pm 40\sqrt{L} = \pm 40\sqrt{4.4} = \pm 83\text{mm}$$

由于 $|f_h| < |f_{h\text{容}}|$，精度符合要求。

3. 高差闭合差的调整

本例中高差闭合差的调整，是将闭合差反号后，按与距离成比例分配原则，计算各段高差的改正数，然后进行相应的改正。其中，改正数用式（2—8）计算，改正后高差用式（2—10）计算，计算结果填在表2—4的相应栏目内。

4. 高程计算

根据改正后高差，从起点 E 开始，逐点推算出各待定水准点高程，直至 G 点，记入高程栏。若 G 点的推算高程等于其已知高程，则说明高程计算正确。本例计算结果见表2—4。

表 2—4　水准测量成果计算表

测段编号	点名	距离 （km）	测站数	实测高差 （m）	改正数 （m）	改正后高差 （m）	高程 （m）	备注
1	BM_E	1.0	10	1.579	−0.016	1.563	46.978	
2		1.2	10	−2.768	−0.020	−2.788		
	2						45.753	
3		0.8	16	3.046	−0.013	3.033		
	3						48.786	
4		1.8	14	−1.023	−0.030	−1.053		
	BM_G						47.733	
Σ		4.4	50	0.834	−0.079	0.755		
辅助计算	$f_h = \sum h_测 - (H_终 - H_起) = 0.834 - (47.733 - 46.978) = 0.079$ $f_{h容} = \pm 40\sqrt{L} = \pm 40\sqrt{4.4} = \pm 83\text{mm}$ $\lvert f_h \rvert < \lvert f_{h容} \rvert$							

三、支水准路线的成果计算

如图2—18所示，设某水准路线的已知点 A 的高程 $H_A = 45.276\text{m}$，从 A 点到1点的往测高差和返测高差分别为 $h_往 = +2.532\text{m}$、$h_返 = -2.520\text{m}$，往返测总测站数 $n = 16$。

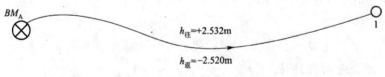

图 2—18　支线水准路线示意图

1. 计算高差闭合差

支水准路线往返观测时，往测高差与返测高差代数和的理论值应为零，即有：

$$f_h = h_往 + h_返 \tag{2—12}$$

因此这里的闭合差为　$f_h = +2.532 + (-2.520) = +0.012\text{m}$。

2. 容许差

支路线高差闭合差的容许值与闭合路线及附合路线一样，这里将测站数代入式

（2—7），得

$$f_{h容}=\pm12\sqrt{n}=\pm12\sqrt{8}=\pm33mm$$

由于 $|f_{h}|<|f_{h容}|$，精度符合要求。

3. 求改正后高差

支水准路线往返测高差的平均值即为改正后高差，符号以往测为准，因此计算公式为：

$$h=\frac{h_{往}-h_{返}}{2}$$

此例中，改正后的高差为：

$$h=\frac{+2.532-(-2.520)}{2}=+2.526m$$

4. 计算高程

待定点 1 的高程为：

$$H_{1}=H_{A}+h=45.276+2.526=47.802m$$

第六节　水准仪的检验与校正

根据水准测量的基本原理，水准仪必须具有一条准确的水平视线，才能正确地测出两点间的高差。这个要求是水准仪构造上的一个极为重要的问题。此外，还要创造一些条件使仪器便于操作。例如，增设了一个圆水准器，利用它使水准仪初步安平。在正式作业前必须对水准仪加以检验，视其是否满足所设想的要求。对某些不合要求的条件，应对仪器加以必要的校正，使之符合要求。

一、水准仪的轴线及其应满足的几何条件

如图 2—19 所示，水准仪的主要轴线有：视准轴 CC、水准管轴 LL、圆水准器轴 $L'L'$ 和竖轴（仪器旋转轴）VV。此外，还有读取水准尺上读数的十字丝横丝。

（一）水准仪应满足的主要条件

水准仪必须满足的主要条件有两个：一是望远镜视准轴必须平行于水准管轴；二是望远镜的视准轴不因调焦而变动位置。

第一个主要条件的要求如果不满足，那么水准测量的水准管气泡居中后，即水准管轴已经水平而视准轴却未水平，不符合水准测量基本原理的要求。

第二个主要条件是为满足第一个主要

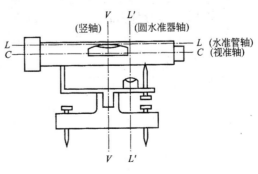

图 2—19　水准仪的主要轴线

条件而提出的。如果望远镜在调焦时视准轴位置发生变动，就不能设想在不同位置的许多条视线都能够与一条固定不变的水准管轴平行。望远镜的调焦在水准测量中是绝不可避免的，因此必须提出此项要求。

（二）水准仪应满足的次要条件

水准仪应满足的次要条件也有两个：一是圆水准器轴应与仪器的竖轴平行；二是十字丝的横丝应垂直于仪器的竖轴。

第一个次要条件的目的在于能迅速地整置好仪器，提高作业速度。也就是当圆水准器的气泡居中时，仪器的旋转轴已基本处于竖直状态，使仪器旋转至任何位置都易于使水准管的气泡居中。

第二个次要条件的目的是当仪器的旋转轴已经竖直，在水准尺上读数时可以不必严格用十字丝的交点而可以用交点附近的横丝。

上述几何条件在仪器出厂检验时都是满足的，但是由于仪器在运输、使用中会受到振动、磨损，各轴线间的几何条件可能发生变化，因此，在水准测量作业前，必须对所使用的仪器进行检验与校正。

二、水准仪的检验与校正

上述第二个主要条件，在于装置望远镜的透镜组和十字丝的位置是否正确，其中又以移动调焦透镜的机械结构的质量为主要因素，因此一般应由工厂保证。对用于国家三、四等及普通水准的水准仪，应经常检验第一个主要条件和两个次要条件。对用于二等水准测量的精密水准仪尚应定期对第二个主要条件进行检验。本节仅介绍第一个主要条件和两个次要条件的检验原理、检验和校正方法。

检验校正的顺序应按下述原则进行，即前面检验的项目不受后续检验项目的影响。

（一）圆水准器轴平行于竖轴的检验与校正

1. 检验

转动基座脚螺旋使圆水准器气泡居中，则圆水准器轴处于铅垂位置。若圆水准器轴不平行于竖轴，如图 2－20（a）所示，设两轴的夹角为 α，则竖轴偏离铅垂方向 α。将望远镜绕竖轴旋转 180°后，竖轴位置不变，而圆水准器轴移到图 2－20（b）位置，此时，圆水准器轴与铅垂线之间的夹角为 2α。此角值的大小由气泡偏离圆水准器零点的弧长表现出来。因此，检验时，只要将水准仪旋转 180°后发现气泡不居中，就说明圆水准器轴与竖轴不平行，需要校正，而且校正时只要使气泡向零点方向返回一半，就能达到圆水准器轴平行于竖轴。

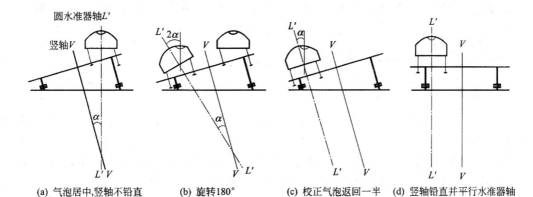

(a) 气泡居中,竖轴不铅直　　(b) 旋转180°　　(c) 校正气泡返回一半　　(d) 竖轴铅直并平行水准器轴

图 2—20　圆水准器轴平行于竖轴的检验与校正

2. 校正

用拨针调节圆水准器下面的三个校正螺钉,如图 2—21 所示。先使气泡向零点方向返回一半,如图 2—20 (c) 所示,此时气泡虽不居中,但圆水准器轴已平行于竖轴,再用脚螺旋调气泡居中,则圆水准器轴与竖轴同时处于铅垂位置,如图 2—20 (d) 所示。此时仪器无论转到任何位置,气泡都将居中。校正工作一般需反复多次,直至将仪器整平后旋转仪器至任何位置,气泡都始终居中,校正工作才算结束。

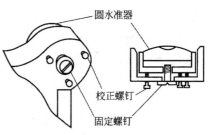

图 2—21　校正圆水准器

(二) 十字丝横丝垂直于仪器竖轴的检验与校正

1. 检验

安置和整平仪器后,用横丝与竖丝的交点瞄准远处的一个明显点 M,如图 2—22 (a) 所示,拧紧制动螺旋,慢慢转动微动螺旋,并进行观察。若 M 点始终在横丝上移动,如图 2—22 (b) 所示,说明横丝垂直于仪器竖轴;若 M 点逐渐离开横丝,如图2—22 (c) 中的虚线所示,则说明横丝不垂直于仪器竖轴,而这条虚线的位置与仪器竖轴垂直。

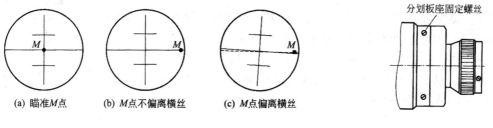

(a) 瞄准 M 点　　(b) M 点不偏离横丝　　(c) M 点偏离横丝　　　　分划板座固定螺丝

图 2—22　十字丝横丝的检验　　　　　　　　　图 2—23　校正

2. 校正

如果经过检验,条件不满足,则应进行校正。校正工作用十字丝环的校正螺钉进行。旋下目镜处的护盖,用螺丝刀松开十字丝分划板座的固定螺钉,如图 2—23 所示,

微微旋转十字丝分划板座，使 M 点移动到十字丝横丝，最后拧紧分划板座固定螺钉，上好护盖。此项校正要反复几次，直到满足条件为止。

（三）水准管轴平行于视准轴的检验与校正

1. 检验

若水准管轴不平行于视准轴，它们之间的夹角用 i 表示，亦称 i 角。由于 i 角影响产生的读数误差称为 i 角误差，因此此项检验也称 i 角检验。在地面上选定两点 A、B，将仪器安置在两点中间，测出正确高差 h_{AB}，然后将仪器移至 A 点（或 B 点）附近，再测高差 h'_{AB}，若 $h_{AB} = h'_{AB}$，则水准管轴平行于视准轴，即角为零，若 $h_{AB} \neq h'_{AB}$，则两轴不平行。

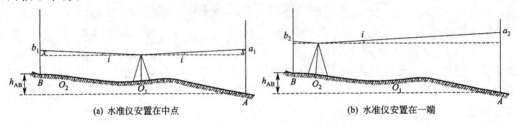

图 2—24　水准管轴平行于视准轴的检验

在平坦地面上选定相距 $80 \sim 100$m 的 A、B 两点，打入木桩或放尺垫后立水准尺。先将仪器安置在两点中间 O_1 点，使前、后视距严格相等，如图 2—24（a）所示。精确整平仪器后，依次照准 A、B 两点上的水准尺并读数，设读数为 a_1 和 b_1，因前后视距严格相等，所以 i 角对前后视读数的影响是相等的，均为 x，A、B 点之间的高差为：

$$h_1 = (a_1 - x) - (b_1 - x) = a_1 - b_1$$

由于距离相等，视准轴与水准管轴即使不平行，产生的读数偏差也可以抵消，因此可以认为 h_1 是 A、B 点之间的正确高差。为确保此高差的准确，一般用双面尺法或变动仪器高度法进行两次观测，若两高差之差不超过 3mm，则取两高差平均值作为 A、B 两点的高差。

将水准仪安置在距 B 点约 3m 的 O_2 点，如图 2—24（b）所示。读出 B 点水准尺上读数 b_2，因水准仪至 B 点水准尺很近，其 i 角引起的读数偏差可近似为零，即认为读数 b_2 正确。由此，可计算出水平视线在 A 点尺上的读数应为：

$$a_2 = h_1 + b_2$$

然后，瞄准 A 点水准尺，调水准管气泡居中，读出水准尺上实际读数 a'_2，若 $a'_2 = a_2$，说明两轴平行；若 $a'_2 \neq a_2$，则两轴之间存在 i 角，其值为：

$$i = \frac{a_2 - a'_2}{D_{AB}} = \rho''$$

式中，D_{AB} 为 A、B 两点平距，$\rho'' = 206265''$。对于 DS$_3$ 型水准仪，i 角值大于 $20''$ 时，需要进行校正。

2. 校正

转动微倾螺旋，使十字横丝对准 A 点水准尺上的读数 a_2，此时视准轴水平，但水准管气泡偏离中点。如图 2—25 所示，用拨针先稍松水准管左边或右边的校正螺钉，再按先松后紧原则，分别拨动上下两个校正螺钉，将水准管一端升高或降低，使气泡居中。这时水准管轴与视准轴互相平行，且都处于水平位置。此项校正需反复进行，直到 i 角小于 $20''$ 为止。

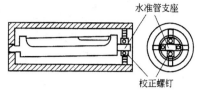

图 2—25　校正水准管

第七节　水准测量误差及注意事项

一、水准测量误差

水准测量误差来源于仪器误差、观测误差和外界条件的影响三个方面。在水准测量作业中，应注意根据产生误差的原因，采取相应措施，尽量消除或减弱其影响。

（一）仪器误差

1. 水准管轴与视准轴不平行误差

水准管轴不平行于视准轴的 i 角误差虽经校正，但仍然存在少量残余误差，使读数产生误差。这种误差的影响与距离成正比，只要观测时注意使前、后视距相等，便可消除此项误差的影响。

2. 十字丝横丝与竖轴不垂直

由于十字丝横丝与仪器竖轴不垂直，横丝的不同位置在水准尺上的读数不同，从而产生误差。观测时应尽量用横丝的中间位置读数。

3. 水准尺误差

水准尺刻划不准、尺子弯曲、底部零点磨损等误差的存在，都会影响读数精度，因此水准测量前必须对水准尺进行检验，符合要求才能使用。若水准尺刻划不准确、尺子弯曲，则该尺不能使用；若是尺底零点不准，则应在起点和终点使用同一根水准尺，使其误差在计算中抵消。

（二）观测误差

1. 水准管气泡居中的误差

水准测量的主要条件是视线必须水平，而视线水平是利用水准管气泡位置居中来实现的。气泡居中与否是用眼睛观察的，由于生理条件的限制，不可能做到严格辨别气泡的居中位置。同时，水准管中的液体与管内壁的曲面有摩擦和黏滞作用。这种误差叫作水准管气泡居中误差，它的大小和水准管内壁曲面的弯曲程度有关，它对读数所引起的误差与视线长度有关，距离越远误差越大。因此，水准测量时，每次读数要注意使气泡严格居中，而且距离不宜太远。

2. 在水准尺上的估读误差

观测者读数时是用十字丝在厘米间隔内估读毫米数，而厘米分划又是经过望远镜将视角放大后的像，可见毫米数的准确程度将与厘米间隔的像的宽度及十字丝的粗细有关。

在水准尺上估读毫米时，由于人眼分辨力以及望远镜放大倍率是有限的，会使读数产生误差。估读误差与望远镜放大倍率以及视线长度有关。在水准测量时，应遵循不同等级的测量对望远镜放大倍率和最大视线长度的规定，以保证估读精度。普通水准测量使用的 DS₃ 型水准仪，望远镜的放大率为 28 倍，视距长度四等，水准测量最好控制在 75～80m，不要超过 100m。同时，有视差存在，对读数影响很大，观测时应仔细进行目镜和物镜的调焦，严格消除视差。

3. 水准尺竖立不直的误差

水准尺是否竖直，会影响水准测量的读数精度。如果水准尺倾斜，则总是使读数增大。倾斜角越大，造成的读数误差就越大。当尺子倾斜大约 2°时，就会造成约 1mm 的读数误差。这项误差与高差总和的大小成正比，即水准路线的高差越大，影响越大，所以，水准测量时，应认真扶尺，尽量使水准尺竖直。

（三）外界条件的影响

1. 仪器和尺子升沉的误差

对一条水准路线来讲，还会出现尺子与仪器上升和下沉的问题。由于仪器、尺子的重量会下沉，而土壤的弹性会使仪器、尺子上升，因此二者的影响是综合性的。

在测站上采用"后、前、前、后"的观测程序，可以减弱仪器上升（下沉）对高差的影响。对同一条水准路线采用往、返观测，在往返测取高差平均值中，可减弱尺子上升（下沉）的误差影响。

2. 地球曲率及大气折光的影响

由于地球曲率和大气折光的影响，测站上水准仪的水平视线，相对于与之对应的水准面，会在水准尺上产生读数误差，视线越长误差越大。在水准测量作业中，使前后视距相等，视线必须高出地面一定的高度（如 0.3m），则地球曲率与大气折光对高差的影响将得到消除或大大减弱。

3. 温度的影响

温度变化不仅引起大气折光的变化，当烈日照射水准管时，还使水准管本身和管内液体温度升高，气泡向着温度高的方向移动，影响视线水平。因此，水准测量时，应选择有利的观测时间，阳光较强时，应撑伞遮阳。

以上所述各项误差来源，都是采用单独影响的原则进行分析的，而实际情况则是综合性的影响。从误差的综合影响来说，这些误差将会互相抵消一部分。所以，作业中只要注意按规定施测，特别是操作熟练、观测速度提高的情况下，各项外界影响的误差都将大大减小，完全能够达到实测精度要求。

二、注意事项

为杜绝测量成果中存在的错误，提高观测成果的精度，水准测量还应注意以下事项：

（1）安置仪器要稳，防止下沉，防止碰动，安置仪器时尽量使前、后视距相等。

（2）观测前必须对仪器进行检验和校正。

（3）观测过程中，手不要扶脚架。在土质松软地区作业时，转点处应该使用尺垫。搬站时要保护好尺垫，不得碰动，避免传递高程产生错误。

（4）要确保读数时气泡严格居中，视线水平。

（5）每个测站应记录、计算的内容必须当站完成，测站校核无误后，方可迁站。做到随观测、随记录、随计算、随校核。

第八节　自动安平水准仪、
精密水准仪与数字水准仪

一、自动安平水准仪

用水准仪进行水准测量的特点是根据水准管的气泡居中而获得水平视线，因此，在水准尺上每次读数都要用微倾螺旋将水准管气泡调至居中位置，这对提高水准测量的速度和精度是很大的障碍。自动安平水准仪上没有水准管和微倾螺旋，使用时只需将水准仪上的圆水准器的气泡居中，在十字丝交点上读得的便是实现水平时应该得到的读数。因此，使用这种自动安平水准仪，可以不用转动微倾螺旋调整符合水准器气泡居中，大大缩短了水准测量的观测时间。同时由于水准仪整置不当、地面有微小的振动或脚架的不规则下沉等造成的视线不水平，可以由补偿器迅速调整而得到正确的读数，这样也提高了观测成果的精度。

如图 2—26 所示，是苏州第一光学仪器厂生产的 DSZ2 自动安平水准仪，补偿器工作范围为 ±14′，自动安平精度不大于 ±0.3″，自动安平时间小于2s，精度指标是每千米往返测高差中误差 ±1.5mm。可用于国家三、四等水准测量以及其他场合的水准测量。

自动安平水准仪在使用前也要进行检验及校正，方法与微倾式水准仪的检验与校正相同。同时，还要检验补偿器的性

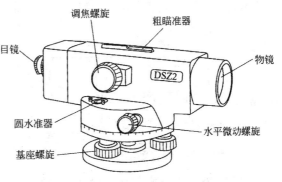

图 2—26　苏州第一光学仪器厂生产的 DSZ2 自动安平水准仪

能，其方法是先在水准尺上读数，然后少许转动物镜或目镜下面的一个脚螺旋，人为地使视线倾斜，再次读数，若两次读数相等说明补偿器性能良好，否则需专业人员修理。

二、精密水准仪

1. 精密水准仪与水准尺

精密水准仪是一种能精密确定水平视线，精密照准与读数的水准仪，主要用于国家一、二等水准测量和其他高精度水准测量。精密水准仪的构造与普通 DS_3 型水准仪基本相同。但精密水准仪的望远镜性能好，放大倍率不低于 40 倍，物镜孔径大于 40mm，为便于准确读数，十字丝横丝的一半为楔形丝；水准管灵敏度很高，分划值一般为 $6''\sim10''/2mm$；水准管轴与视准轴关系稳定，受温度变化影响小。有的精密水准仪采用高性能的自动安平补偿装置，提高了工作效率。

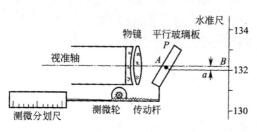

图 2-27　精密水准仪平板测微器原理

为了提高读数精度，精密水准仪上设有光学测微器，如图 2-27 所示，它由平行玻璃板 P、传动杆、测微轮和测微尺等部件组成。平行玻璃板设置在望远镜物镜前，其旋转轴 A 与平行玻璃板的两个平面平行，并与视准轴正交。平行玻璃板通过传动杆与测微尺相连，并通过测微轮旋转。测微尺上有 100 个分格，它与水准尺上一个整分划间隔（1cm 或 5mm）相对应，从而能直接读到 0.1mm 或 0.05mm。由几何光学原理可知，平行玻璃板视准轴正交时，视准轴经过平行玻璃板后不会产生位移，对应于水准尺上的读数为整分划值 $132+a$。为了精确确定 a 值，转动测微轮使平行玻璃板绕 A 轴旋转，视准轴经倾斜平行玻璃板后产生平移。视准轴下移对准水准尺上整分划线 132 时，便可从测微尺上读出 a 值。

图 2-28 所示为国产 DS_1 级精密水准仪，光学测微器最小读数为 0.05mm，可用于国家一、二等水准测量。图 2-29 所示是在苏州第一光学仪器厂生产的 DSZ2 自动安平水准仪基础上，加装 FS1 平板测微器而成的精密水准仪，光学测微器最小读数为 0.10mm，可用于国家二等水准测量，以及建、构筑物的沉降变形观测。

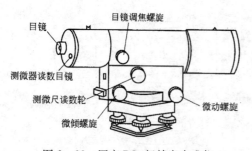

图 2-28　国产 DS_1 级精密水准仪

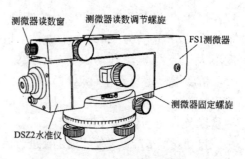

图 2-29　苏州第一光学仪器厂生产的 DSZ2+FS1 精密水准仪

精密水准尺在木质尺身的槽内张一根因瓦合金带，带上标有刻划，数字注记在木尺上。图2—30（a）所示为与国产 DS$_1$ 级水准仪配套的水准尺，分划值为5mm，该尺只有基本分划，左边一排分划为奇数值，右面一排分划为偶数值。右边的注记为米，左边的注记为分米。小三角形表示半分米处，长三角形表示分米的起始线，厘米分划的实际间隔为5mm，尺面值为实际长度的两倍。所以，用此尺观测时，其高差须除以2才是实际高差。

图2—30（b）所示为与苏州第一光学仪器厂生产的 DSZ2＋FS1 水准仪配套的水准尺，分划值为1cm，该尺左侧为基本分划，尺底为0m；右侧为辅助分划，尺底为3.0155m，两侧每隔1cm标注读数。

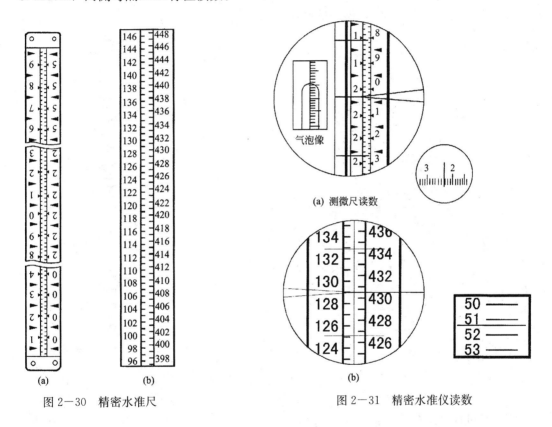

图2—30 精密水准尺

（a）测微尺读数

（b）

图2—31 精密水准仪读数

2. 精密水准仪的使用

精密水准仪的使用方法，包括安置仪器、粗平、瞄准水准尺、精平和读数。前四步与普通水准仪的操作方法相同，下面仅介绍精密水准仪的读数方法。视准轴精平后，十字丝横丝并不是正好对准水准尺上某一整分划线，此时，转动测微轮，使十字丝的楔形丝正好夹住一个整分划线，读出整分划值和对应的测微尺读数，两者相加即得所求读数。

图2—31（a）所示为国产 DS$_1$ 级水准仪读数，被夹住的分划线读数为2.08m，目镜右下方的测微尺读数为2.3mm，所以水准尺上的全读数为2.0823m。而其实际读数是全读数除以2，即1.0412m。图2—31（b）所示为苏州第一光学仪器厂生产的 DSZ2

＋FS1 水准仪读数，被夹住的基本分划线读数为 129cm，测微器读数窗中的读数为 0.514cm，全读数为 129.514cm，舍去最后一位数为 129.51cm（1.2951m）。

三、数字水准仪

近年来，随着光电技术的发展，出现了数字式水准仪，数字水准仪具有自动安平和自动读数功能，进一步提高了水准测量的工作效率。若与电子手簿连接，还可实现观测和数据记录的自动化。数字水准仪代表了水准测量发展的方向，电子水准仪广泛应用于工程测点、工业测点和变形测量中。图 2—32 所示是日本索佳 SDL30M 数字水准仪，图 2—33 是其配套的条形码玻璃钢水准尺。

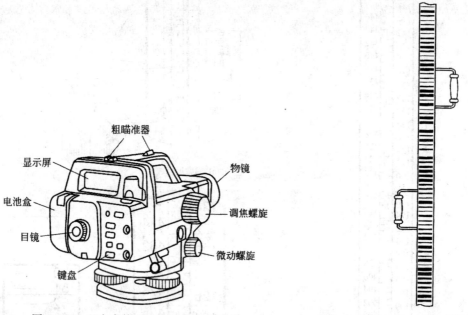

图 2—32　日本索佳 SDL30M 数字水准仪　　　　图 2—33　条形码玻璃钢水准尺

SDL30M 数字水准仪采用光电感应技术读取水准尺上的条形码，将信号交由微处理器处理和识别，观测值用数字形式在显示屏上显示出来，减少了观测员的判读错误，读数也可同时记录在电子手簿内，内存可建立 20 个工作文件和保存 2000 点的数据。SDL30M 数字水准仪测程为 1.6～100m，使用条形码铟钢水准尺每千米往返测标准差为±0.4mm，使用条形码玻璃钢水准尺每千米往返测标准差为±1.0mm。SDL30M 数字水准仪还具有自动计算功能，可自动计算出高差和高程。

使用时，对准条码水准尺调焦，一个简单的单键操作，仪器立刻以数字形式显示精确的读数和距离。条形码玻璃钢水准尺的反面是普通刻划的水准尺，在需要时，SDL30M 数字水准仪也可像普通水准仪一样进行人工读数。

☞ 思考题与习题

1. 设 A 为后视点，B 为前视点，A 点的高程为 30.712m，若后视读数为 1.223m，前视读数为 1.522m，问 A、B 两点的高差是多少？B 点比 A 点高还是低？B 点的高程是多少？并绘出示意图。

2. 何谓视差？产生视差的原因是什么？怎样消除视差？

3. 水准仪上的圆水准器和管水准器作用有何不同？调气泡居中时各使用什么螺旋？调节螺旋时有什么规律？

4. 什么叫水准点？什么叫转点？转点在水准测量中起什么作用？

5. 水准测量时，前后视距相等可消除或减弱哪些误差的影响？

6. 测站检核的目的是什么？有哪些检核方法？

7. 将图 2—34 中水准测量观测数据按表 2—1 格式填入记录手簿表 2—5 中，计算各测站的高差和 B 点的高程，并进行计算检核。

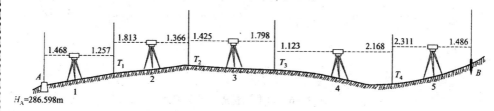

图 2—34　水准测量观测示意图

表 2—5　手簿表

测站	点号	后视读数（m）	前视读数（m）	高差（m）	高程（m）	备注
计算核核	Σ					
		$\Sigma a - \Sigma b =$		$\Sigma h =$		$H_B - H_A$

8. 图 2—35 所示为一条等外闭合水准路线，已知数据及观测数据如图所示，请列表进行成果计算。

9. 图 2—36 所示为一条等外支水准路线，已知数据及观测数据如图所示，往返测路线总长度为 4.0km，试进行闭合差检核并计算 1 点的高程。

10. 水准仪有哪些轴线？它们之间应满足哪些条件？

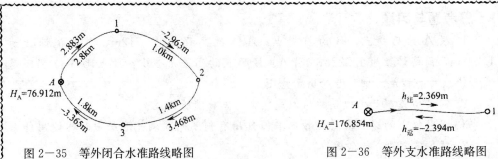

图 2—35 等外闭合水准路线略图　　　　　图 2—36 等外支水准路线略图

11. 精密水准仪、自动安平水准仪和数字水准仪的主要特点是什么?

12. 图 2—37 所示为等外附合水准路线的简图及观测成果。试在表 2—6 中完成水准测量成果计算。

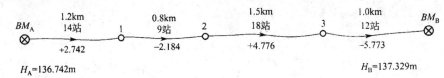

图 2—37 附合水准路线

表 2—6 水准测量成果计算表

点号	测站数（个）	测得高差（m）	高差改正数（m）	改正后高差（m）	高程（m）	备注
Σ						
辅助计算						

13. 设 A、B 两点相距为 80m，水准仪安置在 A、B 两点中间，测得 A、B 两点的高差 $h_{AB}=+0.224$m。仪器搬至 B 点附近，读取 B 尺读数 $b=1.446$m，A 尺读数 $a=1.695$m。试问水准管轴是否平行于视准轴? 为什么? 若不平行，应如何校正?

第三章 角度测量

☞ **教学要求**

通过本章学习，熟悉经纬仪的构造及各部件的名称和作用，掌握 DJ$_6$ 型经纬仪对中、整平的方法，测回法和竖直角的观测、记录和计算，以及经纬仪的检验。

角度测量是测量工作的基本内容之一，其目的是为了确定地面点的位置。它分为水平角测量和竖直角测量。水平角测量是为了确定地面点的平面位置，竖直角测量用于间接地确定地面点的高程。常用的角度测量仪器是经纬仪，它不但可以测量水平角和竖直角，还可以间接地测量距离和高差，是测量工作中最常用的仪器之一。

第一节 水平角的测量原理

为了测定地面点的平面位置，一般需要观测水平角。所谓水平角，就是空间相交的两条直线在水平面上的投影所构成的夹角，用 β 表示，其数值为 $0°\sim360°$。如图 3-1 所示，A、O、B 是地面上高程不同的三点，沿铅垂线方向投影到同一水平面 H 上，得到 a、o、b 三点，则水平线 oa、ob 之间的夹角 β，就是地面上 OA、OB 两方向线构成的水平角。

由图 3-1 可以看出，水平角 β 就是过 OA、OB 两直线所作竖直面之间的二面角。为了测定水平角的大小，可以设想在两竖直面的交线上任选一点处，水平放置一个按顺时针方向刻划的圆盘（称为水平度盘），使其圆心与 o′ 重合。过 OA、OB 的竖直面与水平度盘的交线，在度盘上的读数分别为 a′、b′，于是地面上 OA、OB 两方向线之间的水平角 β 可按下式求得：

$\beta=$ 右目标读数 $b'-$ 左目标读数 a'

这个 β 就是水平角 $\angle aob$ 的值。

综上所述，用于测量水平角的仪器，必须具备一个能安置成水平的带有刻划的度盘，并且能使度盘中心位于角顶点的铅垂线上。还要有一个能照准不同方向、不同高度目标的望远镜，它不仅能在水平方向旋转，而且能在竖直方向旋转而形成一个竖直面。经纬仪就是根据上述要求设计制造的测角仪器。

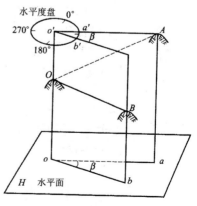

图 3-1 水平角的测量原理

第二节 经纬仪的构造

经纬仪的种类很多，如光学经纬仪、电子经纬仪、激光经纬仪、陀螺经纬仪、摄影经纬仪等，但基本结构大致相同。光学经纬仪是测量工作中最普遍采用的测角仪器。目前，国产光学经纬仪按精度不同分为 DJ_{07}、DJ_1、DJ_2、DJ_6 等不同等级。D、J 分别是"大地测量"、"经纬仪"两词汉语拼音的第一个字母；下标 07、1、2、6 等表示该类仪器的精度指标，表示用该等级经纬仪进行水平角观测时，一测回方向值的中误差，以秒为单位，数值越大则精度越低。按度盘的性质划分，有金属度盘经纬仪、光学度盘经纬仪、自动记录的编码度盘经纬仪（电子经纬仪）及测角、测距、记录于一体的仪器（全站仪）等。

在普通测量中，常用的是 DJ_6 型和 DJ_2 型光学经纬仪，其中 DJ_6 型经纬仪属普通经纬仪，DJ_2 型经纬仪属精密经纬仪。本节将以 DJ_6 型经纬仪为主介绍光学经纬仪的构造。

一、光学经纬仪的构造

各种型号的光学经纬仪，由于生产厂家的不同，仪器的部件和结构不尽一样，但是其基本构造大致相同，主要由基座、水平度盘、照准部三大部分组成［如图 3－2 (a)］。现将各部件名称［图 3－2 (b)］和作用分述如下：

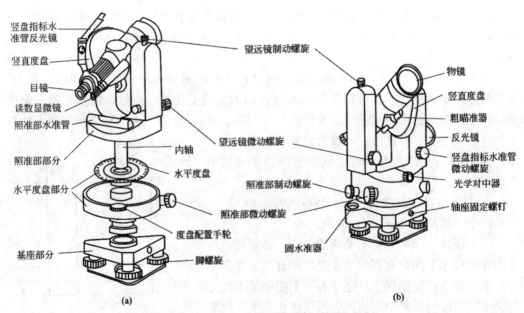

图 3－2 DJ_6 型光学经纬仪构造

（一）基座

（1）基座——就是仪器的底座，用来支承仪器。

（2）基座连接螺旋——用来将基座与脚架相连。连接螺旋下方备有挂垂球的挂钩，以便悬挂垂球，利用它使仪器中心与被测角的顶点位于同一铅垂线上，称为垂球对中。现代的经纬仪一般还可利用光学对中器来实现仪器对中，这种经纬仪的连接螺旋的中心是空的，以便仪器上光学对中器的视线能穿过连接螺旋看见地面点标志。

（3）轴座固定螺钉——用来连接基座和照准部。

（4）脚螺旋——用来整平仪器，共三个。

（5）圆水准器——用来粗略整平仪器。

（二）水平度盘

水平度盘是用光学玻璃制成的圆盘，其上刻有 $0°\sim360°$ 顺时针注记的分划线，用来测量水平角。水平度盘是固定在空心的外轴上，并套在筒状的轴座外面，绕竖轴旋转。而竖轴则插入基座的轴套内，用轴座固定螺钉与基座连接在一起。

水平角测量过程中，水平度盘与照准部分离，照准部旋转时，水平度盘不动，指标所指读数随照准部的转动而变化，从而根据两个方向的不同读数计算水平角。如需瞄准第一个方向时变换水平度盘读数为某个指定的值（如 $0°00'00''$），可打开"度盘配置手轮"的护盖或保护扳手，拨动手轮，把度盘读数变换到需要的读数上。

（三）照准部

照准部是光学经纬仪的重要组成部分，主要包括望远镜、照准部水准管、圆水准器、光学光路系统、读数测微器以及用于竖直角观测的竖直度盘和竖盘指标水准管等。照准部可绕竖轴在水平面内转动。

（1）望远镜——望远镜构造与水准仪望远镜相同，它与横轴连在一起，当望远镜绕横轴旋转时，视线可扫出一个竖直面。

（2）望远镜制动、微动螺旋——望远镜制动螺旋用来控制望远镜在竖直方向上的转动，望远镜微动螺旋是当望远镜制动螺旋拧紧后，用此螺旋使望远镜在竖直方向上作微小转动，以便精确对准目标。

（3）照准部制动、微动螺旋——照准部制动螺旋控制照准部在水平方向的转动。照准部微动螺旋是当照准部制动螺旋拧紧后，可利用此螺旋使照准部在水平方向上作微小转动，以便精确对准目标。利用制动与微动螺旋，可以方便准确地瞄准任何方向的目标。

有的 DJ_6 型光学经纬仪的水平制动螺旋与微动螺旋是同轴套在一起的，方便了照准操作，一些较老的经纬仪的制动螺旋是采用扳手式的，使用时要注意制动的力度，以免损坏。

（4）照准部水准管——亦称管水准器，用来精确整平仪器。

（5）竖直度盘——竖直度盘和水平度盘一样，是光学玻璃制成的带刻划的圆盘，读数为 $0°\sim360°$，它固定在横轴的一端，随望远镜一起绕横轴转动，用来测量竖直角。

竖盘指标水准管用来正确安置竖盘读数指标的位置。竖直指标水准管微动螺旋用来调节竖盘指标水准管气泡居中。

另外,照准部还有反光镜、内部光路系统和读数显微镜等光学部件,用来精确地读取水平度盘和竖直度盘的读数。有些经纬仪还带有测微轮、换像手轮等部件。

二、光学经纬仪的读数方法

光学经纬仪上的水平度盘和竖直度盘都是用光学玻璃制成的圆盘,整个圆周划分为 360°,每度都有注记。DJ₆ 型经纬仪一般每隔 1°或 30′有一分划线,DJ₂ 型经纬仪一般每隔 20′有一分划线。度盘分划线通过一系列棱镜和透镜成像于望远镜旁的读数显微镜内,观测者用显微镜读取度盘的读数。各种光学经纬仪因读数设备不同,读数方法也不一样。

1. 分微尺测微器及其读数方法

目前 DJ₆ 型光学经纬仪一般采用分微尺测微器读数法,分微尺测微器读数装置结构简单,读数方便、迅速。外部光线经反射镜从进光孔进入经纬仪后,通过仪器的光学系统,将水平度盘和竖直度盘的影像分别成像在读数窗的上半部和下半部,在光路中各安装了一个具有 60 个分格的尺子,其宽度正好与度盘上 1°分划的影像等宽,用来测量度盘上小于 1°的微小角值,该装置称为测微尺。

如图 3-3 所示,在读数显微镜中可以看到两个读数窗:注有"水平"(或"H")的是水平度盘读数窗;注有"竖直"(或"V")的是竖直度盘读数窗。每个读数窗上刻有分成 60 小格的分微尺,其长度等于度盘间隔 1°的两分划线之间的放大后的影像宽度,因此分微尺上一小格的分划值为 1′,可估读到 0.1′,即最小读数为 6″。

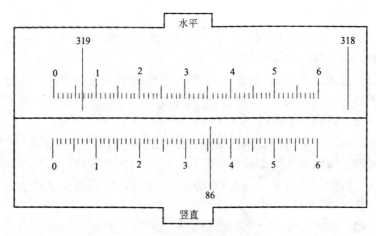

图 3-3 分微尺测微器读数窗

读数时,先调节进光窗反光镜的方向,使读数窗光线充足,再调节读数显微镜的目镜,使读数窗内度盘的影像清晰。然后读出位于分微尺中的度盘分划线的注记度数,再以度盘分划线为指标,在分微尺上读取不足 1°的分数,最后估读秒数,三者相加即得度盘读数。图 3—3 中，水平度盘读数为 319°06′42″，竖直度盘读数为 86°35′24″。

2. 对径分划线测微器及其读数方法

在 DJ$_2$ 型光学经纬仪中，一般都采用对径分划线测微器来读数。DJ$_2$ 型光学经纬仪的精度较高，用于控制测量等精度要求高的测量工作中，图 3—4 所示是苏州第一光学仪器厂生产的 DJ$_2$ 型光学经纬仪的外形图，其各部件的名称如图所注。

对径分划线测微器是将度盘上相对 180° 的两组分划线，经过一系列棱镜的反射与折射，同时反映在读数显微镜中，并分别位于一条横线的上、下方，成为正像和倒像。这种装置利用度盘对径相差 180° 的两处位置读数，可消除度盘偏心误差的影响。

这种类型的光学经纬仪，在读数显微镜中，只能看到水平度盘或竖直度盘的一种影像，通过转动换像手轮（图 3—4 之 9），使读数显微镜中出现需要读的度盘的影像。

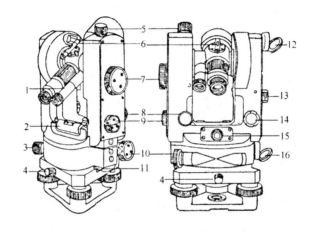

图 3—4　DJ$_2$ 型光学经纬仪构造

1—读数显微镜；2—照准部水准管；3—照准部制动螺旋；4—轴座固定螺旋；5—望远镜制动螺旋；6—光学瞄准器；7—测微手轮；8—望远镜微动于轮；9—度盘变换手轮；10—照准部微动手轮；11—水平度盘变换手轮；12—竖盘照明镜；13—竖盘指标水准管观察镜；14—竖盘指标水准管微动手轮；15—光学对中器；16—水平度盘照明镜

近年来生产的 DJ$_2$ 型光学经纬仪，一般采用数字化读数装置，使读数方法较为简便。图 3—5 所示为照准目标时，读数显微镜中的影像，上部读数窗中数字为度数，突出小方框中所注数字为整 10′ 数，左下方为测微尺读数窗，右下方为对径分划线重合窗，此时对径分划不重合，不能读数。

先转动测微轮，使分划线重合窗中的上下分划线重合，如图 3—6 所示，然后在上部读数窗中读出度数 "227°"，在小方框中读出整 10′ 数 "50′"，在测微尺读数窗内读出分、秒数 "3′14.8″"，三者相加即为度徽读数，即读数为 227°53′14.8″。

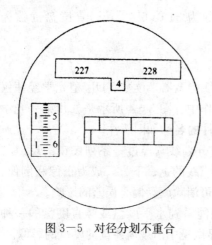

图3—5 对径分划不重合

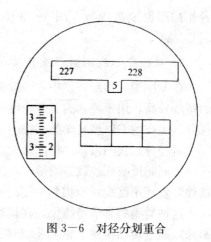

图3—6 对径分划重合

第三节 经纬仪的使用

经纬仪的使用主要包括对中、整平、瞄准和读数四项基本操作。对中和整平是仪器的安置工作，瞄准和读数是观测工作。

一、安置经纬仪

进行角度测量时，首先要在测站上安置经纬仪。经纬仪的安置是把经纬仪安放在三脚架上并上紧中心连接螺旋，然后进行仪器的对中和整平。对中的目的是使仪器中心（或水平度盘中心）与地面上的测站点的标志中心位于同一铅垂线上；整平的目的是使仪器的竖轴竖直，水平度盘处于水平位置。对中和整平是两项互相影响的工作，尤其在不平坦地面上安置仪器时，影响更大，因此，必须按照一定的步骤与方法进行操作，才能准确、快速地安置好仪器。老式经纬仪一般采用垂球进行对中，现在的经纬仪上都装有光学对中器，由于光学对中不受垂球摆动的影响，对中速度快，精度也高，因此一般采用光学对中器进行对中。

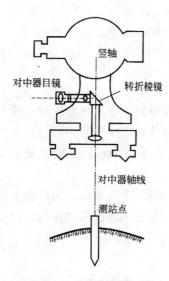

图3—7 光学对中器构造

光学对中器构造如图3—7所示。使用光学对中器安置仪器的操作如下：

（1）打开三脚架，使架头大致水平，并使架头中心大致对准测站点标志中心。

（2）安放经纬仪并拧紧中心螺钉，先将经纬仪的三个角螺旋旋转到大致等高的位置上，再转动光学对中器螺旋使对中器分划清晰，伸缩光学对中器使地面点影像清晰。

（3）固定三脚架的一条腿于适当位置，两手分别握住另外两个架腿，前后左右移动经纬仪（尽量不要转动），同时观察光学对中器分划中心与地面标志点是否对上，当分划中心与地面标志接近时，慢慢放下脚架，踏稳三个脚架。

（4）对中：转动基座脚螺旋使对中器分划中心精确对准地面标志中心。

（5）粗平：通过伸缩三脚架，使圆水准器气泡居中，此时经纬仪粗略水平。注意这步操作中不能使脚架位置移动，因此在伸缩脚架时，最好用脚轻轻踏住脚架。检查地面标志点是否还与对中器分划中心对准，若偏离较大，转动基座脚螺旋使对中器分划中心重新对准地面标志，然后重复第（5）步操作；若偏离不大，进行下一步操作。

（6）精平：先转动照准部，使照准部水准管平行于任意两个脚螺旋的连线方向，如图 3－8（a）所示，两手同时向内或向外旋转这两个脚螺旋，使气泡居中（气泡移动的方向与转动脚螺旋时左手大拇指运动方向相同）；再将照准部旋转 90°，旋转第三个脚螺旋使气泡居中，如图 3－8（b）所示。按这两个步骤反复进行整平，直至水准管在任何方向气泡均居中时为止。

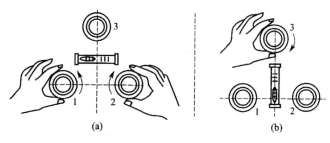

图 3－8　精确整平水准仪

检查对中器分划中心是否偏离地面标志点，若测站点标志中心不在对中器分划中心且偏移量较小，可松开基座与脚架之间的中心螺旋，在脚架头上平移仪器，使光学对中器分划中心精确对准地面标志点，然后旋紧中心螺旋。如偏离量过大，重复（4）、（5）、（6）步操作，直至对中和整平均达到要求为止。

二、照准目标

照准的操作步骤如下：

（1）调节目镜调焦螺旋，使十字丝清晰。

（2）松开望远镜制动螺旋和照准部制动螺旋，利用望远镜上的照门和准星（或瞄准器）瞄准目标，使在望远镜内能够看到目标物像，然后旋紧上述两个制动螺旋。

（3）转动物镜调焦螺旋，使目标影像清晰，并注意消除视差。

（4）旋转望远镜和照准部微动螺旋，精确地照准目标。

照准时应注意：观测水平角时，照准是指用十字丝的纵丝精确照准目标的中心。当目标成像较小时，为了便于观察和判断，一般用双丝夹住目标，使目标在中间位置。为了避免因目标在地面点上不竖直引起的偏心误差，瞄准时尽量照准目标的底部，如图 3－9（a）所示。观测竖直角时，照准是指用十字丝的横丝精确地切准目标的顶部。为了减小十字丝横丝不水平引起的误差，瞄准时尽量用横丝的中部照准目标，如图 3－9（b）所示。

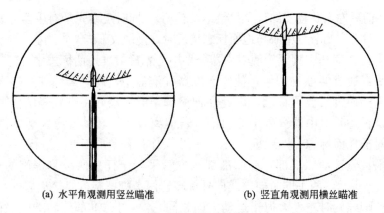

(a) 水平角观测用竖丝瞄准　　　　　(b) 竖直角观测用横丝瞄准

图 3-9　照准目标

三、读数

照准目标后，打开反光镜，并调整其位置，使读数窗内进光明亮均匀；然后进行读数显微镜调焦，使读数窗分划清晰，并消除视差。如是观测水平角，此时即可按上节所述方法进行读数；如是观测竖直角，则要先调竖盘指标水准管气泡居中后再读数。

第四节　水平角测量

水平角的观测方法，一般根据观测目标的多少、测角精度的要求和施测时所用的仪器来确定。常用的观测方法有测回法和方向法两种。

一、测回法

测回法适用于观测两个方向之间的单角，方向法适用于观测两个以上的方向。目前在普通测量中，主要采用测回法观测。

如图 3-10 所示，欲测量∠AOB 对应的水平角，先在观测点 A、B 上设置观测目标，观测目标视距离的远近，可选择垂直竖立的标杆或测钎，或者悬挂垂球；然后在测站点 O 安置仪器，使仪器对中、整平后，按下述步骤进行观测。

1. 盘左观测

"盘左"指竖盘处于望远镜左侧时的位置，也称正镜，在这种状态下进行观测称为盘左观测，也称上半测回观测。其方法如下：

先瞄准左边目标 A，读取水平度盘读数 a_1（例如为 0°02′18″），记入观测手簿（表 3-1）中相应的位置。再顺时针旋转照准部，瞄准右边目标 B，读取水平度盘

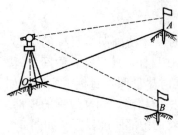

图 3-10　测回法观测

读数 b_1（例如为 $53°33'54''$），记入手簿；然后计算盘左观测的水平角 $\beta_左$，得到上半测回角值：

$$\beta_左 = b_1 - a_1 = 53°31'36''$$

2. 盘右观测

"盘右"指竖盘处于望远镜右侧时的位置，也称倒镜，在这种状态下进行观测称为盘右观测，也称下半测回观测，其观测顺序与盘左观测相反。其方法如下：

先瞄准右边目标 B，读取水平度盘读数 b_2（例如为 $233°33'36''$），记入观测手簿。再逆时针旋转照准部，瞄准左边目标 A，读取水平度盘读数 a_2（例如为 $180°02'18''$），记入手簿；然后计算盘右位置观测的水平角 $\beta_右$，得到下半测回角值：

$$\beta_右 = b_2 - a_2 = 53°31'18''$$

表 3—1　测回法水平角观测手簿

测站	测回	竖盘位置	目标	水平度盘读数 (° ′ ″)	半测回角值 (° ′ ″)	一测回角值 (° ′ ″)	各测回平均角值 (° ′ ″)	备注
O	1	盘左	A	0　02　18	53　31　36	53　31　27	53　31　32	
			B	53　33　54				
		盘右	A	180　02　18	53　31　18			
			B	233　33　36				
	2	盘左	A	90　03　06	53　31　42	53　31　36		
			B	142　34　48				
		盘右	A	270　03　12	53　31　30			
			B	323　34　42				

3. 检核与计算

盘左和盘右两个半测回合起来称为一个测回。对于 DJ$_6$ 型经纬仪，两个半测回测得的角值之差 $\Delta\beta$ 的绝对值应不大于 $36''$，否则要重测；若观测成果合格，则取上、下两个半测回角值的平均值，作为一测回的角值 β，即当：

$$|\Delta\beta| = |\beta_左 - \beta_右| \leqslant 36'' 时$$
$$\beta = \frac{1}{2}(\beta_左 + \beta_右)$$

上例一测回角值为 $53°31'27''$。

必须注意，水平度盘是按顺时针方向注记的，因此半测回角值必须是右目标读数减左目标读数，当不够减时则将右目标读数加上 $360°$ 以后再减。通常瞄准起始方向时，把水平度盘读数配置在稍大于 $0°$ 的位置，以便于计算。

当测角精度要求较高时，往往需要观测几个测回，然后取各测回角值的平均值为最后成果。为了减弱度盘分划误差的影响，各测回应改变起始方向读数，递增值为 $180/n$，n 为测回数。例如测回数 $n=2$ 时，各测回起始方向读数应等于或略大于 $0°$、$90°$；测回数 $n=3$ 时，各测回起始方向读数应等于或略大于 $0°$、$60°$、$120°$。

测回法通常有两项限差：一是两个半测回的方向值（即角值）之差；二是各测

回角值之差，这个差值也称为"测回差"。对于不同精度的仪器，有不同的规定限值。用 DJ₆ 型光学经纬仪进行观测时，各测回角值之差的绝对值不得超过 24″，否则需重测。

二、方向观测法

当测站上的方向观测数在 3 个及以上时，一般采用方向观测法。如图 3—11 所示，测站点为 O 点，观测方向有 A、B、C、D 四个，在 O 点安置好仪器，在 A、B、C、D 四个目标中选一个标志清晰的点作为零方向，例如以 A 点方向为零方向，一测回观测的操作程序如下：

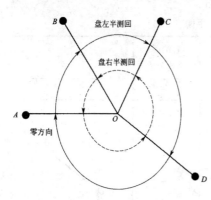

图 3—11　方向观测法示意图

1. 上半测回操作

盘左，瞄准目标 A，将水平度盘读数调在 0°左右（A 点方向为零方向），检查瞄准情况后读取水平方向度盘，记入观测手簿。松开制动螺旋，顺时针转动照准部，依次瞄准 B、C、D 点的照准标志进行观测，其观测顺序依次为 $A \to B \to C \to D \to A$，最后返回到零方向 A 的操作称为上半测回归零，再次观测零方向 A 的读数称为归零差。规范规定，对于 DJ₆ 经纬仪，归零差不应大于 18″。

2. 下半测回操作

纵转望远镜，盘右瞄准照准标志 A，读取数据，记入观测手簿。松开制动螺旋，逆时针转动照准部，一次瞄准 D、C、B、A 点的照准标志后进行观测，其观测顺序为 $A \to D \to C \to B \to A$，最后返回到零方向 A 的操作称下半测回归零。至此，一测回的观测操作完成。

如需观测几个测回，各测回零方向应以 $180°/n$ 为增量配置水平度盘读数。

3. 计算步骤

（1）计算 $2C$ 值（又称两倍照准差）：

$$2C = 盘左读数 - （盘右读数 \pm 180°）$$

上式中，盘右读数大于 180°时取"－"号，盘右读数小于 180°时取"＋"号。一测回内各方向 $2C$ 值互差不应超过 ±18″，（DJ₆ 光学经纬仪）；如果超限，则应重新测量。

（2）计算各方向的平均读数。平均读数又称为各方向的方向值。

$$平均读数 = \frac{盘左读数 + （盘右读数 \pm 180°）}{2}$$

计算时，以盘左读数为准，将盘右读数加或减 180°后，和盘左读数取平均值。起始方向有两个平均读数，故应再取其平均值，见表 3—2 第 6 栏上方小括号数据。

（3）计算归零后的方向值。将各方向的平均读数减去起始方向的平均读数（括号内数值），即得各方向的"归零后方向值"，起始方向归零后的方向值为零。

（4）计算各测回归零后方向值的平均值。多测回观测时，同一方向值各测回互差，符合±24″（DJ₆光学经纬仪）的误差规定，取各测回归零后方向值的平均值，作为该方向的最后结果。

（5）计算各目标间水平角角值。将表3—2中第9栏相邻两方向值相减即可求得。

当需要观测的方向为三个时，除不做归零观测外，其他均与三个以上方向的观测方法相同。

表3—2　方向观测法水平角观测手簿

测回	测站	目标	水平度盘读数		平均读数 （° ′ ″）	一测回归零方向值 （° ′ ″）	各测回归零方向值 （° ′ ″）	水平角 （° ′ ″）	备　注
			盘　左 （° ′ ″）	盘　右 （° ′ ″）					
1	2	3	4	5	6	7	8	9	
1	O	A	0 01 18	180 01 06	(0 01 15) 0 01 12	0 00 00	0 00 00		
		B	39 33 36	219 33 24	39 33 30	39 32 15	39 32 18	39 32 18	
		C	105 45 48	285 45 36	105 45 42	105 44 27	105 44 28	66 12 10	
		D	171 19 30	351 19 24	171 19 27	171 18 12	171 18 06	65 33 38	
		A	0 01 24	180 01 12	0 01 18				
			Δ左＝＋6″	Δ右＝＋6″					
2	O	A	90 02 24	270 02 18	g0 02 18	0 00 00			
		B	129 34 48	309 34 30	39 34 39	39 32 21			
		C	195 46 54	15 46 42	195 46 48	105 44 30			
		D	261 20 24	81 20 12	261 20 18	171 18 00			
		A	90 02 18	270 02 18	90 02 18				
			Δ左＝＋6″	Δ右＝0″					

第五节　竖直角测量

一、竖直角测量原理

竖直角是同一竖直面内倾斜视线与水平线之间的夹角，又称高度角或垂直角，角值范围为－90°～＋90°。如图3—12所示，当倾斜视线位于水平线之上时，竖直角为仰角，符号为正；当倾斜视线位于水平线之下时，竖直角为俯角，符号为负。

竖直角与水平角一样，其角值也是度盘上两方向读数之差，所不同的是该度盘是竖直放置的，因此称为竖直度盘。另外，两方向中有一个是水平线方向。为了观测方便，任何类型的经纬仪，当视线水平时，其竖盘读数都是一个常数（一般为90°或270°）。这样，在测量竖直角时，只需用望远镜瞄准目标点，读取倾斜视线的竖盘读数，即可根据读数与常数的差值计算出竖直角。

例如，若视线水平时的竖盘读数为 $90°$，视线上倾时的竖盘读数为 $83°45'36''$，则竖直角直径为 $90°-83°45'36''=6°14'24''$。

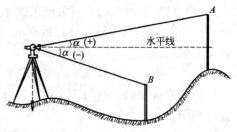

图 3—12　竖直角测量原理

二、竖直度盘的构造

DJ$_6$ 型光学经纬仪的竖直度盘结构如图 3—13 所示，主要部件包括竖直度盘（简称竖盘）、竖盘读数指标、竖盘指标水准管和竖盘指标水准管微动螺旋。

竖盘固定在望远镜旋转轴的一端，随望远镜在竖直面内转动，而用来读取竖盘读数的指标，并不随望远镜转动，因此，当望远镜照准不同目标时可读出不同的竖盘读数。竖盘是一个玻璃圆盘，按 $0°\sim360°$ 的分划全圆注记，注记方向一般为顺时针，但也有一些为逆时针注记。不论何种注记形式，竖盘装置应满足下述条件：当竖盘指标水准管气泡居中，且望远镜视线水平时，竖盘读数应为某一整度数，如 $90°$ 或 $270°$。

竖盘读数指标与竖盘指标水准管连接在一个微动架上，转动竖盘指标水准管微动螺旋，可使指标在竖直面内作微小移动。当竖盘指标水准管气泡居中时，竖盘读数指标就处于正确位置。

三、竖直角计算公式

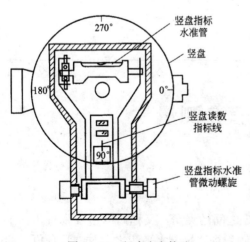

图 3—13　竖直度盘构造

由竖直角测量原理可知，竖直角等于视线倾斜时的目标读数与视线水平时的整读数之差。至于在竖直角计算公式中，哪个是减数，哪个是被减数，应根据所用仪器的竖盘注记形式确定。根据竖直角的定义，视线上倾时，其竖直角值为正，由此，先将望远镜大致水平，观察并确定水平整读数是 $90°$ 还是 $270°$，然后将望远镜上仰，若读数增大，则竖直角等于目标读数减水平整读数；若读数减小，则竖直角等于水平整读数减目标读数。根据这个规律，可以分析出经纬仪的竖直角计算公式。对于图 3—14 所示全圆顺时针注记竖盘，其竖直角计算公式分析如下。

盘左位置：如图 3—14（a），水平整读数为 $90°$，视线上仰时，盘左目标读数 L 小于 $90°$，即读数减小，则盘左竖直角 α_L，为：

$$\alpha_L = 90° - L \qquad (3-1)$$

盘右位置：如图 3—14（b），水平整读数为 $270°$，视线上仰时，盘右目标读数 R 大于 $270°$，即读数增大，则盘右竖直角 α_R 为：

$$\alpha_R = R - 270° \qquad (3-2)$$

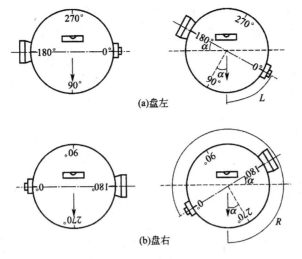

图 3—14 竖直计算公式分析图

盘左、盘右平均竖直角值 α 为：

$$\alpha = \frac{1}{2}\ (\alpha_L + \alpha_R) \tag{3—3}$$

对于逆时针注记的竖盘，用类似的方法推得垂直角的计算公式为：

$$\alpha_L = L - 90^\circ$$
$$\alpha_R = 270^\circ - R \tag{3—4}$$

在观测垂直角之前，将望远镜大致放置水平，观察竖盘读数，首先确定视线水平时的读数：然后上仰望远镜，观测竖盘读数是增加还是减少。

若读数增加，则垂直角的计算公式为：

$$\alpha = 瞄准目标时竖盘读数 - 视线水平时竖盘读数 \tag{3—5}$$

若读数减少，则垂直角的计算公式为：

$$\alpha = 视线水平时竖盘读数 - 瞄准目标时竖盘读数 \tag{3—6}$$

以上规定，适合任何竖直度盘注记形式和盘左、盘右观测。

四、竖盘指标差

上述竖直角计算公式的推导，是依据竖盘装置应满足的条件，即当竖盘指标水准管气泡居中，且望远镜视线水平时，竖盘读数应为整读数（90°或270°）。但是，实际上这一条件往往不能完全满足，即当竖盘指标水准管气泡居中，且望远镜视线水平时，竖盘指标不是正好指在整读数上，而是与整读数相差一个小角度 x，该角值称为竖盘指标差，简称指标差。

设指标偏离方向与竖盘注记方向相同时 x 为正，相反时 x 为负。x 的两种形式的计算式如下：

$$x = \frac{1}{2}\ (L + R - 360^\circ) \tag{3—7}$$

$$x = \frac{1}{2}\ (\alpha_R - \alpha_L) \tag{3—8}$$

可以证明，盘左、盘右的竖直角取平均，可抵消指标差对竖直角的影响。指标差的互差，能反映观测成果的质量。对于 DJ$_6$ 型经纬仪，规范规定，同一测站上不同目标的指标差互差不应超过 25″。当允许只用半个测回测定竖直角时，可先测定指标差 x，然后用下式计算竖直角，可消除指标差的影响。

$$\alpha = \alpha_L + x \tag{3-9}$$
$$\alpha = \alpha_R - x$$

五、竖直角观测方法和计算

（1）安置仪器：如图 3-15 所示，在测站点 O 安置好经纬仪，并在目标点 A 竖立观测标志（如标杆）。

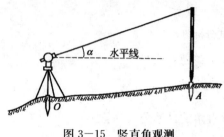

图 3-15 竖直角观测

（2）盘左观测：以盘左位置瞄准目标，使十字兰中丝精确地切准 A 点标杆的顶端，调节竖盘指标水准管微动螺旋，使竖盘指标水准管气泡居中，并读取竖盘读数 L，记入手簿（表 3-3）。

（3）盘右观测：以盘右位置同上法瞄准原目标相同部位，调竖盘指标水准管气泡居中，并读取竖盘读数 R，记入手簿。

（4）计算竖直角：根据式（3-1）～式（3-3）计算 α_L、α_R 及平均值 α（该仪器竖盘为顺时针注记），计算结果填在表 3-3 中。

（5）指标差计算与检核：按式（3-7）计算指标差，计算结果填在表 3-3 中。

至此，完成了目标 A 的一个测回的竖直角观测。目标 B 的观测与目标 A 的观测与计算相同，见表 3-3。A、B 两目标的指标差互差为 9″，小于规范规定的 25″，成果合格。

表 3-3 竖直角观测手簿

测站	目标	竖盘位置	竖盘读数	半测回竖直角	指标差	一测回竖直角	备注
			(° ′ ″)	(° ′ ″)	(″)	(° ′ ″)	
O	A	左	81 12 36	4 47 24	−45	8 46 39	
		右	278 45 54	8 45 54			
O	B	左	95 22 00	−5 22 00	−36	−5 22 36	
		右	264 36 48	−5 23 12			

注：盘左望远镜水平时读数为 90°，望远镜抬高时读数减小。

观测竖直角时，只有在竖盘指标水准管气泡居中的条件下，指标才处于正确位置，否则读数就有错误。然而每次读数都必须使竖盘指标水准管气泡居中是很费事的，因此，有些光学经纬仪，采用竖盘指标自动归零装置。当经纬仪整平后，竖盘指标即自动居于正确位置，这样就简化了操作程序，可提高竖直角观测的速度和精度。

第六节　经纬仪的检验与校正

一、经纬仪应满足的几何条件

经纬仪上的几条主要轴线如图 3－16 所示，VV 为仪器旋转轴，亦称竖轴或纵轴；LL 为照准部水准管轴；HH 为望远镜横轴，也叫望远镜旋转轴；CC 为望远镜视准轴。

根据测角原理，为了能精确地测量出水平角，经纬仪应满足的要求是：仪器的水平度盘必须水平，竖轴必须能铅垂地安置在角度的顶点上，望远镜绕横轴旋转时，视准轴能扫出一个竖直面。此外，为了精确地测量竖直角，竖盘指标应处于正确位置。

一般情况下，仪器加工、装配时能保证水平度盘垂直于竖轴。因此，只要竖轴垂直，水平度盘也就处于水平位置。竖轴竖直是靠照准部水准管气泡居中来实现的，因此，照准部水准管轴应垂直于竖轴。此外，若视准轴能垂直于横轴，则视准轴绕横轴旋转将扫出一个平面，此时，若竖轴竖直，且横轴垂直于竖轴，则视准轴必定能扫出一个竖直面。另外，为了能在望远镜中检查目标是否竖直和测角时便于照准，还要求十字丝的竖丝应在垂直于横轴的平面内。

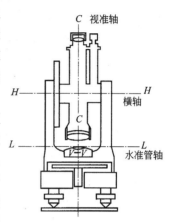

图 3－16　经纬仪的主要轴线

综上所述，经纬仪各轴线之间应满足下列几何条件：

（1）照准部水准管轴垂直于仪器竖轴（$LL \perp VV$）；

（2）十字丝的竖丝垂直于横轴；

（3）望远镜视准轴垂直于横轴（$CC \perp HH$）；

（4）横轴垂直于竖轴（$HH \perp VV$）；

（5）竖盘指标应处于正确位置；

（6）光学对中器视准轴平行于竖轴。

二、经纬仪检验与校正

上述这些条件在仪器出厂时一般是能满足精度要求的，但由于长期使用或受碰撞、振动等影响，可能发生变动。因此，要经常对仪器进行检验与校正。

1. 水准管轴垂直于竖轴的检验与校正

（1）检验：将仪器大致整平，转动照准部，使水准管平行于一对脚螺旋的连线，调节脚螺旋使水准管气泡居中，如图 3－17（a）所示；然后将照准部旋转 180°，若水准管气泡不居中，如图 3－17（b）所示，则说明此条件不满足，应进行校正。

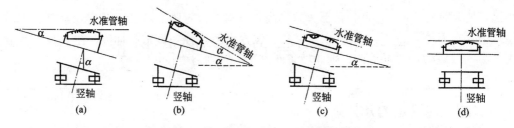

图 3—17　水准管轴垂直于竖轴的检验与校正

（2）校正：先用校正针拨动水准管校正螺钉，使气泡返回偏离值的一半，如图 3—17（c）所示，此时水准管轴与竖轴垂直；再旋转脚螺旋使气泡居中，使竖轴处于竖直位置，如图 3—17（d）所示，此时水准管轴水平并垂直于竖轴。

此项检验与校正应反复进行，直到照准部转动到任何位置，气泡偏离零点不超过半格为止。

2. 十字丝的竖丝垂直于横轴的检验与校正

（1）检验：如图 3—18 所示，整平仪器后，用十字丝竖丝的任意一端，精确瞄准远处一清晰固定的目标点，然后固定照准部和望远镜，再慢慢转动望远镜微动螺旋，使望远镜上仰或下俯，若目标点始终在竖丝上移动，则说明此条件满足；否则，需进行校正。

（2）校正：旋下目镜分划板护盖，松开 4 个压环螺钉，慢慢转动十字丝分划板座；然后，再做检验，待条件满足后再拧紧压环螺钉，旋上护盖。

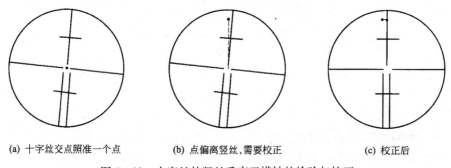

（a）十字丝交点照准一个点　　（b）点偏离竖丝，需要校正　　（c）校正后

图 3—18　十字丝的竖丝垂直于横轴的检验与校正

3. 望远镜视准轴垂直于横轴的检验与校正

望远镜视准轴不垂直于横轴所偏离的角度 C 称为视准轴误差。它是由于十字丝分划板平面左右移动，使十字丝交点位置不正确而产生的。有视准轴误差的望远镜绕横轴旋转时，视准轴扫出的面不是一个竖直平面，而是一个圆锥面。因此，当望远镜瞄准同一竖直面内不同高度的点时，它们的水平度盘读数各不相同，从而产生测量水平角的误差。当目标的竖直角相同时，盘左观测与盘右观测中，此项误差大小相等、符号相反。利用这个规律进行检验与校正。

（1）检验：如图 3—19 所示，在一平坦场地上，选择相距约 100m 的 A、B 两点，在 AB 的中点 O 安置经纬仪。在 A 点设置一观测目标，在 B 点横放一把有毫米分划的小尺，使其垂直于 OB，且与仪器大致同高。以盘左位置瞄准 A 点，固定照准部，倒转望远镜，在 B 点尺上读数为 B_1；再以盘右位置瞄准 A 点，倒转望远镜，在 B 尺上读数为 B_2。若 B_1、B_2 两点重合，则此项条件满足，否则需要校正。

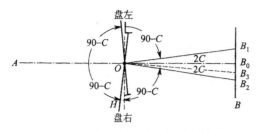
图 3—19　视准轴垂直于横轴的检验

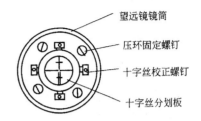
图 3—20　视准轴垂直于横轴的校正

（2）校正：设视准轴误差为 C，在盘左位置时，视准轴 OA 与其延长线与 OB_1 之间的夹角为 $2C$。同理，OA 延长线与 OB_2 之间的夹角也是 $2C$，所以 $\angle B_1OB_2=4C$。校正时只需校正一个 C 角。在尺上定出 B_3 点，使 $B_3=B_1B_2/4$，此时 OB_3 垂直于横轴 OH。然后松开望远镜目镜端护盖，用校正针先稍微拨松上、下的十字丝校正螺钉后，拨动左右两个校正螺钉（图 3—20），一松一紧，左右移动十字丝分划板，使十字丝交点对准 B_3 点。

此项检验、校正也要反复进行。

由于盘左、盘右观测时，视准轴误差为大小相等、方向相反，故取盘左和盘右观测值的平均值，可以消除视准轴误差的影响。

两倍照准差 $2C$ 可用来检查测角质量，如果观测中 $2C$ 变动较大，则可能是视准轴在观测过程中发生变化或观测误差太大。为了保证测角精度，$2C$ 的变化值不能超过一定限度。DJ$_6$ 型光学经纬仪测量水平角一测回，其 $2C$ 变动范围不能超过 $30''$。

4. 横轴垂直于竖轴的检验与校正

横轴不垂直于竖轴所产生的偏差角值，称为横轴误差。产生横轴误差的原因，是由于横轴两端在支架上不等高。由于有横轴误差，望远镜绕横轴旋转时，视准轴扫出的面将是一倾斜面，而不是竖直面。因此，在瞄准同一竖直面内高度不同的目标时，将会得到不同的水平度盘读数，从而影响测角精度。

（1）检验：如图 3—21 所示，在距一垂直墙面 20～30m 处安置好经纬仪。以盘左位置瞄准墙上高处的 P 点（仰角宜大于 $30''$），固定照准部，然后将望远镜大致放平，根据十字丝交点在墙上定出 P_1 点。倒转望远镜成盘右位置，瞄准原目标 P 点后，再将望远镜放平，在 P_1 点同样高度上定出 P_2 点。如果 P_1 与 P_2 点重合，则仪器满足此几何条件，否则需要核正。

（2）校正：取 P_1、P_2 的中点 P_0，将十字丝交点对准 P_0 点，固定照准部，然后抬高望远镜至 P 点附近。此时十字丝交点偏离 P 点，而位于 P' 处。打开仪器没有竖盘一侧的

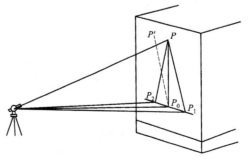
图 3—21　横轴垂直于竖轴的检验与校正

盖板，拨动横轴一端的偏心轴承，使横轴的一端升高或降低，直至十字丝交点照准 P 点为止。最后把盖板合上。

对于质量较好的光学经纬仪，横轴是密封的，此项条件一般能够满足，使用时通常只做检验，若要校正，须由仪器检修人员进行。

由图 3—21 可知，当用盘左和盘右观测一目标时，横轴倾斜误差大小相等、方向相反。因此，同样可以采用盘左和盘右观测取平均值的方法，消除它对观测结果的影响。

5. 竖盘指标差的检验与校正

（1）检验：安置经纬仪，以盘左、盘右位置瞄准同一目标 P，分别调竖盘指标水准管气泡居中后，读取竖盘读数 L 和 R，然后按式（3—7）计算竖盘指标差 x。若 $x>40''$，说明存在指标差；当 $x>60''$ 时，则应进行校正。

（2）校正：保持望远镜盘右位置瞄准目标 P 不变，计算盘右的正确读数 $R_0=R-x$，转动竖盘指标水准管微动螺旋使竖盘读数为及 R_0，此时竖盘指标水准管气泡必定不居中。用校正针拨动竖盘指标水准管一端的校正螺钉，使气泡居中即可。

此项校正需反复进行，直至指标差 x 的绝对值小于 $30''$ 为止。

6. 光学对中器的检验与校正

（1）检验：如图 3—22（a）所示，将经纬仪安置到三脚架上，在一张白纸上画一个十字交叉并放在仪器正下方的地面上，整平对中。旋转照准部，每转 $90°$，观察对中点的中心标志与十字交叉点的重合度，如果照准部旋转时，光学对中器的中心标志一直与十字交叉点重合，则不必校正，否则进行校正。

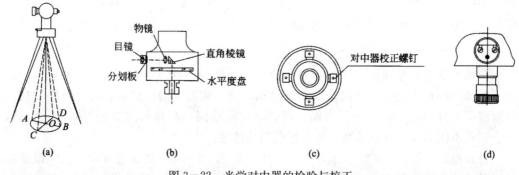

图 3—22　光学对中器的检验与校正

（2）校正：根据经纬仪型号和构造的不同，光学对中器的校正有两种不同的方法，如图 3—22（b）所示，一种是校正分划板；另一种是校正直角棱镜。下面是两种校正方法的具体步骤。

①校正分划板法：如图 3—22（c）所示，将光学对中器目镜与调焦手轮之间的改正螺钉护盖取下，固定好十字交叉白纸并在纸上标记出仪器每旋转 $90°$ 时对中器中心标志的四个落点，用直线连接对角点，两直线交点为 O。用校正针调整对中器的四个校正螺钉，使对中器的中心标志与 O 点重合。重复检验、检查和校正，直至符合要求。调整须在 $1.5\mathrm{m}$ 和 $0.8\mathrm{m}$ 两个目标距离上，同时达到上述要求为止，再将护盖安装回原位。

②校正直角棱镜法 如图 3－22（d）所示，用表扦子松开位于光学对中器上方小圆盖中心的螺钉，取下盖板，可见两个圆柱头螺钉头和一个小的平端紧定螺钉。稍微松开两个圆柱头螺钉，用表扦子轻轻敲击，可使位于螺钉下面的棱镜座前后、左右移动，平端紧定螺钉可使棱镜座稍微转动，到转动照准部至任意位置，测站点均位于分划板小圆圈中心为止（允许目标有 0.5mm 的偏离），固定两圆柱头螺钉。调整须在 1.5m 和 0.8m 两个目标距离上，同时达到上述要求为止，再将小圆盖装回原位。

第七节　水平角测量误差与注意事项

在水平角观测中有各种各样的误差来源，这些误差来源对水平角的观测精度又有着不同的影响。下面将就水平角观测中的几种主要误差来源分别加以说明。

（一）仪器误差

仪器误差的来源主要有两个方面：一是由于仪器加工装配不完善而引起的误差，如度盘刻划误差、度盘中心和照准部旋转中心不重合而引起的度盘偏心误差等。这些误差不能通过检校来消除或减小，只能用适当的观测方法来予以消除或减弱。如度盘刻划误差，可通过在不同的度盘位置测角来减小它的影响。度盘偏心误差可采用盘左、盘右观测取平均值的方法来减弱。二是由于仪器检校不完善而引起的误差，它们主要是视准轴误差、横轴误差和竖轴误差。其中，视准轴误差和横轴误差均可通过盘左、盘右观测取平均值的方法来抵消它们在观测方向上的影响；而竖轴不竖直的误差是不能用正、倒镜观测消除的。因此，在观测前除应认真检验、校正仪器外，还应仔细地进行整平。

（二）观测误差

1. 仪器对中误差

在安置仪器时，由于对中不准确，使仪器中心与测站点不在同一铅垂线上，称为对中误差。仪器中心偏离目标的距离，称为偏心距。对中误差使正确角值与实测角值之间存在误差。测角误差与偏心距成正比，即偏心距越大，误差越大；与测站到测点的距离成反比，即距离越短，误差越大。因此在进行水平角观测时，为保证测角精度，仪器对中误差不应超出相应规范的规定，特别是当测站到测点的距离较短时，更要严格对中。尤其是在边长较短或观测角度接近 180°时，应特别注意。

2. 目标偏心误差

水平角观测时，常用测钎、测杆或觇牌等立于目标点上作为观测标志，当观测标志倾斜或没有立在目标点的中心时，将产生目标偏心误差，其对水平角观测的影响与偏心距（实际瞄准目标中心偏离照准点标志中心的距离）成正比，与测站点至照准点的距离成反比。为了减小目标偏心误差，瞄准测杆时，测杆应立直，并尽可能瞄准测杆的底部。当目标较近，又不能瞄准目标的底部时，可采用悬吊垂线或选用专用觇牌作为目标。

3. 仪器整平误差

仪器整平误差是指安置仪器时没有将其严格整平，或在观测中照准部水准管气泡中心偏离零点，以致仪器竖轴不竖直，从而引起横轴倾斜的误差。整平误差是不能用观测方法消除其影响的，因此，在观测过程中，若发现水准管气泡偏离零点在一格以上，通常应在下一测回开始之前重新整平仪器。

整平误差与观测目标的竖直角有关，当观测目标的竖直角很小时，整平误差对测角的影响较小，随着竖直角增大，尤其当目标间的高差较大时，其影响亦随之增大。因此，在山区进行水平角测量时，更要注意仪器的整平。

4. 瞄准误差

瞄准误差主要与人眼的分辨能力和望远镜的放大倍率有关，人眼分辨两点的最小视角一般为 $60''$。设经纬仪望远镜的放大倍率为 V，则用该仪器观测时，其瞄准误差为：

$$m_V = \pm \frac{60''}{V}$$

一般 DJ_6 型光学经纬仪望远镜的放大倍率 V 为 25～30 倍，因此瞄准误差 m_V 一般为 $2.0'' \sim 2.4''$。

另外，瞄准误差与目标的大小、形状、颜色和大气的透明度等也有关。因此，在观测中我们应尽量消除视差，选择适宜的照准标志、有利的气候条件和合适的观测时间，熟练操作仪器，掌握瞄准方法，并仔细瞄准以减小误差。

5. 读数误差

读数误差主要取决于仪器的读数设备，同时也与照明情况和观测者的经验有关。DJ_6 型光学经纬仪的读数误差，对于读数设备为单平板玻璃测微器的仪器，主要有估读和平分双指标线两项误差；若是分微尺测微器读数设备，则只有估读误差一项。一般认为 DJ_6 型经纬仪的极限估读误差可以不超过分微尺最小格值的十分之一，即可以不超过 $6''$。如果反光镜进光情况不佳、读数显微镜调焦不恰当以及观测者的技术不熟练，则估读的极限误差会远远超过上述数值。为保证读数的准确，必须仔细调节读数显微镜目镜，使度盘与测微尺分划影像清晰；对小数的估读一定要细心；使用测微轮时，一定要使双指标线夹准度盘分划线。

（三）外界条件的影响

外界条件的影响很多，如大风、松软的土质会影响仪器的稳定；大气透明度会影响照准精度；温度的变化会影响仪器的整平；受地面辐射热的影响，物像会跳动等等。在观测中完全避免这些影响是不可能的，只能选择有利的观测时间和条件，尽量避开不利因素，使其对观测的影响降低到最低程度。例如，安置仪器时要踩实三脚架腿；晴天观测时要撑伞，不让阳光直照仪器；观测视线应避免从建筑物旁、冒烟的烟囱上面和靠近水面的空间通过。这些地方都会因局部气温变化而使光线产生不规则的折光，使观测成果受到影响。

第八节　电子经纬仪简介

电子经纬仪是在光学经纬仪的基础上发展起来的新一代测角仪器，是全站型电子速测仪的过渡产品，其主要特点是：

（1）采用电子测角系统，能自动显示测量结果，减轻了外业劳动强度，提高了工作效率。

（2）可与电磁波测距仪组合成全站型电子速测仪，配合适当的接口，可将观测的数据输入计算机，实现数据处理和绘图自动化。

下面以南方测绘仪器公司生产的 ET－02/05 电子经纬仪为例，介绍电子经纬仪的构造与使用方法。

1. ET－02/05 电子经纬仪的构造

如图 3－23 所示，ET－02/05 电子经纬仪采用增量式光栅度盘读数系统，配有自动垂直补偿装置，最小读数为 1″，测角精度为 2″（ET－02 型）和 5″（ET－05 型）。ET－02/05 电子经纬仪上有数据输入和输出接口，可与光电测距仪和电子记录手簿连接。该仪器使用可充镍氢电池，连续工作时间约 10h；望远镜十字丝和显示屏有照明光源，便于在黑暗环境中操作。

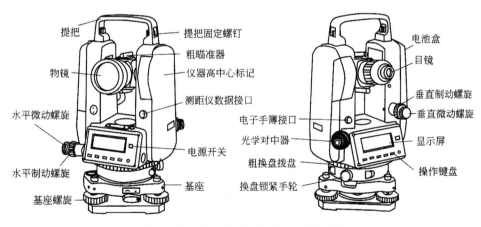

图 3－23　ET－02/05 电子经纬仪的构造

2. ET－02/05 电子经纬仪的使用

ET－02/05 电子经纬仪在使用时，首先要对中整平，其方法与普通光学经纬仪相同，然后按 PWR 键开机，屏幕上即显示出水平度盘读数 HR，再上下摇动一下望远镜，屏幕上即显示出竖盘读数 V，图 3－24 所示的水平度盘读数为 $299°10'48''$，竖盘读数为 $85°26'41''$。角度观测时，只要瞄准好目标，屏幕上便自动显示出相应的角度读数值，瞄准目标的操作方法与普通光学经纬也完全一样。

电池新充电时可供仪器使用 8~10h。显示屏右下角的符号"🔋"显示电池消耗信息，"🔋"及"🔋"表示电量充足，可操作使用；"🔋"表示尚有少量电源，应准备随时更换电池或充电后再使用；"🔋"闪烁表示即将没电（大约可持续几分钟），应立即结束操作更换电池并充电。每次取下电池盒时，都必须先关掉仪器电源，否则仪器易损坏。

3. ET—02/05 电子经纬仪按键的功能与使用方法

图 3—24 所示是 ET—02/05 电子经纬仪的操作键盘及显示屏。每个按键具有一键两用的双重功能，按键上方所标示的功能为第一功能，直接按此键时执行第一功能，当按下"MODE"键后再按此键时执行第二功能。下面分别介绍各功能键的作用：

"PWR"——电源开关键，按键开机；按键大于 2s 则关机。

"R/L"——显示右旋/左旋水平角选择健，连续按此键两种角值交替显示。所谓右旋是指水平度盘读数顺时针方向增大，左旋是指水平度盘读数逆时针，一般采用右旋状态观测。

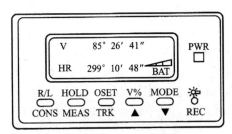

图 3—24　电子经纬仪操作键盘

"CONS"——专项特种功能模式键，按住此键开机，可进入参数设置状态，对仪器的角度测量单位、最小显示单位、自动关机时间等进行设置，设置完成后按"CONS"键予以确认，仪器返回测量模式。

"HOLD"——水平角锁定键。在观测水平角过程中，若需保持所测（或对某方向需预置）方向水平度盘读数时，按"HOLD"键两次即可。水平度盘读数被锁定后，显示左下角"HR"符号闪烁，再转动仪器，水平度盘读数也不发生变化。当照准至所需方向后，再按"HOLD"键一次，解除锁定功能，进行正常观测。

"MEAS"——测距键（此功能无效）。

"OSET"——水平角置零键，按此键两次，水平度盘读数置为 $0°00'00''$。

"TRK"——跟踪测距键（此功能无效）。

"V％"——竖直角和斜率百分比显示转换键，连续按键交替显示。在测角模式下测量。竖直角可以转换成斜率百分比。斜率百分比值＝高差/平距×100％，斜率百分比范围从水平方向至±45°，若超过此值则仪器不显示斜率值。

"▲"——增量键，在特种功能模式中按此键，显示屏中的光标可上下移动或数字向上增加。

"MODE"——测角、测距模式转换键。连续按键，仪器交替进入一种模式，分别执行键上或键下标示的功能。

"REC"——望远镜十字丝和显示屏照明键，按一次开灯照明，再按则关（如不按键，10s 后自动熄灭）。在与电子手簿连接时，此键为记录键。

在角度测量时，根据需要按键，即可方便地读取有关的角度数据，必要时，还可把数据记录在电子手簿中，然后将电子手簿与计算机连接，把数据输入到计算机中进行处理。

4. ET－02/05 电子经纬仪测水平角的方法

将望远镜十字丝中心照准目标 A 后，按"OSET"键两次，使水平角读数为 $0°00'00''$，即显示目标 A 方向为 HR $0°00'00''$；顺时针方向转动照准部，以十字丝中心照准目标 B，此时显示的 HR 值即为盘左观测角。倒转望远镜，依次照准目标 B 和 A，读取并记录所显示的 HR 值，经计算得到盘右观测角，具体计算及成果检核的方法与光学经纬仪水平观测相同。

5. ET－02/05 电子经纬仪测竖直角的方法

ET－02/05 电子经纬仪采用了竖盘指标自动补偿归零装置，出厂时设置为望远镜指向天顶的读数为 $0°$，所以竖直角等于 $90°$减去瞄准目标时所显示的 V 读数，这与光学经纬仪一致，竖直角的具体观测、记录和计算与光学经纬仪基本相同，在此不再复述。

☞ **思考题与习题**

1. 何谓水平角？若某测站与两个不同高度的目标点位于同一竖直面内，那么测站与这两个目标构成的水平角是多少？

2. 经纬仪由哪几大部分组成？各有何作用？

3. DJ_6 型光学经纬仪的分微尺测微器的读数方法和 DJ_6 型光学经纬仪的对径分划线测微器的读数方法有什么不同？

4. 观测水平角时，对中整平的目的是什么？试述经纬仪用光学对中器法对中整平的步骤与方法。

5. 观测水平角时，若测四个测回，各测回起始方向读数应是多少？

6. 何谓竖直角？如何推断经纬仪的竖直角计算公式？

7. 什么是竖盘指标差？观测竖直角时如何消除竖盘指标差的影响？

8. 整理表3－4所示的用测回法观测水平角的记录，并在备注栏内绘出测角示意图。

表3－4　测回法观测水平角的记录

测站	测回	竖盘位置	目标	水平度盘读数	半测回角值	测回竖直角	各测回平均角	备　注
				$(°\ \ '\ \ '')$	$(°\ \ '\ \ '')$	$(°\ \ '\ \ '')$	$(°\ \ '\ \ '')$	
A	1	盘左	1	0　12　00				
			2	91　45　30				
		盘右	1	180　11　24				
			2	271　45　12				
	2	盘左	1	90　11　48				
			2	181　44　54				
		盘右	1	270　12　12				
			2	1　45　18				

9. 完成表3—5所示的方向法观测水平角记录手簿的计算，并在备注栏内绘出测角示意图。

表3—5 手簿表

测回	目标	水平度盘读数		2C	平均读数	归零后方向值	各测回归零后方向均值	备注
		盘左	盘右					
		(° ′ ″)	(° ′ ″)	(″)	(° ′ ″)	(° ′ ″)	(° ′ ″)	
1	B	0 02 12	180 02 06					
	C	50 33 54	230 33 36					
	D	115 27 06	295 27 00					
2	B	90 30 24	270 32 24					
	C	141 03 36	321 03 24					
	D	205 57 18	25 57 06					

10. 整理表3—6所示的竖直角观测记录。

表3—6 竖直角观测记录

测站	目标	竖盘位置	竖盘读数	半测回竖直角	指标差	一测回竖直角	备注
			(° ′ ″)	(° ′ ″)	(′ ″)	(° ′ ″)	
A	1	盘左	84 12 42				
		盘右	275 46 54				
A	2	盘左	115 21 06				
		盘右	244 28 48				

11. 经纬仪上有哪些主要轴线？它们之间应满足什么条件？

12. 观测水平角时，为什么要用盘左、盘右观测？盘左、盘右观测是否能消除因竖轴倾斜引起的水平角测量误差？

13. 水平角观测时，应注意哪些事项？

14. 电子经纬仪的主要特点是什么？

第四章　距离测量与直线定向

　　距离测量是测量的基本工作之一。测量工作中所说的距离，通常是指地面两点的连线垂直投影到水平面上的长度，亦称水平距离，简称平距。地面上高程不同的两点的连线长度称为倾斜距离，简称斜距。测量时要注意把斜距换算为平距。如果不加特别说明，"距离"即指水平距离。距离测量的常用方法有：钢尺量距，全站仪测距方法见第五章。

　　直线定向是指确定地面两点铅垂投影到水平面上的连线的方向，一般用方位角表示直线的方向。直线定向也是测量中经常遇到的问题。

第一节　钢尺量距

　　钢尺量距具有操作简便、精度较高、成果可靠的特点，再加上钢尺价格低、携带方便，钢尺量距在施工测量中应用非常广泛。

一、钢尺量距工具

　　钢尺量距用到的工具有钢尺、标杆、测钎及垂球等，有时还用到温度计和弹簧秤。

　　钢尺也称钢卷尺，其长度有 20m、30m 和 50m 等几种。钢尺分划也有几种形式，有的是以厘米为基本分划，适用于一般量距；有的也以厘米为基本分划，但尺端第一分米内有毫米分划；还有全部以毫米为基本分划的。后两种适用于较精密的距离丈量。钢尺的米和分米的分划线上都有数字注记。

　　钢尺按零点位置不同有端点尺和刻线尺之分。端点尺是以尺的最外端作为尺的零点，如图 4-1（a）所示，端点尺便于从墙根和不便于拉尺的地方进行量距；刻线尺是在尺的起点一端的某位置刻一横线作为尺的零点，如图 4-1（b）所示，刻线尺可测得较高的丈量精度。在使用钢尺时，一定要看清钢尺的零点位置，以便量得正确可靠的结果。

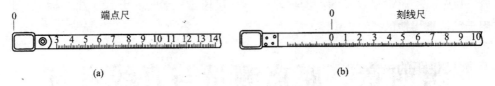

图 4-1　钢尺的零点位置

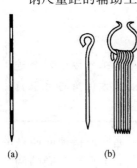

图 4-2　花杆和测钎

钢尺量距的辅助工具有测钎、标杆、垂球等。如图 4-2（a）所示，标杆又称花杆，直径 3～4cm，长 2～3m，杆身用油漆涂成红白相间，下端装有锥形铁尖，在测量中花杆主要用于直线定线。测钎亦称测针，用直径 5mm 左右的粗钢丝制成，长 30～40cm，上端弯成环形，下端磨尖，一般以 11 根为一组，穿在铁环中，用来标定尺的端点位置和计算整尺段数，如图 4-2（b）所示。测钎用于分段丈量时，标定每段尺端点位置和记录整尺段数。垂球亦称线锤，用于在不平坦的地面直接量水平距离时，将平拉的钢尺的端点投影到地面上。当进行精密量距时，还需配备弹簧秤和温度计。

二、直线定线

一般丈量的距离都比整根尺子长，要用尺子连续量几次才能量完，为方便量距工作，需将欲丈量的直线分成若干尺段进行丈量，这就需要在直线的方向上插上一些标杆或测钎，在同一直线上定出若干点，这项工作被称为直线定线。直线定线的方法一般有经纬仪定线、目估定线、拉小线等。

1. 经纬仪定线

当直线定线精度要求较高时，可用经纬仪定线。如图 4-3 所示，欲在 AB 线内精确定出 1、2、…点的位置，可由甲将经纬仪安置于 A 点，用望远镜照准 B 点，固定照准部制动螺旋，然后将望远镜向下俯视，用手势指挥乙移动标杆，当标杆与十字丝纵丝重合时，便在标杆的位置打下木桩，再根据十字丝在木桩上钉下铁钉，准确定出 1 点的位置。同法定出 2 点和其他各点的位置。

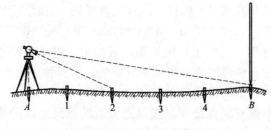

图 4-3　经纬仪定线

2. 拉小线定线

距离测量时，常用拉小线方法进行定线，即在欲丈量的 A、B 两点间拉一条细绳，然后沿着细绳按照定线点间的间距要小于一整尺段定出各点，并做上相应标记，此法应用于场地平坦地区。

三、钢尺量距的一般方法

1. 平坦地面的距离丈量

沿地面直接丈量水平距离，可先在地面定出直线方向，然后逐段丈量，则直线的水平距离按下式计算：

$$D = nl + q \tag{4-1}$$

式中　l——钢尺的一整尺段长（m）；

　　　　n——整尺段数；

　　　　q——不足一整尺的零尺段的长（m）。

丈量时后尺手持钢尺零点一端，前尺手持钢尺末端，通常用测钎标定尺段端点位置。丈量对应注意沿着直线方向，钢尺须拉紧伸直而无卷曲。直线丈量时尽量以整尺段丈量，最后丈量余长，以方便计算。丈量时应记清楚整尺段数，或用测钎数表示整尺段数。

为了防止丈量过程中发生错误，同时也为了提高距离测量成果精度，通常采用往返丈量进行比较；若符合精度要求，则取往返丈量平均值作为丈量的最后结果。

一般用相对误差 K 来表示距离丈量成果的精度，其值等于往返丈量的距离之差与平均距离之比，相对误差通常化为分子为 1 的分式，即

$$K = \frac{|D_{往} - D_{返}|}{D_{平均}} = \frac{1}{D_{平均}/|D_{往} - D_{返}|} \tag{4-2}$$

【例 4-1】　已知 A、B 的往测距离为 186.683m，返测距离为 186.725m，求 AB 的平均距离及相对误差。

【解】　　　　　　　$D_{平} = (D_{往} + D_{返}) \div 2 = 186.704m$

$$K = \frac{|186.683 - 186.725|}{186.704} \approx \frac{1}{4445}$$

相对误差分母越大，则 K 值越小，精度越高；反之，精度越低。量距精度取决于工程的要求和地面起伏的情况，在平坦地区，钢尺量距的相对误差一般不低于 1/3000；在量距较困难的地区，其相对误差不低于 1/2000。

2. 倾斜地面量距

（1）平量法：当地势不平坦但起伏不大时，为了直接量取 A、B 两点间的水平距离，可目估拉钢尺水平，由高处往低处丈量两次。如图 4-4 所示，甲在 A 点指挥乙将钢尺拉在 AB 线上，甲将钢尺零点对准 A 点，乙将钢尺抬高，并目估使钢尺水平，然后用垂球线紧贴钢尺上某一整刻划线，将垂球尖投入地面上，用测钎插在垂球尖所指的 1 点处，此时尺上垂球线对应读数即为 $A1$ 的水平距离 d_1，同法丈量其余各段，直至 B 点。则有 $D = \sum d$。

用同样的方法对该段进行两次丈量，若符合精度要求，则取其平均值作为最后结果。

（2）斜量法：如图4—5所示，当地面倾斜坡度较大时，可用钢尺量出 AB 的斜距 L，然后用水准测量或其他方法测出 A、B 两点的高差 h，则 $D=\sqrt{L^2-h^2}$。

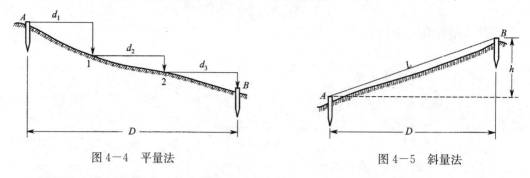

图4—4　平量法　　　　　　　　　图4—5　斜量法

斜量法也需测量两次，符合精度要求时，取平均值作为最后结果。

四、钢尺量距注意事项

利用钢尺进行直线丈量时，产生误差的可能性很多，主要有：尺长误差、拉力误差、温室变化的误差、尺身不水平的误差、直线定线误差、钢尺垂曲误差、对点误差、读数误差等。因此，在量距时应按规定操作并注意检核。此外还应注意以下几个事项：

（1）钢尺须检定后才能使用。

（2）量距时拉钢尺要既平又稳。

（3）注意钢尺零刻划线位置，即是端点尺还是刻线尺，以免量错。

（4）读数应准确，记录要清晰，严禁涂改数据，要防止6与9误读、10和4误听。

（5）钢尺在路面上丈量时，应防止人踩、车碾。钢尺卷结时不能硬拉，必须解除卷结后再拉，以免钢尺折断。

（6）量距结束后，用软布擦去钢尺上的泥土和水，涂上机油，以防止生锈。

第二节　直线定向

在测量工作中常常需要确定地面两点平面位置的相对关系，除了测定两点之间的距离外，还应确定两点所连直线的方向。一条直线的方向，是根据某一标准方向来确定的。确定直线与标准方向之间的关系，称为直线定向。

一、标准方向

1. 真北方向

包含地球南北极的平面与地球表面的交线称为真子午线。过地面点的真子午线切线方向，指向北方的一端，称为该点的真北方向，如图4—6（a）所示。真北方向用天文观测方法或陀螺经纬仪测定。

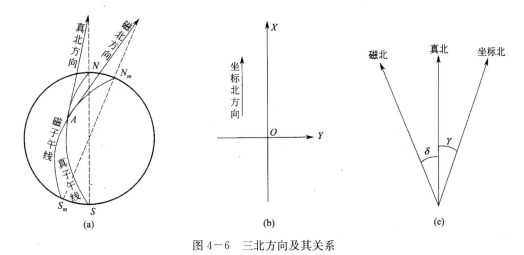

图 4-6　三北方向及其关系

2. 磁北方向

包含地球磁南北极的平面与地球表面的交线称为磁子午线。过地面点的磁子午线切线方向，指向北方的一端称为该点的磁北方向，如图 4-6（a）所示。磁北方向用指南针或罗盘仪测定。

3. 坐标北方向

平面直角坐标系中，通过某点且平行于坐标纵轴（X 轴）的方向，指向北方的一端称为坐标北方向，如图 4-6（b）所示。高斯平面直角坐标系中的坐标纵轴，是高斯投影带的中央子午线的平行线；独立平面直角坐标系中的坐标纵轴，可以由假定获得。

上述三北方向的关系如图 4-6（c）所示。过一点的磁北方向与真北方向之间的夹角称为磁偏角，用 δ 表示；过一点的坐标北方向与真北方向之间的夹角称为子午线收敛角，用 γ 表示。磁北方向或坐标北方向偏在真北方向东侧时，δ 或 γ 为正；偏在真北方向西侧时，δ 或 γ 为负。

二、方位角的概念

测量工作中，主要用方位角表示直线的方向。由直线一端的标准方向顺时针旋转至该直线的水平夹角，称为该直线的方位角，其取值范围是 $0°\sim360°$。我国位于地球的北半球，选用真北、磁北和坐标北方向作为直线的标准方向，其对应的方位角分别称为真方位角、磁方位角和坐标方位角。

用方位角表示一条直线的方向，因选用的标准方向不同，使得该直线有不同的方位角值。普通测量中最常用的是坐标方位角，用 α_{AB} 表示。直线是有向线段，下标中 A 表示直线的起点，B 表示直线的终点。如图 4-7 所示。例如直线 A 至 B 的方位角为 $105°$，表示为 $\alpha_{AB}=105°$，A 点至 1 点直线的方位角为 $320°38'20''$，表示为 $\alpha_{A1}=320°38'20''$。

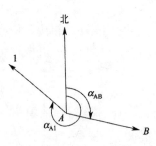

图 4—7　坐标方位角

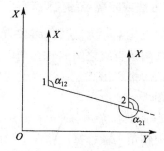

图 4—8　正反坐标方位角

三、坐标方位角的计算

1. 正反坐标方位角

由图 4—8 可以看出，任意一条直线存在两个坐标方位角，它们之间相差 $180°$，即

$$\alpha_{21} = \alpha_{12} \pm 180° \tag{4—3}$$

一般把 α_{12} 称为直线 AB 的正坐标方位角，则 α_{21} 便称为其反坐标方位角。在测量工作中，经常要计算某条直线的正反坐标方位角。例如若 $\alpha_{12} = 125°$，则其反坐标方位角为：

$$\alpha_{21} = 125° + 180° = 305°$$

又若 $\alpha_{AB} = 320°38'20''$，则其反坐标方位角为：

$$\alpha_{BA} = 320°38'20'' - 180° = 140°38'20''$$

有时为了计算方便，可将上式中的"$\pm$"号改为只取"$+$"号，即

$$\alpha_{21} = \alpha_{12} + 180° \tag{4—4}$$

若此式计算出的反坐标方位角 α_{21} 大于 $360°$，则将此值减去 $360°$ 作为 α_{21} 的最后结果。

2. 同始点直线坐标方位角的关系

如图 4—9 所示，若已知直线 AB 的坐标方位角，又观测了它与直线 $A1$、$A2$ 所夹的水平角分别为 β_1、β_2，由于方位角是顺时针方向增大，由图可知：

$$\alpha_{A1} = \alpha_{AB} - \beta_1 \tag{4—5}$$

$$\alpha_{A2} = \alpha_{AB} + \beta_2 \tag{4—6}$$

如图 4—9 所示，若已知直线 AB 的坐标方位角为 $\alpha_{AB} = 110°18'42''$，观测水平夹角 $\beta_1 = 47°06'00''$，$\beta_2 = 148°23'12''$，求其他各边的坐标方位角。

$$\begin{aligned}
\alpha_{A1} &= \alpha_{AB} - \beta_1 \\
&= 110°18'42'' - 47°06'00'' \\
&= 63°12'42''
\end{aligned}$$

$$\begin{aligned}
\alpha_{A2} &= \alpha_{AB} + \beta_2 \\
&= 110°18'42'' + 148°23'12'' \\
&= 258°41'54''
\end{aligned}$$

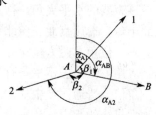

图 4—9　方位角的增减

3. 坐标方位角推算

实际工作中，为了得到多条直线的坐标方位角，把这些直线首尾相接，依次观测各接点处两条直线之间的转折角，若已知第一条直线的坐标方位角，便可根据上述两种算法依次推算出其他各条直线的坐标方位角。

如图 4—10 所示，已知直线 12 的坐标方位角为 α_{12}，2、3 点的水平转折角分别为 β_2 和 β_3，其中 β_2 在推算路线前进方向左侧，称为左角；β_3 在推算路线前进方向的右侧，称为右角。欲推算此路线上另两条直线的坐标方位角 α_{23}、α_{34}。

根据反方位角计算公式（4—4）得：

$$\alpha_{21}=\alpha_{12}+180°$$

再由同始点直线坐标方位角计算公式（4—6）可得：

$$\alpha_{23}=\alpha_{21}+\beta_2=\alpha_{12}+180°+\beta_2$$

上式计算结果如大于 360°，则减 360° 即可。同理可由 α_{23} 和 β_3 计算直线 34 的坐标方位角：

$$\alpha_{34}=\alpha_{23}+180°-\beta_3$$

上式计算结果如为负值，则加 360° 即可。

上述两个等式分别为推算直线 23 和直线 34 各边坐标方位角的递推公式。由以上推导过程可以得出坐标方位角推算的规律为：下一条边的坐标方位角等于上一条边坐标方位角加 180°，再加上或减去转折角（转折角为左角时加，转折角为右角时减），即：

$$\alpha_{下}=\alpha_{上}{}^{-\beta(右)}_{+\beta(左)}+180° \tag{4—7}$$

若结果≥360°，则再减 360°；若结果为负值，则再加 360°。

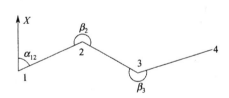
图 4—10　坐标方位角推算

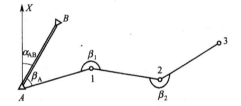
图 4—11　坐标方位角推算略图

【例 4—2】　如图 4—11 所示，直线 AB 的坐标方位角为 $\alpha_{AB}=56°18'42''$，转折角 $\beta_A=37°06'42''$，$\beta_1=238°23'18''$，$\beta_2=217°52'48''$，求其他各边的坐标方位角。

【解】　根据式（4—6）得：

$$\alpha_{A1}=\alpha_{AB}+\beta_A$$
$$=56°18'42''+37°06'42''$$
$$=93°25'24''$$

根据式（4—7）得：

$$\alpha_{12}=\alpha_{A1}+\beta_1+180°$$
$$=93°25'24''+238°23'18''+180°（-360°）$$
$$=79°48'42''$$

$$\alpha_{23}=\alpha_{12}-\beta_2+180°$$

$$=79°48'42''-217°52'48''+180°$$
$$=41°55'54''$$

四、象限角

如图 4－12 所示，由标准方向线的北端或南端，顺时针或逆时针量到某直线的水平夹角，称为象限角，用 R 表示，其值在 $0°\sim90°$ 之间。角限角不但要表示角度的大小，而且还要注意该直线位于第几象限。象限角分别用北东、南东、南西和北西表示。

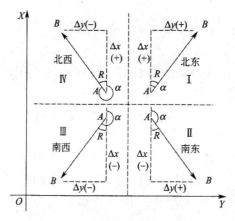

图 4－12　象限角与方位角的关系

象限角一般只在坐标计算时用，这时所说的象限角是指坐标象限角。坐标象限角与坐标方位角之间的关系见表 4－1。

表 4－1　坐标象限角与坐标方位角关系表

象限	方向	坐标方位角 推算象限角	象限角推算 坐标方位角
第一象限	北东	$R=\alpha$	$\alpha=R$
第二象限	南东	$R=180°-\alpha$	$\alpha=180°-R$
第三象限	南西	$R=\alpha-180°$	$\alpha=180°+R$
第四象限	北西	$R=360°-\alpha$	$\alpha=360°-R$

☞ **思考题与习题**

1. 影响钢尺量距精度的因素有哪些？如何提高钢尺量距精度？

2. 测量中的水平距离指的是什么？什么是相对误差？它如何计算？

3. 用钢尺量得 AB、CD 两段距离为：$D_{AB往}=226.885\text{m}$，$D_{AB返}=226.837\text{m}$，$D_{CD往}=104.576\text{m}$，$D_{CD返}=104.624\text{m}$。这两段距离的相对误差各为多少？哪段丈量精度高？

4. 什么是直线定线？直线定线的方法一般有哪几种？

5. 光电测距有什么特点？全站仪测距的基本过程是什么？

6. 标准方向有哪几种？表示直线方向的方位角有哪几种？

7. 何谓真子午线、磁子午线、坐标子午线？何谓真方位角、磁方位角、坐标方位角？正反坐标方位角的关系如何？试绘图说明。

8. 如图 4－27 所示，$\alpha_{12} = 206°$，五边形各内角分别为 $\beta_1 = 86°$，$\beta_2 = 120°$，$\beta_3 = 70°$，$\beta_4 = 139°$，$\beta_5 = 125°$，求其他各边的坐标方位角。

9. 如图 4－28 所示，$\alpha_{AB} = 65°$，$\beta_1 = 98°$，$\beta_2 = 59°$，$\beta_3 = 62°$，求 α_{B1}，α_{B2}，α_{B3}。

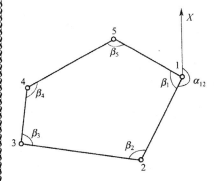

图 4－27 习题 8 图示

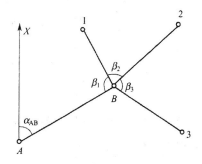

图 4－28 习题 9 图示

第五章 全站仪及GPS

☞ **教学要求**

通过本章学习，熟悉全站仪测量的基本方法；掌握全站仪的基本操作，能正确使用全站仪进行角度测量和距量测量。了解GPS定位测量的基本方法。

第一节 全站仪及其应用

一、全站仪概述

全站仪又称电子速测仪，是一种可以同时进行角度测量和距离测量，由机械、光学、电子元件组合而成的测量仪器。在测站上安置好仪器后，除照准需人工操作外，其余可以自动完成，而且几乎是在同一时间得到平距、高差和点的坐标。全站仪一般由电子测距仪、电子经纬仪和电子记录装置三部分组成。从结构上分，全站仪可分为组合式和整体式两种。组合式全站仪是用一些连接器将测距部分、电子经纬仪部分和电子记录装置部分连接成一组合体。它的优点是能通过不同的构件进行灵活多样的组合，当个别构件损坏时，可以用其他的构件代替，具有很强的灵活性。整体式全站仪是在一个仪器内装配测距、测角和电子记录三部分。测距和测角共用一个光学望远镜，方向和距离测量只需一次照准，使用十分方便。

全站仪的电子记录装置由存储器、微处理器、输入和输出部分组成。由微处理器对获取的斜距、水平角、竖直角、视准轴误差、指标差、棱镜常数、气温、气压等信息进行处理，可以获得各种改正后的数据。在只读存储器中固化了一些常用的测量程序，如坐标测量、导线测量、放样测量、后方交会等，只要进入相应的测量程序模式，输入已知数据，便可依据程序进行测量，获取观测数据，并解算出相应的测量结果。通过输入、输出设备，可以与计算机交互通讯，将测量数据直接传输给计算机，在软件的支持下，进行计算、编辑和绘图。测量作业所需要的已知数据也可以从计算机输入全站仪，实现整个测量作业的高度自动化。

全站仪的应用可归纳为四个方面：一是在地形测量中，可将控制测量和碎部测量同时进行；二是可用于施工放样测量，将设计好的管线、道路、工程建设中的建筑物、构筑物等的位置按图纸设计数据测设到地面上；三是可用全站仪进行导线测量、前方交会、后方交会等，不但操作简便，且速度快、精度高；四是通过数据输入/输出接口设备，将全站仪与计算机、绘图仪连接在一起，形成一套完整的外业实时测绘系统（电子平板测图系统），从而大大提高测绘工作的质量和效率。

二、全站仪的基本结构

全站仪的种类很多，各种型号仪器的基本结构大致相同。现以南方测绘仪器公司生产的 NTS－350/R 系列全站仪为例进行各种测量方法介绍。NTS－350/R 系列全站仪的外观与普通电子经纬仪相似，由电子经纬仪和电子测距仪两部分组成。

（一）全站仪的外部结构

全站仪的外部结构及名称如图 5－1 所示。

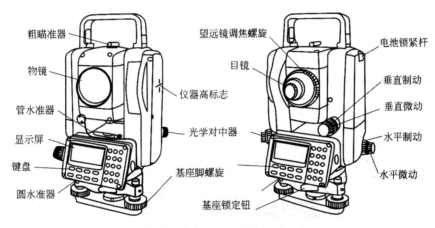

图 5－1　南方 NTS－350/R 全站仪

（二）显示与键盘

（1）在全站仪的前后两面，各有一个带键盘和点阵式液晶显示屏的面板，用来显示和操作全站仪，面板结构如图 5－2 所示。

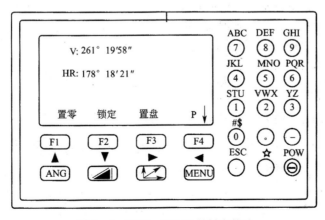

图 5－2　NTS－350/R 的键盘构造

（2）显示符号及键盘符号：全站仪面板上主要是液晶显示器和操作按键，表5—1、表5—2对显示符号及键盘符号做了详细的说明。

表 5—1　显示符号及其含义

显　示	内　　容	显　示	内　　容
V%	垂直角（坡度显示）	E	东向坐标
HR	水平角（右角）	Z	高程
HL	水平角（左角）	*	EDM（电子测距）正在进行
HD	水平距离	m	以 m 为单位
VD	高差	ft	以英尺为单位
SD	倾斜	fi	以英尺与英寸为单位一
N	北向坐标		

表 5—2　操作键名称及功能说明

按键	名　　称	功　　能
★	星键	进入星键模式用于如下项目的设置或显示：①调节对比度；②十字丝照明；③背景光；④倾斜改正；⑤S/A。此模式下可以对棱镜常数和温度气压进行设置
 ◢	距离测量键	距离测量模式
 ⚡	坐标测量键	坐标测量模式
ANG	角度测量键	角度测量模式
POWER	电源键	电源开关
MENU	菜单键	在菜单模式和正常模式之间切换，在菜单模式下可设置应用测量与照明调节、仪器系统误差改正
ESC	退出键	• 返回测量模式或上一层模式 • 从正常测量模式直接进入数据采集模式或放样模式 • 也可用作正常测量模式下的记录键
0～9	数字键	输入数字和字母、小数点、负号
F1～F4	软键（功能键）	对应于显示的软键功能信息

（三）功能键（软键）

软键共有四个，即 F1、F2、F3、F4 键，每个软键盘的功能见相应测量模式的相应显示信息，在各种测量模式下分别有不同的功能。

全站仪标准测量模式有三种，即角度测量模式、距离测量模式和坐标测量模式。各测量模式又有若干页，可以用 F4 进行翻页，如图5—3所示。

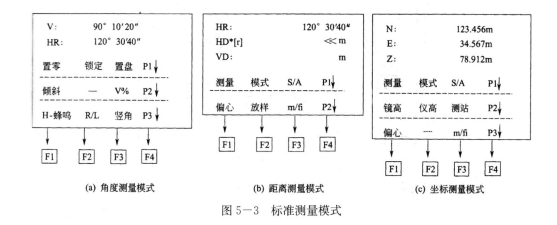

(a) 角度测量模式　　　　(b) 距离测量模式　　　　(c) 坐标测量模式

图 5-3　标准测量模式

三、全站仪测量操作

（一）仪器的安置对中与整平

（1）安置三脚架：首先，将三脚架打开，伸到适当高度，拧紧三个固定螺旋。

（2）将仪器安置到三脚架上：将仪器小心地安置到三脚架上，松开中心连接螺旋，在架头上轻移仪器，直到锤球对准测站点标志中心，然后轻轻拧紧连接螺旋。

（3）利用圆水准器粗平仪器。

①旋转两个脚螺旋 A、B，使圆水准器气泡移到与上述两个脚螺旋中心连线相垂直的一条直线上。

②旋转脚螺旋 C，使圆水准器气泡居中。

（4）利用管水准器精平仪器。

①松开水平制动螺旋、转动仪器使管水准器平行于某一对脚螺旋 A、B 的连线。再旋转脚螺旋 A、B，使管水准器气泡居中。

②将仪器绕竖轴旋转 $90°$，再旋转另一个脚螺旋 C，使管水准器气泡居中。

③再次旋转 $90°$，重复①、②，直至四个位置上气泡居中为止。

（5）利用光学对中器对中。

根据观测者的视力调节光学对中器望远镜的目镜。松开中心连接螺旋、轻移仪器，将光学对中器的中心标志对准测站点，然后拧紧连接螺旋。在轻移仪器时不要让仪器在架头上有转动，以尽可能减少气泡的偏移。

（6）最后精平仪器。

按第（4）步精确整平仪器，直到仪器旋转到任何位置时，管水准气泡始终居中为止，然后拧紧连接螺旋。

（二）开机与仪器设置

全站仪内有很多参数需要设置，只有正确地设置这些参数，全站仪才能正常工作；而且有些参数还要根据实际情况进行调整，如温度、气压改正。NTS-350/R 系列全站仪有三种设置仪器参数的方法，分别对应不同的参数设置。一种是基本参数的设置，其操作时，要从关机后按 F4 加开机键（POWER）开机，进入基本设置菜单，可以对仪器进行以下的项目设置：单位设置、测量模式设置、仪器蜂鸣和两差改正。另一种就是在正常测量状态下对测量参数的设置，这些参数包括：温度、气压、棱镜常数、最小读数、自动关机和垂直角倾斜改正。第三种是仪器固定常数的设置，如仪器的加常数和乘常数，这种参数在仪器出厂时已经设定好，只有专业人员经检测后对其更改；设置方法是按 F1 加开机键进入设置界面。

NTS−350/R 系列全站仪采用光栅度盘技术，所以在按
POWER 键开机后需要分别将仪器的望远镜和照准部转动
360°，对垂直度盘和水平度盘置零设置。置零动作完成后，仪
器才显示正常工作界面，即测角状态，如图 5−4 所示。

```
V：82°09′30″
HR：120°12′38″

置零 锁定 置盘 P1↓
```

图 5−4　正常工作界面

（三）角度和距离测量

角度测量和距离测量是全站仪最基本的测量模式。全站仪最原始的测量数据是 HR（水平角）、VR（垂直角）和 SD（倾斜距离）。通过内部处理程序可以显示和存储各种测量要素，如：HD（水平距离）、VD（高差）、N（北坐标）、E（东坐标）、Z（高程）等。

1. 水平角和垂直角测量

确认仪器处于角度测量模式。瞄准目标的方法如下：

（1）先将望远镜对准明亮天空，旋转目镜筒，调焦看清十字丝；

（2）利用瞄准器内的三角形标志的顶尖瞄准目标点，照准时眼睛与瞄准器之间应保持一定的距离；

（3）利用望远镜调焦螺旋使目标点成像清晰。

其具体操作步骤如图 5−5 所示。

操作过程	操作	显　示
①照准第一个目标 A	照准 A	V：　82°　09′　30″ HR：120°　12′　38″ 置零　锁定　置盘　P1↓
②设置目标 A 的水平角为 0°00′00″	按 F1 键	水平角度置零 ＞OK？ ——　［是］　［否］
按 F1 键置零和 F3	按 F3 键	V：　82°　09′　30″ HR：　0°　00′　00″ 置零　锁定　置盘　P1↓
③瞄准第二个目标 B，显示目标 B 的 V/H	瞄准目标 B	V：　92°　09′　30″ HR：　67°　09′　38″ 置零　锁定　置盘　P1↓

图 5−5　全站仪水平角测量步骤

按 F4 键两次，转到第 3 页功能，再按 F2 键，可以在右角/左角之间相互切换。

2. 水平角设置

在进行角度测量时，通常需要将某一个方向的水平角设置成所希望的角度值，以便确定统一的计算方位。这可以通过水平角设置来完成。

水平角有两种设置方法：锁定角度值和键盘输入。图 5－6 和图 5－7 分别列出了这两种方式的步骤。

操作过程	操作	显 示
①用水平微动螺旋转到所需的水平角	显示角度	V: 90°10′20″ HR: 120°30′40″ 置零 锁定 置盘 P1↓
②按［F2］（锁定）键	［F2］	水平角锁定 HR: 130°40′20″ >设置 — — ［是］ ［否］
③照准目标	照准	V: 90°10′20″ HR: 130°40′20″ 置零 锁定 置盘 P1↓
④按［F3］（是）键完成水平角的设置，显示窗变为正常的角度测量模式	［F3］	

图 5－6 锁定角度值操作步骤

操作过程	操作	显 示
①照准目标	照准	V: 90°10′20″ HR: 170°30′20″ 置零 锁定 置盘 P1↓
②按［F3］（置盘）键	［F3］	水平角设置 HR: -------------------- 输入 — — 回车
③通过键盘输入所要求的水平角，如：70°40′20″	［F1］ 70.4020 ［F4］	V: 90°10′20″ HR: 70°40′20″ 置零 锁定 置盘 P1↓

图 5－7 键盘输入操作步骤

在水平角设置量时，首先确认仪器处于角度测量模式。

3. 垂直角与斜率（V%）的转换

将仪器调为角度测量模式，按以下操作进行：

（1）按［F4］（↓）键转到显示屏第 2 页；

（2）按［F3］（V%）键，显示屏即显示 V%，进入垂直角百分度（%）模式。按 F3 键可以在两种模式间交替切换。

4. 天顶距与高度角的转换

全站仪显示的垂直角有两种：即以天顶方向为起算；点的天顶距和以水平线为起算。点的高度角。这两种模式之间的切换按以下方式进行：

（1）按［F4］（↓）键转到显示屏第 3 页；

（2）按［F3］（竖角）键，可以在天顶距和高度角之间交替切换。

5. 距离测量（连续测量）

距离测量也是全站仪的一项最基本的功能，在做距离测量之前通常需要确认大气改正的设置和棱镜常数设置。

在仪器开机时，测量模式可设置为 N 次测量或连续测量模式，两种测量模式可以在测量过程中切换。距离测量步骤如图 5—8 所示。

操作过程	操作	显　　示
①照准棱镜中心	照准	V:　　　　　　　　90°10′20″ HR:　　　　　　　120°30′40″ 置零　锁定　置盘　P1↓
②按距离测量键［◢］，距离测量开始	［◢］	HR:　　　　　　　120°30′40″ HD＊［r］　　　　　≪m VD:　　　　　　　　　　m 测量　模式　S/A　P1↓
③显示测量的距离		HR:　　　　　　　120°30′40″ HD＊　　　　　123.456m VD:　　　　　　5.678m 测量　模式　S/A　P1↓
④再次按［◢］键，显示变为水平角（HR）、垂直角（V）和斜距（SD）	［◢］	V:　　　　　　　　90°10′20″ HR　　　　　　　120°30′40″ SD:　　　　　　131.678m 测量　模式　S/A　P1↓

图 5—8　全站仪距离测量步骤

（四）坐标测量

坐标测量是角度和距离测量的程序化，通过直接测量出的水平角和斜距，仪器经过程序计算，将结果显示为坐标形式。坐标测量需要经过以下几个步骤。

1. 设置测站点的坐标

设置仪器（测站点）相对于坐标原点的坐标，仪器可以自动转换和显示未知点（棱镜点）在该坐标系中的坐标。测站点的坐标一旦设置，仪器关闭后仍然可以保存。设置测站点坐标的步骤如图5—9所示。

操作过程	操作	显　　示
①在坐标测量模式下按F4，进入第2页功能	F4	N:　　　　　　286.245m E:　　　　　　76.233m Z:　　　　　　14.556m 测量　模式　S/A　P1↓ 置零　锁定　置盘　P1↓ 镜高　仪高　测站　P2↓
②按［F3］键	F3	N—>:　　　　　0.000m E:　　　　　　0.000m Z:　　　　　　0.000m 输入　　—　　回车
③输入N坐标	F1 输入数据 F4	N:　　　　　　500.00m E—>:　　　　　0.000m Z:　　　　　　0.000m 输入　　—　　回车 测量　模式　S/A　P1↓
④按同样的方法输入E和Z坐标，输入数据后，显示屏返回坐标测量显示	照准P1 F1	N:　　　　　　500.000m E—>:　　　　　300.000m Z:　　　　　　100.00m 测量　模式　S/A　P1↓

输入范围：
N，E，Z介于−999999.999m和999999.999m之间

图5—9　设置测站点坐标的步骤

2. 设置仪器高

仪器高按图5—10所示的步骤设置，一旦设置好，关机后仍可保存。

3. 设置棱镜高

棱镜高的设置步骤与仪器高设置基本相同。

4. 实施测量

当设置好测站、仪器高和棱镜高以后，便可以着手进行坐标测量。测量前还要设置后视方位。按图5—11所示的步骤进行。

操作过程	操作	显　　示
①在坐标测量模式下按 F4，进入第 2 页功能	F4	N：　　　　286.245m E：　　　　76.233m Z：　　　　14.556m 测量　模式　S/A　P1↓ 置零　锁定　置盘　P1↓ ──────────── 镜高　仪高　测站　P2↓
②按［F2］键	F2	仪器高 输入 仪高　　　　　0.000m 输入　　─　　─　回车
③输入仪器高	F1 输入数据 F4	N：　　　　500.000m E：　　　　300.000m Z：　　　　10.00m 测量　模式　S/A　P1↓
输入范围： 仪器高介于－999.999m 和 999.999m 之间		

图 5—10　仪器高设置步骤

操作过程	操作	显　　示
①设置后视（已知）点 A 的方向角	设置方向角	V：　　　120°10′46″ HR：　　　89°00′46″ 置零　锁定　置盘　P1↓
②照准目标点 B	照准棱镜	N：　　　　　≪m E：　　　　　m Z：　　　　　m 测量　模式　S/A　P1↓
③按 F1 键，开始测量	F1	N*：　　　526.778m E：　　　236.852m Z：　　　12.337m 测量　模式　S/A　P1↓

图 5—11　实施测量步骤

5. 无合作目标测量

NTS—350/R 全站仪具有激光免棱镜测量功能，当需要测量那些无法到达或不便安置棱镜的目标时，按★键进入免棱镜设置模式，启动激光测距。

四、数据采集

现代全站仪最大的特点就是具有大容量的内存，可以将外业测量的数据完整地记录下来，并且可以通过输入编码对测量点进行标识，通过数据传输接口将内存数据传输到微机进行作图和其他处理。

NTS－350/R 系列全站仪的数据采集具体操作为：

按下［MENU］键，仪器进入主菜单 1/3 模式；按下［F1］（数据采集）键，显示数据采集菜单 1/2，其操作流程如图 5－12 所示。

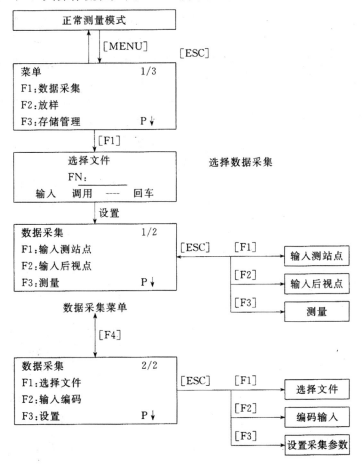

图 5－12　数据采集操作流程

五、内存管理与数据通信

NTS－350/R 系列全站仪拥有一个高达 2M 的存储器，最多能容纳 8000 点的测量数据，所以必须有一个文件管理系统来对全站仪的数据文件实施管理。全站仪的内存管理包括以下几个部分：

（1）文件状态查询：检查存储数据的个数和剩余记录空间；

（2）查找：查看记录数据；

（3）文件维护：删除文件/编辑文件名；

（4）输入坐标：将坐标数据输入，并存入坐标数据文件；

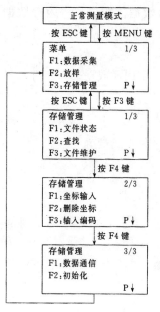

图 5－13　存储管理操作流程图

（5）删除坐标：删除坐标文件中的坐标数据；

（6）输入编码：将编码数据输入，并存入编码库文件；

（7）数据传送：与微机进行数据交换；

（8）初始化内存。

存储管理的菜单操作如图 5－13 所示。

利用数据通信线可以把全站仪内存中的数据文件传输到微机或其他电脑设备，也可以将其他电脑设备中的数据文件发送到全站仪中供测量或放样调用。

在进行数据传输之前，应确保计算机和全站仪通信电缆正确连接，计算机与全站仪的通信参数正确设置。

当所有设置均正确后，即可启动数据传输软件或串口通信软件来进行收发数据。

发送数据是将全站仪内存中的数据文件发送到微机，发送数据可以发送测量数据、坐标数据文件或编码数据文件。以发送测量数据文件为例，其操作过程如图 5－14 所示。

操作过程	操作	显　示
①由主菜单 1/3，按 F3 键，再按 F4 键进入存储管理 3/3	F3 F4	存储管理 3/3 F1：数据传输 F2：初始化 　　　　　P↓
②按 F1 键	F1	输入传输 F1：发送数据 F2：接收数据 F3：通信参数
③按 F1 键	F1	发送数据 F1：测量数据 F2：坐标数据 F3：编码数据
④选择发送数据类型，可按 F1～F3 中的一个，如 F1	F1	选择文件 FN：—　— 输入　调用　—　回
⑤按 F1 键，输入待发送的文件名	F1	发送测量数据 ＞OK? —　—　［是］　［否］
⑥按 F3 发送数据	F3	发送测量数据 〈发送数据!〉 　　　　　停止

图 5－14　发送测量数据文件操作过程

接收数据是全站仪接收从微机发送过来的数据文件，接收数据可以接收坐标数据和编码数据。其操作过程与发送数据大概相同。

六、全站仪的检验与校正

全站仪系精密仪器，为了保证仪器的性能及其精度，测量工作实施前后的检验和校正十分必要。

仪器经过运输、长期存放或受到强烈撞击而怀疑受损时，应仔细进行检校。

1. 管水准器的检验与校正

（1）检验。

①将管水准器置于与某两个脚螺旋 A、B 连线平行的方向上，旋转这两个脚螺旋使管水准器气泡居中。

②将仪器绕竖轴旋转180°，观察管水准器气泡的移动，若气泡不居中则按下述方法进行校正。

（2）校正。

①利用校针调整管水准器一端的校正螺钉，将管水准器气泡向中间移回偏移量的一半。

②利用脚螺旋调平剩下的一半气泡偏移量。

③将仪器绕竖轴再一次旋转180°，检查气泡是否居中，若不居中，则应重复上述操作。

2. 圆水准器的检验与校正。

（1）检验。

利用管水准器仔细整平仪器，若圆水准器气泡居中，就不必校正，否则，应按下述方法进行校正。

（2）校正。

利用校针调整圆水准器上的三个校正螺钉使圆水准器气泡居中。

3. 十字丝的检验与校正

（1）检验。

①将仪器安置在三脚架上，严格整平。

②用十字丝交点瞄准至少50m外的某一清晰点 A。

③望远镜上下转动，观察 A 点是否沿着十字丝竖丝移动。

④如果 A 点一直沿十字丝竖丝移动，则说明十字丝位置正确（此时无需校正），否则应校正十字丝。

（2）校正。

①逆时针旋出望远镜目镜一端的护罩，可以看见四个目镜固定螺钉。

②用改锥稍微松动四个固定螺钉，旋转目镜座直至十字丝与 A 点重合，最后将四个固定螺钉旋紧。

①重复上述检验步骤，若十字丝位置不正确则应继续校正。

4. 仪器视准轴的检验与校正

（1）检验。

①将仪器置于两个清晰的目标点 A、B 之间，仪器到 A、B 距离相等，约 50m。

②利用管水准器严格整平仪器。

③瞄准 A 点。

④松开望远镜垂直制动手轮，将望远镜绕水平轴旋转 180°瞄准目标 B，然后旋紧望远镜垂直制动手轮。

⑤松开水平制动手轮，使仪器绕竖轴旋转 180°再一次照准 A 点，并拧紧水平制动手轮。

⑥松开垂直制动手轮，将望远镜绕水平轴旋转 180°，设十字丝交点所照准的目标点为 C，C 点应该与 B 点重合。若 B、C 不重合，则应按下述方法校正。

（2）校正。

①旋下望远镜目镜一端的保护罩。

②在 B、C 之间定出一点 D，使 CD 等于 BC 四分之一。

③利用校针旋转十字丝的左、右两个校正螺钉，将十字丝中心移到 D 点。

④校正完后，应按上述方法进行检验，若达到要求则校正结束，否则应重复上述校正过程，直至达到要求。

5. 光学对点器的检验与校正。

（1）检验。

①将光学对点器中心标志对准某一清晰地面点。

②将仪器绕竖轴旋转 180°，观察光学对点器的中心标志，若地面点仍位于中心标志处，则不需校正，否则，需按下述步骤进行校正。

（2）校正。

①打开光学对点器望远镜目镜的护罩，可以看见四个校正螺钉，用校针旋转这四个校正螺钉，使对点器中心标志向地面点移动，移动量为偏离量的一半。

②利用脚螺旋使地面点与对点器中心标志重合。

③再一次将仪器绕竖轴旋转 180°，检查中心标志与地面点是否重合，若两者重合，则不需校正，如不重合，则应重复上述校正步骤。

七、全站仪使用安全与保养

（一）全站仪安全操作注意事项

1. 全站仪常规安全

（1）禁止在高粉尘、无良好排风设备或靠近易燃物品环境下使用仪器，以免发生意外。

（2）禁止自行拆卸和重装仪器，以免引起意外事故。

（3）禁止直接用望远镜观察太阳，以免造成眼睛失明。

（4）观测太阳时务必使用阳光滤色镜。

（5）禁止坐在仪器箱上，以免滑倒造成人员受伤。

（6）禁止挥动或抛甩垂球，以免伤人。

（7）确保固紧提柄固定螺钉，以免提拿仪器时仪器跌落而造成人员受伤或仪器受损。

（8）确保固紧三角基座制动控制杆，以免提拿仪器时基座跌落而造成人员受伤。

2. 电源系统安全

（1）禁止使用与指定电压不符的电源，以免造成火灾或触电事故。

（2）禁止使用受损的电线、插头或松脱的插座，以免造成火灾或触电事故。

（3）使用指定的电源线，以免造成火灾事故。

（4）充电时，严禁在充电器上覆盖物品，以免造成火灾事故。

（5）使用指定的充电器为电池充电。

（6）严禁给电池加热或将电池扔入火中，以免爆炸伤人。

（7）为防止电池存放时发生短路，可用绝缘胶带贴于电池电极处。

（8）严禁使用潮湿的电池或充电器，以免短路引发火灾。

（9）不要用湿手插拔电池或充电器，以免造成触电事故。

（10）不要接触电池渗漏出来的液体，以免有害化学物质造成皮肤烧伤。

（11）仪器长期不用时，应将电池取下分开存放，电池应至少每月充电一次。

（二）全站仪操作注意事项

1. 防尘防水

（1）禁止将仪器浸入水中，按照国标防水标准IPX4进行设计的全站仪，可保护仪器免受普通雨水的损害。

（2）为确保仪器的防尘防水性，务必正确地合上电池护盖和通信接口护套。

（3）确保电池护盖和通信接口内部干燥、无尘，以免损坏仪器。

（4）关闭仪器箱时应确保仪器和箱内干燥、无尘，防止仪器锈蚀。

（5）严禁将仪器直接置于地面上，避免沙土、灰尘损坏中心螺旋或螺孔。

2. 使用

（1）安置仪器时应尽可能使用木质三脚架，使用金属三脚架可能会因晃动而影响观测精度。

（2）三角基座安装不正确将会影响观测精度，应时常检查基座上的校正螺钉，确保基座固定钮锁好，基座固定螺钉旋紧，防止仪器受振。

（3）作业前应仔细全面检查仪器，确信仪器各项指标、功能、电源、初始设置和各项参数均符合要求时再进行作业。

（4）迁站时必须将仪器从三脚架上取下。

（5）取下电池前务必先关闭电源开关。

3. 其他

（1）当仪器从温暖的地方移至寒冷的地方操作时，由于内部空气与外界存在温差，可能导致键盘操作粘连，此时请先打开电池盖，置放一段时间。

（2）避免仪器受到强烈的冲击或振动。

（三）仪器的保养

保养仪器方法如下：

（1）若在测量中仪器被雨水淋湿，应尽快彻底擦干。

（2）每次放入仪器箱前应仔细清洁仪器。要特别注意保护镜头，先用镜头刷刷去灰尘，再用干净的绒布或镜头纸轻擦干净。

（3）严禁用有机溶剂擦拭显示窗、键盘或者仪器箱。

（4）应将仪器保存在干燥、室温变化不大的场所。

（5）三脚架在经过长时间使用后，可能会出现螺钉松动或损坏而无法正常使用的情况，应注意经常检查。

（6）若仪器长时间不使用，应每 3 个月检验与校正一次。

（7）从仪器箱中取出仪器时，应避免强行拉出。取出仪器后应及时将仪器箱关好，以防受潮。

（8）为保证仪器的精度，应定期检验和校正仪器。

第二节　GPS 定位原理

一、概述

全球定位系统（GPS）是导航卫星测时和测距全球定位系统（Navigation Satellite Timing and Ranging Global Positioning System）的简称。该系统是由美国国防部于 1973 年组织研制，历经 20 年，耗资 300 亿美金，于 1993 年建设成功，主要为军事导航与定位服务的系统。GPS 是利用卫星发射的无线电信号进行导航定位，具有全球性、全天候、高精度、快速实时的三维导航、定位、测速和授时功能，以及良好的保密性和抗干扰性。它已成为美国导航技术现代化的重要标志，被称为 20 世纪继阿波罗登月、航天飞机之后又一重大航天技术。

GPS 导航定位系统不但可以用于军事上各种兵种和武器的导航定位，而且在民用上也发挥重大作用。如智能交通系统中车辆导航、车辆管理和救援，民用飞机和船只导航及姿态测量，大气参数测量，电力和通讯系统中的时间控制，地震和地球板块运动监测，地球动力学研究等。特别是在大地测量、城市和矿山控制测量、水下地形测量等方面得到广泛的应用。

GPS 全球定位系统能独立、迅速和精确地确定地面点的位置，与常规控制测量技术相比，有许多优点：

（1）不要求测站间的通视，因而可以按需要来布点，并可以不用建造测站标志；

（2）控制网的几何图形已不是决定精度的重要因素，点与点之间的距离长短可以自由布设；

（3）可以在较短时间内以较少的人力消耗来完成外业观测工作，观测（卫星信号接收）的全天候优势更为显著；

（4）由于接受仪器的高度自动化，内外业紧密结合，软件系统的日益完善，可以迅速提交测量成果；

（5）精度高，用载波相位进行相对定位，可达到±（5mm＋1ppmxD）的精度；

（6）节省经费和工作效率高，用GPS定位技术建立大地控制网，要比常规大地测量技术节省70%～80%的外业费用，同时，由于作业速度快，使工期大大缩短，所以经济效益显著。

GPS于1986年开始引入我国测绘界，由于它比常规测量方法具有定位速度快、成本低、不受天气影响、点间无需通视，不建标等优越性，且具有仪器轻巧、操作方便等优点，目前已在测绘行业中广泛使用。广大测绘工作者在GPS应用基础研究和使用软件开发等方面取得了大量的成果，全国大部分省市都利用GPS定位技术建立了GPS控制网，并在大地测量（西沙群岛的大地基准联测）、南极长城站精确定位和西北地区的石油勘探等方面显示出GPS定位技术的无比优越性和应用前景。在工程建筑测量中，也已开始采用GPS技术，如北京地铁GPS网、云台山隧道GPS网、秦岭铁路隧道施工GPS控制网等。卫星定位技术的引入已引起了测绘技术的一场革命，从而使测绘领域步入一个崭新的时代。

二、GPS的组成

GPS主要由空间卫星部分、地面监控部分和用户设缶部分组成，如图5－15所示。

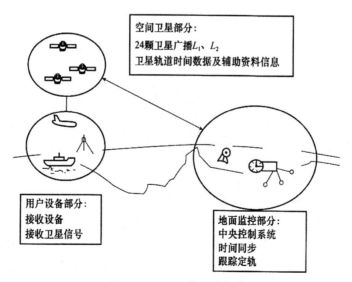

图5－15　GPS的组成部分

1. 空间卫星部分

空间卫星部分由24颗GPS卫星组成GPS卫星星座，其中有21颗工作卫星，3颗备用卫星，其作用是向用户接收机发射天线信号。GPS 卫星（24 颗）已全部发射完成，24 颗卫星均匀分布在 6 个倾角为 55°的轨道平面内，各轨道之间相距 60°，卫星高度为 20200km（地面高度），结合其空间分布和运行速度，使地面观测者在地球上任何地方的接收机，都能至少同时观测到 4 颗卫星（接收电波），最多可达 11 颗。GPS 卫星的主体呈圆柱形，直径约为 1.5m，两侧设有两块双叶太阳能板，能自动对日定向，以保证卫星正常工作的用电。每颗卫星装有 4 台高精度原子钟，为 GPS 的测量提供高精度的时间标准。空间卫星情况如图 5－16 所示。

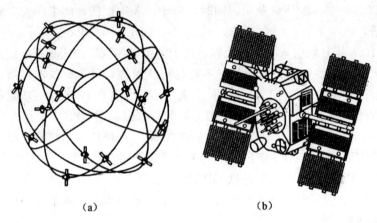

（a）　　　　　　　　　　　（b）

图 5－16　GPS 卫星星座

2. 地面监控部分

地面监控部分由主控站、信息注入站和监测站组成。

主控站一个，设在美国的科罗拉多空间中心。其主要功能是协调和管理所有地面监控系统的工作，主要任务是：①根据本站和其他监测站的所有观测资料推算编制各卫星的星历、卫星钟差和大气层的修正系数等，并把这些数据传送到注入站。②提供全球定位系统的时间基准。各监测站和 GPS 卫星的原子钟均应与主控站的原子钟同步或测出其间的钟差，并把这些钟差信息编入导航电文送到注入站。③调整偏离轨道的卫星，使之沿预设的轨道运行。④启用备用卫星以代替失效的工作卫星。

注入站现有 3 个，分别设在印度洋的迭哥伽西亚、南大西洋的阿松森岛和南太平洋的卡瓦加兰。注入站有天线、发射机和微处理机。其主要任务是在主控站的控制下，将主控站推算和编制的卫星星历、钟差、导航电文和其他控制指令注入到相应卫星的存储系统，并监测注入信息的正确性。

监测站共有 5 个。除上述 4 个地面站具有监测站功能外，还在夏威夷设有一个监测站。监测站的主要任务是连续观测和接收所有 GPS 卫星发出的信号并监测卫星的工作状况，将采集到的数据连同当地气象观测资料和时间信息经初步处理后传送到主控站。

图 5－17 是 GPS 地面控制站分布示意图，整个系统除主控站外，不需人工操作，各站间用现代化的通信系统联系起来，实现高度的自动化和标准化。

图 5－17　GPS 地面监控站

3. 用户设备部分

用户设备部分包括 GPS 接收机硬件、数据处理软件和微处理机及其终端设备等。GPS 接收机的主要功能是捕获卫星信号，跟踪并锁定卫星信号，对接收的卫星信号进行处理，测量出 GPS 信号从卫星到接收机天线间的传播时间，译出 GPS 卫星发射的导航电文，实时计算接收机天线的三维坐标、速度和时间。GPS 接收机从结构来讲，主要由五个单元组成：天线和前置放大器；信号处理单元，它是接收机的核心；控制和显示单元；存储单元；电源单元。GPS 接收机的种类很多，按用途不同可分为测地型、导航型和授时型三种；按工作原理可分为有码接收机和无码接收机，前者动态、静态定位都可以，而后者只能用于静态定位；按使用载波频率的多少可分为用一个载波频率（L_1）的单频接收机和两个载波频率（$L_1，L_2$）的双频接收机，单频接收机便宜，而双频接收机能消除某些大气延迟的影响，对于边长大于 10km 的精密测量，最好采用双频接收机，而一般的控制测量，单频接收机就行了，以双频接收机为今后精密定位的主要用机；按型号分种类就更多了，目前已有 100 多个厂家生产不同型号的接收机。不管哪种接收机，其主要结构都相似，都包括接收机天线、接收机主机和电源三个部分。

三、GPS 坐标系统

任何一项测量工作都需要一个特定的坐标系统（基准）。由于 GPS 是全球性的定位导航系统，其坐标系统也必须是全球性的，根据国际协议确定，称为协议地球坐标系（Coventional Terrestrial System，简称 CTS）。目前，GPS 测量中使用的协议地球坐标系称为 1984 年世界大地坐标系（WGS—84）。

WGS—84 是 GPS 卫星广播星历和精密星历的参考系，它由美国国防部制图局所建立并公布的。从理论上讲它是以地球质心为坐标原点舱地固坐标系，其坐标系的定向与 BIH1984.0 所定义的方向一致。它是目前最高水平的全球大地测量参考系统之一。

现在，我国已建立了 1980 年国家大地坐标系（简称 C80）。它与 WGS—84 世界大地坐标系之间可以互相转换。

四、GPS 定位的基本原理

GPS 卫星定位的基本原理，是以 GPS 卫星和用户接收机天线之间距离的观测量为基础，并根据已知的卫星瞬时坐标，确定用户接收机所对应的地位，即待定点三维坐标 (x, y, z)。由此可见，GPS 定位的关键是测定用户接收机至 GPS 卫星之间的距离。

GPS 卫星发射的测距码信号到达接收机天线所经历的时间为 t，该时间乘以光速 c，就是卫星至接收机的空间几何距离 ρ，即

$$\rho = ct \tag{5-1}$$

这种情况下，距离测量的特点是单程测距，要求卫星时钟与接收机时钟要严格同步。但实际上，卫星时钟与接收机时钟难以严格同步，存在一个不同步误差。此外，测距码在大气传播中还受到大气电离层折射及大气对流层的影响，产生延迟误差。因此，实际所求得的距离并非真正的站星几何距离，习惯上将其称为"伪距"，用 $\bar{\rho}$ 表示。通过测伪距来定点位的方法称为伪距法定位。

伪距 $\bar{\rho}$ 与空间几何距离 ρ 之间的关系为：

$$\rho = \rho + \delta_{\rho 1} + \delta_{\rho T} - c\delta_t^S + c\delta_{\tan} \tag{5-2}$$

式中　$\delta_{\rho 1}$——电离层延迟改正；

$\delta_{\rho T}$——对流层延迟改正；

δ_t^S——卫星钟差改正；

$\delta_{\tan}$——接收机钟差改正。

也可以利用 GPS 卫星发射的载波作为测距信号。由于载波的波长比测距码波长要短得多，因此对载波进行相位测量，可以获得高精度的站星距离。

站星之间的真正几何距离 ρ 与卫星坐标 (x_S, y_S, z_S) 和接收机天线相位中心坐标 (x, y, z) 之间有如下关系

$$\rho = \sqrt{(x_S - x)^2 + (y_S - y)^2 + (z_S - z)^2} \tag{5-3}$$

卫星的瞬时坐标 (x_S, y_S, z_S) 可根据接收到的卫星导航电文求得，所以，在式 (5-3) 中，仅有待定点三维坐标 (x, y, z) 3 个未知数。如果接收机同时对 3 颗卫星进行距离测量，从理论上说，即可推算出接收机天线相位中心的位置。因此，GPS 单点定位的实质，就是空间距离后方交会，如图 5-18 所示。

实际测量中，为了修正接收机的计时误差，求出接收机钟差，将钟差也当作未知数。这样，在一个测站上实际存在 4 个未知数。为了求得 4 个未知数至少应同时观测 4 颗卫星。

以上定位方法为单点定位。这种定位方法的优点是只需一台接收机，数据处理比较简单，定位速度快，但其缺点是精度较低，只能达到米级的精度。

为了满足高精度测量的需要，目前广泛采用的是相对定位法。相对定位是位于不同地点的若干台接收机，同步跟踪相同的 GPS 卫星，以确定各台接收机间的相对位置。

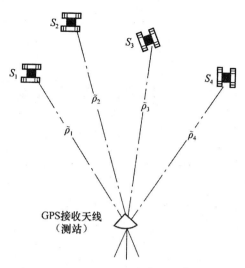

图 5—18　GPS 卫星定位的基本原理

由于同步观测值之间存在着许多数值相同或相近的误差影响，它们在求相对位置过程中得到消除或削弱，使相对定位可以达到很高的精度。因此，静态相对定位在大地测量、精密工程测量等领域有着广泛的应用。

☞ **思考题与习题**

1. 全站仪名称的含义是什么？

2. 全站仪的主要特点有哪些？

3. 全站仪有哪些用途？其操作方法如何？

4. 全站仪检验与校正有哪几项？如何检验？

5. GPS 定位的基本原理是什么？在测量中有哪些应用？

第六章　小地区控制测量

> ☞ **教学要求**
>
> 　　通过本章学习，熟悉小地区控制测量（平面控制测量和高程控制测量）的概况，掌握用经纬仪与全站仪导线测量的外业工作及内业计算方法；掌握国家三、四等水准测量的观测、记录和计算。

第一节　控制测量概述

　　测量工作必须遵循"从整体到局部，由高级到低级，先控制后碎部"的原则，即先在全测区范围内，选定若干个具有控制作用的点位，组成一定的几何图形，用合适的测量仪器精确测定各控制点的平面坐标和高程。

　　测定控制点的工作，称为控制测量。控制测量分为平面控制测量和高程控制测量。平面控制测量是测定控制点的平面位置 (x, y)，高程控制测量是测定控制点的高程 (H)。

一、平面控制测量

　　平面控制测量从整体到局部，"局部"是指碎部测量，即在完成控制测量的基础上，为测绘地形图而测量大量地物点或地貌点的位置，或为施工放样对大量设计点进行现场标定。

　　平面控制网是采用逐级控制，分级布设的原则建立起来的。平面控制测量方法主要有：全球定位系统（GPS）、三角测量（如图 6−1 所示）和导线测量，三角测量中将控制点 A、B、C、D、E、F、G、H 组成相互连接的三角形，测量出 1～2 条边作为起算边（或称为基线）的长度，如图中 AB、GH 边，并测量所有三角形的内角，再根据已知边的坐标方位角、已知点的坐标，求出其余各点的坐标。也可以用导线测量方法建立，如图 6−2 所示，将控制点 B、1、2、3、4 用折线连接起来，测量各边的边长和各转折角，由起算 AB 边的坐标方位角和 B 点的坐标，也可算出另外一些转折点的坐标。用三角测量和导线测量的方法测定的平面控制点分别称为三角点和导线点。

　　在全国范围内统一建立的控制网，称为国家控制网。国家平面控制网分为一、二、三、四等，主要通过精密三角测量的方法，按"先高级、后低级，逐级加密"的原则建立的。它是全国各种比例尺测图的基本控制和各项工程基本建设的依据，并为研究地球的形状和大小、军事科学及地震预报等提供重要的研究资料。

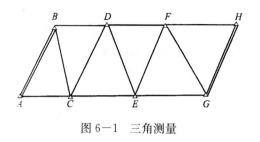

图 6-1　三角测量

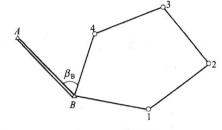

图 6-2　导线测量

近些年来，随着科学技术的不断发展，GPS 全球定位系统已经得到了广泛的应用，目前，全国 GPS 大地网已经布设完成，这些先进的测量方法精度高、效率高、操作方便，具有很多的优越性，现在，正逐步普及应用于各项工程建设的工程测量工作当中，并获得较好的经济效益。

为城市及各种工程建设需要的平面控制网称为城市平面控制网。城市平面控制网应在国家控制点的基础上，根据测区的大小、城市规划和施工测量的要求，布设成不同的等级，以供测绘大比例尺地形图及施工测量使用。

按《城市测量规范》($CJJ/T\ 8-2011$) 城市平面控制网的主要技术要求见表 6-1 和表 6-2 规定。

表 6-1　光电测距导线的主要技术要求

等级	闭合环或附合导线长度（km）	平均边长（m）	测距中误差（mm）	测角中误差（″）	导线全长相对闭合差
三等	15	3000	≤±18	≤±1.5	≤1/60000
四等	10	1600	≤±18	≤±2.5	≤1/40000
一级	3.6	300	≤±15	≤±5	≤1/14000
二级	2.4	200	≤±15	≤±8	≤1/10000
三级	1.5	120	≤±15	≤±12	≤1/6000

表 6-2　钢尺量距导线的主要技术要求

等级	附合导线长度（km）	平均边长（m）	往返丈量较差相对误差	测角中误差（″）	导线全长相对闭合差
一级	2.5	250	≤1/20000	≤±5	≤1/10000
二级	1.8	180	≤1/15000	≤±8	≤1/7000
三级	1.2	120	≤1/10000	≤±12	≤1/5000

在已经有基本控制网的地区测绘大比例尺地形图，应该进一步地加密，布设图根控制网，以此测定测绘地形图所需直接使用的控制点，称为图根控制点，简称图根点。测定图根点的工作，称为图根控制测量。图根控制测量一般采用图根导线来测定图根点的平面位置，用水准测量或三角高程测量方法测定图根点的高程。

二、高程控制测量

国家高程控制测量主要采用水准测量的方法建立，分为一、二、三、四等四个等级，按"先高级、后低级，逐级加密"的原则布设。一、二等水准测量是用高精度水准仪和精密水准测量方法施测，其成果作为全国范围内的高程控制。三、四等水准测量常作为小地区建立高程控制网的依据。

城市规划建设及各种工程建设需要建立的高程控制网分为二、三、四等水准测量及图根水准测量。

用水准测量的方法测定控制点的高程，精度较高。但是在山区或丘陵地区，由于地面高差较大，水准测量比较困难，可以采用三角高程测量的方法测定地面点的高程，这种方法可以保证一定的精度，而且工作又较迅速简便。近些年来，由于测距仪和全站仪的广泛应用，使得用三角高程测量方法建立的高程控制网的精度不断提高。

三、小地区控制测量

在小地区（面积在 $10km^2$ 以下）范围内建立的控制网，称为小地区控制网。小地区控制测量应视测区的大小建立"首级控制"和"图根控制"。首级控制是加密图根点的依据。图根点是直接供测图使用的控制点。图根点的密度应根据测图比例尺和地形条件而定，常规成图方法平坦开阔地区图根点的密度见表 6-3 规定。

表 6-3　平坦开阔地区图根点的密度　　　　　　　　　　　　　　　　　点/km²

测图比例尺	1：500	1：1000	1：2000
图根点密度	150	50	15

地形复杂、隐蔽以及城市建筑区，应以满足测图需要并结合具体情况加大密度。

本章将讨论小地区控制网建立的有关问题，下面分别介绍用导线测量建立小地区平面控制网的方法，用四等、图根水准测量和三角高程测量建立小地区高程控制网的方法。

第二节　导线测量的外业工作

将测区内的相邻控制点组成连续的折线或闭合多边形称为导线。导线测量就是依次测定导线边的长度和各转折角，根据起始数据，即可求出各导线点的坐标。

导线测量是建立小地区平面控制网的主要方法，特别适用于地物分布比较复杂的城市建筑区、通视较困难的隐蔽地区、带状地区以及地下工程等控制点的测量。

用经纬仪测定各转折角，用钢尺测定其边长的导线，称为经纬仪导线，用光电测距仪测定边长的导线，则称为光电测距导线。表 6-4、表 6-5 为两种图根导线量距的技术要求。

表6-4 图根钢尺量距导线测量的技术要求

比例尺	附合导线长度（m）	平均边长（m）	导线相对闭合差	测回数 DJ$_6$	方位角闭合差
1：500	500	75			
1：1000	1000	$120\sqrt{n}$	≤1/2000	1	≤±60″
1：2000	2000	200			

注：n 为测站数。

表6-5 图根光电测距导线测量的技术要求

比例尺	附合导线长度（m）	平均边长（m）	导线相对闭合差	测回数 DJ$_6$	方位角闭合差（″）	测距 仪器类型	测距 方法与测回数
1：500	900	80					
1：1000	1800	150	≤1/4000	1	≤±40″$\sqrt{n}$	Ⅱ级	单程观测1
1：2000	3000	250					

注：n 为测站数。

一、导线布设的形式

根据测区的地形及测区内控制点的分布情况，导线布设形式可分为下列三种：

（一）闭合导线

如图6-3所示，从已知高级控制点和已知方向出发，经过导线点1、2、3、4、5后，回到1点，组成一个闭合多边形，称为闭合导线。闭合导线的优点是图形本身有着严密的几何条件，具有检核作用。

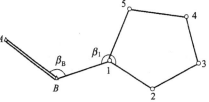

图6-3 闭合导线

（二）附合导线

如图6-4所示，从已知高级控制点 B 和已知方向 AB 出发，经过导线点1、2、3，最后附合到另一个高级控制点 C 和已知方向 CD 上，构成一折线的导线，称为附合导线。附合导线的优点是具有检核观测成果的作用。

（三）支导线

如图6-5所示，从已知高级控制点 B 和已知方向 AB 出发，即不闭合原已知点，也不附合另一已知点的导线，称为支导线。由于支导线没有检核，因此，边数一般不超过4条。

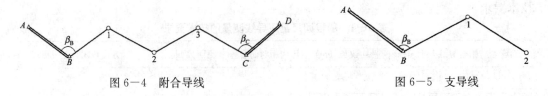

图 6-4 附合导线

图 6-5 支导线

上面三种导线形式，附合导线较严密，闭合导线次之，支导线只在个别情况下的短距离时使用。

二、导线测量的外业工作

导线测量的外业包括踏勘选点、量边、测角和连测等几项工作。

（一）踏勘选点及建立标志

选点前，应先到有关部门收集资料，并在图上规划导线的布设方案，然后踏勘现场，根据测区的范围、地形条件、已有的控制点和施工要求，合理地选定导线点。选点时，应注意以下事项：

（1）相邻导线点间应通视良好，地面较平坦，便于测角和量距。

（2）导线点应选在土质坚实、便于保存标志和安置仪器的地方。

（3）导线点应选在视野开阔处，以便施测周围地形。

（4）导线各边的长度应尽可能大致相等，其平均边长应符合表 6-4、表 6-5 的规定。

（5）导线点应有足够的密度，分布均匀合理，以便能够控制整个测区。具体要求见表 6-3。

导线点的位置选定后，一般可用临时性标志将点固定，即在每个点位上打下一个大木桩，桩顶钉一小铁钉，周围浇筑混凝土，如图 6-6 所示。如果导线点需要长期保存，应埋设混凝土桩或石桩，桩顶刻一"十"字，以"十"字的交点作为点位的标志，如图 6-7 所示。导线点建立完后，应该统一编号。为了便于寻找，应该做点注记，如图 6-8 所示。

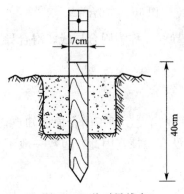

图 6-6 临时导线点

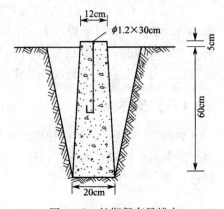

图 6-7 长期保存导线点

（二）量边

导线边长可以用光电测距仪测定，也可以用检定过的钢尺按精密量距的方法进行丈量，有关要求见表6—4、表6—5。对于图根导线应往返丈量一次。当尺长改正数小于尺长的1/10000时，量距时的平均尺温与检定时温度之差小于±10℃、尺面倾斜小于1.5%时，可不进行尺长、温度和倾斜改正。取其往返丈量的平均值作为结果，测量精度不得低于1/3000。

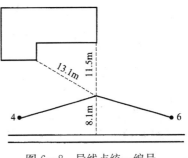

图6—8 导线点统一编号

（三）测角

导线的转折角有左角和右角之分，位于前进方向左侧的水平角，称为左角，反之则为右角。对于附合导线，通常观测左角。对于闭合导线，应观测内角。图根导线测量水平角一般用 DJ$_6$ 型光学经纬仪观测一测回，盘左、盘右测得角值互差要小于±40″，取其平均值作为最后结果。

（四）连测

为了使测区的导线点坐标与国家或地区相统一，取得坐标、方位角的起算数据，布设的导线应与高级控制点进行连测。连测方式有直接连接和间接连接两种。图6—2、图6—4、图6—5为直接连接，只需测量连接角 β。如果导线距离高级控制点较远，可采用间接连接方法，如图6—3所示。若连接角 β_B、β_1 和连接边 D_{B1} 的测量出现错误，会使整个导线网的方向旋转和点位平移，所以，连测时，角度和距离的精度均应比实测导线高一个等级。

第三节 导线测量的内业工作

导线测量的内业工作就是根据已知的起始数据和外业的观测成果计算出导线点的坐标。进行内业工作以前，要仔细检查所有外业成果有无遗漏、记错、算错，成果是否都符合精度要求，保证原始资料的准确性。然后绘制导线略图，在相应位置上注明已知数据及观测数据，以便进行导线的计算。

一、导线坐标计算的概念

（一）坐标正算

由已知点坐标，已知边长和该边坐标方位角求未知点坐标，称为坐标正算。直线两端点的坐标之差，称为坐标增量。如图6—9所示，设 A、B 直线两个端点的坐标分

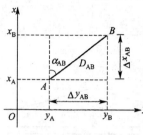

图 6—9 导线坐标

别为 x_A、y_A 和 x_B、y_B，则 AB 间的纵、横坐标增量 Δx_{AB}、Δy_{AB} 分别为

$$\left.\begin{array}{l} \Delta x_{AB} = x_B - x_A \\ \Delta y_{AB} = y_B - y_A \end{array}\right\} \qquad (6-1)$$

根据图 6—9 的几何关系可写出坐标增量的计算公式

$$\left.\begin{array}{l} \Delta x_{AB} = D_{AB}\cos\alpha_{AB} \\ \Delta y_{AB} = D_{AB}\sin\alpha_{AB} \end{array}\right\} \qquad (6-2)$$

坐标增量有方向与正、负之分，其正、负号由 $\sin\alpha$、$\cos\alpha$ 的正负号决定。根据 A 点的坐标及算得的坐标增量，则 B 点的坐标为

$$\left.\begin{array}{l} x_B = x_A + \Delta x_{AB} \\ y_B = y_A + \Delta y_{AB} \end{array}\right\} \qquad (6-3)$$

上式中 Δx_{AB}、Δy_{AB} 的正、负号由 α 所在的象限（即直线的方向）确定。

【例 6—1】 已知 A 点的坐标为 (586.28，658.63)，AB 边的边长为 120.25m，AB 边的坐标方位角 $\alpha_{AB} = 53°30'$，试求 B 点坐标。

【解】

$$x_B = 586.28 + 120.25\cos50°30' = 662.77$$
$$y_B = 658.63 + 120.25\sin50°30' - 751.42$$

（二）坐标反算

由两个已知点坐标，求其坐标方位角和边长，称为坐标反算。导线测量中的已知边的方位角一般是根据坐标反算求得的。另外，在施工前也需要按坐标反算求出放样数据。

由图 6—9 可直接得到下面公式

$$\alpha_{AB} = \text{arctg}\, \frac{\Delta y_{AB}}{\Delta x_{AB}} \qquad (6-4)$$

$$D_{AB} = \sqrt{\Delta x_{AB}^2 + \Delta y_{AB}^2} \qquad (6-5)$$

【例 6—2】 已知 A、B 两点的坐标为 A (400.00，672.43)、B (316.28，750.24)，试计算 AB 的边长及 AB 边的坐标方位角。

【解】 $D_{AB} = \sqrt{(316.28-400.00)^2 + (750.24-672.43)^2} = 114.30$

$$\alpha_{AB} = \arctan\frac{750.24 - 672.43}{316.28 - 400.00} = 42°54'17''$$

由于 $\Delta x_{AB} < 0$，$\Delta y_{AB} > 0$，所以 α_{AB} 应为第 II 象限的角，根据坐标方位角的判别方法：

$$\alpha_{AB} = -42°54'17'' + 180° = 137°05'43''$$

二、闭合导线坐标计算

闭合导线坐标的计算步骤如下。

（一）测量数据填表

将校核过的已知数据和观测数据填入导线计算表中相应栏内。

（二）角度闭合差的计算和调整

闭合导线组成一个闭合多边形并观测了多边形的各个内角，应满足内角和理论值，即

$$\sum \beta_{理} = (n-2) \cdot 180° \qquad (6-6)$$

式中 n——导线边数。

由于角度观测值中不可避免地含有误差，使得实测内角和 $\sum \beta_{测}$ 往往与理论数值 $\sum \beta_{理}$ 不等，其差值 f_{β} 称为角度闭合差，即

$$f_{\beta} = \sum \beta_{测} - \sum \beta_{理} \qquad (6-7)$$

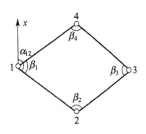

由图 $6-10$ 可知，$\qquad \sum \beta_{测} = \beta_1 + \beta_2 + \beta_3 + \beta_4$

按表 $6-4$ 中规定，图根导线测量的限差要求为 $f_{\beta容} = \pm 60'' \sqrt{n}$，式中 n 为转折角个数。

图 $6-10$ 闭合导线坐标

如果 f_{β} 不超过 $f_{\beta容}$，将闭合差按相反符号平均分配给各观测角，若有余数时，应遵循短边相邻角多分的原则，然后求出改正后的角值。求出改正角值后，再计算改正角的总和，其值应与理论值相等，作为计算检核。

（三）推算各边坐标方位角

根据起始边的坐标方位角和改正后的内角推算其余各边坐标方位角的公式为

$$\alpha_{前} = \alpha_{后} + 180° \pm \beta \qquad (6-8)$$

上式中，如果观测的是左角，β 取"$+$"；若观测的是右角，β 取"$-$"，计算时，算出的方位角大于 $360°$，应减去 $360°$，为负值时，应加 $360°$。

闭合导线各边的坐标方位角推算完后，最终还要推回到起始边上，看其是否与原来的坐标方位角相等，以此作为计算检核。

（四）坐标增量的计算及其闭合差的调整

式（$6-3$）表明欲求待定点的坐标，必须先求出坐标增量。坐标增量可由式（$6-2$）计算得到。

对于闭合导线，各边的纵、横坐标增量代数和的理论值应等于零，即

$$\left. \begin{array}{l} \sum \Delta x_{理} = 0 \\ \sum \Delta y_{理} = 0 \end{array} \right\} \qquad (6-9)$$

但是由于观测值中不可避免地含有误差，使得纵、横坐标代数和不等于零，而产生纵、横坐标增量闭合差 f_x、f_y 即

$$\left. \begin{array}{l} f_x = \sum \Delta x_{测} \\ f_y = \sum \Delta y_{测} \end{array} \right\} \qquad (6-10)$$

如图 $6-11$ 所示，由于 f_x、f_y 的存在，使得导线不能闭合，即 1、$1'$ 不能重合。其长度称为导线全长闭合差 f_D，即

$$f_D = \sqrt{f_x^2 + f_y^2} \qquad (6-11)$$

f_D 与导线全长的比值，并将分子化为 1 的形式，称为导线全长相对闭合差，用 K

表示，即

$$K=\frac{f_D}{\sum D}=\frac{1}{\frac{\sum D}{f_D}} \qquad (6-12)$$

上式中，K 值的分母越大，精度就越高。其容许值 $K_容$ 应满足表 6－4、表 6－5 的要求。若 $K>K_容$，则说明成果的精度不合格，应对内、外业成果进行仔细检查，必要时需重测。如果 $K\leqslant K_容$，则说明精度合格，可对 f_x、f_y 进行调整。调整的

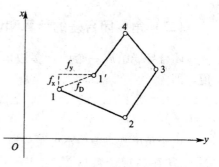

图 6－11　闭合差

原则是将其反号，按边长成正比例地分配到各边的纵、横坐标增量中。坐标增量改正数用 δ_x、δ_y 表示，第 i 边的改正数为

$$\left.\begin{array}{l}\delta_{xi}=-f_x\dfrac{D_i}{\sum D}\\[2mm]\delta_{yi}=-f_y\dfrac{D_i}{\sum D}\end{array}\right\} \qquad (6-13)$$

坐标增量、改正数取位到 0.01m，改正数之和应等于坐标增量闭合差的反号，即

$$\left.\begin{array}{l}\sum\delta_{xi}=-f_x\\[2mm]\sum\delta_{yi}=-f_y\end{array}\right\} \qquad (6-14)$$

各边的坐标增量计算值与改正数相加，为改正后坐标增量，对于闭合导线，改正后的纵、横坐标增量代数和应等于零，即

$$\left.\begin{array}{l}\sum\Delta x_改=0\\[2mm]\sum\Delta y_改=0\end{array}\right\} \qquad (6-15)$$

（五）计算各点坐标

由起点的已知坐标及改正后的坐标增量，用下式可依次推算出其余各点坐标。

$$\left.\begin{array}{l}x_前=x_后+\Delta x_改\\[2mm]y_前=y_后+\Delta y_改\end{array}\right\} \qquad (6-16)$$

【例 6－3】　闭合导线坐标计算

【解】

（1）将图 6－12 的已知数据填入表 6－6。

（2）计算 f_β 并对其进行调整

$$f_\beta=\sum\beta_测-(n-2)\times180°=-42''$$

$$f_{\beta容}=\pm60''\sqrt{n}=\pm120''$$

$$f_\beta<f_{\beta容}$$

满足限差要求，可以对 f_β 进行调整。1、4 角为 ＋11″、2、3 角为 ＋10″，见表 6－6 的 2 栏。

（3）由 α_{12} 和改正后的内角推算各边方位角，见表 6－6 的 3 栏。

（4）求 f_x、f_y 并对其调整

$$f_x=\sum\Delta x_测=-0.12,\ f_y=\sum\Delta y_测=-0.17$$

图 6－12　闭合导线坐标数据

（图中数据）
2
178.77m
65°30′
87°25′24″
136.85m
1
85°18′06″
88°36′12″　3
125.85m
98°39′36″　162.92m
$x_1=5608.29$m
$y_1=5608.29$m
4

$$f_D = \sqrt{f_x^2 + f_y^2} = \sqrt{0.12^2 + 0.17^2} = 0.21$$

$$K = \frac{f_D}{\sum D} = \frac{0.21}{604.36} \approx \frac{1}{2800} < \frac{1}{2000}（合格）$$

$$\delta_{x_{12}} = \frac{-0.12}{604.36} \times 178.77 = +0.04$$

$$\delta_{y_{12}} = \frac{-0.17}{604.36} \times 178.77 = +0.05$$

$$\sum \Delta x_{改} = 0，\quad \sum \Delta y_{改} = 0$$

见表6−6的辅助计算及6、7、8、9栏

（5）求各点的 x、y

$$x_2 = x_1 + \Delta x_{12} = 5608.29 + 74.17 = 5682.46$$

$$y_2 = y_1 + \Delta y_{12} = 5608.29 + 162.72 = 5771.01$$

见表6−6的10、11栏。

表6−6　闭合导线坐标计算表

点号	转折角（右角）		方位角	边长	增量计算值（m）		改正后增量（m）		坐标（m）		点号
	观测值（°′″）	改正后值（°′″）	（°′″）	（m）	$\Delta x'$	$\Delta y'$	Δx	Δy	x	y	
1	2	3	4	5	6	7	8	9	10	11	12
1			65　30　00	178.77	+4 +74.17	+5 +162.72	+74.13	+162.67	5608.29	5608.29	1
2	+10″ 87　25　24	87　25　34	158　04　26	136.85	+3 −126.92	+4 +51.14	−126.95	+51.10	5682.46	5771.01	2
3	+10″ 88　36　12	88　36　22	249　28　04	162.92	+3 −57.11	+4 −152.53	−57.14	−152.57	5555.54	5822.15	3
4	+11″ 98　39　36	98　39　47	330　48　17	125.82	+2 +109.86	+4 −61.33	+109.84	−61.37	5498.43	5669.62	4
1	+11″ 85　18　17	85　18　06	65　30　00						5608.29	5608.29	1
2											
Σ	359　59　18	360　00　00		604.36	$f_x = -0.12$	$f = -0.17$	0	0			
辅助计算	$f_\beta = -42''$　　　$f_{\beta容} = \pm 60''\sqrt{n} = \pm 120''$			$f_x = \sum \Delta x' = -0.12$　　$f_y = \sum \Delta y' = -0.17$			$f_D = \sqrt{f_x^2 + f_y^2} = 0.21$　　$K = \frac{f_D}{\sum D} = \frac{0.21}{604.36} \approx \frac{1}{2800} < \frac{1}{2000}$				

三、附合导线坐标计算

附合导线的坐标计算方法和闭合导线基本相同，但由于二者布设形式不同，使得角度闭合差和坐标增量闭合差的计算稍有不同，下面仅介绍这两项的计算方法。

（一）角度闭合差的计算

图6−13为一附合导线，A、B、C、D 为已知点，1、2、3、4 为布设的导线点，根据起始边 AB 的坐标方位角。α_{AB} 及观测的各转折角 $\beta_左$，由式（6−8）可计算出终边 CD 的坐标方位角 α'_{CD}。

$$\alpha_{B1} = \alpha_{AB} + 180° + \beta_B$$

$$\alpha_{12} = \alpha_{B1} + 180° + \beta_1$$
$$\alpha_{23} = \alpha_{12} + 180° + \beta_2$$
$$\alpha_{34} = \alpha_{23} + 180° + \beta_3$$
$$\alpha_{4C} = \alpha_{34} + 180° + \beta_4$$
$$\alpha_{CD} = \alpha_{4C} + 180° + \beta_C$$

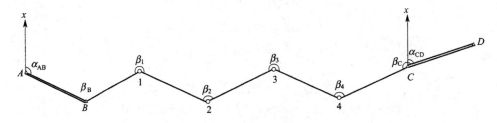

图 6—13　坐标增量闭合差

将以上各式相加，得

$$\alpha'_{CD} = \alpha_{AB} + 6 × 180° + \sum\beta_左 \tag{6—17}$$

由上面计算过程，可写出一般公式

$$\alpha'_终 = \alpha_始 + n × 180° + \sum\beta \tag{6—18}$$

式中，n 为转折角个数，转折角为左角时，$\sum\beta$ 取正号；转折角为右角时，$\sum\beta$ 取负号。

附合导线的角度闭合差 f_β 可用下式计算

$$f_\beta = \alpha'_终 - \alpha_终 \tag{6—19}$$

当 f_β 不超限时，如果观测的是左角，则将 f_β 反号平均分配给各观测角；如果观测的是右角，应将 f_β 同号平均分配给各观测角。

（二）坐标增量闭合差的计算

附合导线的各边坐标增量代数和的理论值应该等于终点与始点的已知坐标值之差，如图 6—12，有

$$\left.\begin{array}{l} \sum\Delta x_理 = x_C - x_B \\ \sum\Delta y_理 = y_C - y_B \end{array}\right\} \tag{6—20}$$

由式 （6—2） 可计算 $\Delta x_测$、$\Delta y_测$，则纵、横坐标增量闭合差 f_x、f_y 为

$$\left.\begin{array}{l} f_x = \sum\Delta x_测 - (x_终 - x_始) \\ f_y = \sum\Delta y_测 - (y_终 - y_始) \end{array}\right\} \tag{6—21}$$

附合导线的坐标增量闭合差的分配方法与闭合导线相同。

【例 6—4】　附合导线坐标计算

【解】

将图 6—14 的已知数据填入表 6—7。

（1）计算 f_β 并对其进行调整

$$f_\beta = \alpha'_{CD} - \alpha_{CD} = +16''$$
$$f_{\beta容} = ±60''\sqrt{n} = ±60''\sqrt{5} = ±2'14''$$
$$f_\beta < f_{\beta容}$$

满足限差要求，可以对 f_β 进行调整。因为观测角为左角，所以，f_β 反号平均分配，即为 $-4''$（短边相邻夹角），其余角为 $-3''$，见表 6—7 中 2 栏。

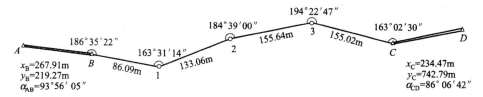

图 6—14 附合导线坐标已知数据

（2）求 f_x、f_y 并对其调整

$$f_x = \sum \Delta x' - (x_C - x_B) = +0.02$$
$$f_y = \sum \Delta y' - (y_C - y_B) = +0.06$$
$$f_D = \sqrt{f_x^2 + f_y^2} = 0.06$$
$$K = \frac{f_D}{\sum D} = \frac{0.06}{529.81} \approx \frac{1}{8800} < \frac{1}{2000} \quad （合格）$$
$$\delta_{x_{B1}} = -\frac{+0.02}{529.81} \times 86.09 = 0$$
$$\delta_{y_{B1}} = -\frac{+0.06}{529.81} \times 86.09 = -0.01$$

$$\cdots\cdots\cdots\cdots\cdots\cdots$$

$$\sum \Delta x_改 = x_C - x_B, \quad \sum \Delta y_改 = y_C - y_B$$

见表 6—7 的辅助计算及 6、7、8、9 栏。

表 6—7　附合导线坐标计算表

点号	转折角（左角）（°′″）		方位角（°′″）	边长（m）	增量计算值（m）		改正后增量（m）		坐标（m）		点号
	观测值	改正后值			$\Delta x'$	$\Delta y'$	Δx	Δy	x	y	
1	2	3	4	5	6	7	8	9	10	11	12
A			93 56 05								A
B	$-3''$ 186 35 22	186 35 19							267.91	219.27	B
			100 31 24	86.09	-15.72	-1 $+84.64$	-15.72	$+84.63$			
1	$-4''$ 163 31 14	163 31 10							252.19	303.90	1
			84 02 34	133.06	$+13.81$	-1 $+132.24$	$+13.81$	$+132.33$			
2	$-3''$ 184 39 00	184 38 57							260.00	436.23	2
			88 41 31	155.64	-1 $+3.55$	-2 $+155.60$	$+3.54$	$+155.58$			
3	$-3''$ 194 22 47	194 22 44							269.54	591.81	3
			103 04 15	155.02	-1 -35.06	-2 $+151.00$	-35.07	$+150.98$			
C	$-3''$ 163 02 30	163 02 27							234.47	742.79	C
			86 06 42								
D											D
$\sum$	892 10 53	892 10 37		529.81	-33.42	$+523.58$	-34.44	$+523.52$			
辅助计算	$f_\beta = \alpha'_{CD} - \alpha_{CD} = +16''$　$f_{\beta容} = \pm60''\sqrt{n} = \pm60''\sqrt{n} = \pm2'14''$				$f_x = \sum \Delta x' - (x_C - x_B) = +0.02$　$f_y = \sum \Delta y' - (y_C - y_B) = +0.06$			$f_D = \sqrt{f_x^2 + f_y^2} = 0.06$　$K = \frac{f_D}{\sum D} = \frac{0.06}{529.81} \approx \frac{1}{8800} < \frac{1}{2000}$				

四、注意事项

（1）导线测量计算必须在导线计算表中进行。辅助计算应写全，各项检核认真进行。

（2）计算中要遵循"4 舍 6 入""5 看奇偶，奇进偶不进"的取位原则。

第四节　全站仪导线测量

全站仪在建筑工程测量中得到了广泛的应用。由于全站仪具有坐标测量和高程测量的功能，因此在外业观测时，可直接得到观测点的坐标和高程。在成果处理时，可将坐标和高程作为观测值进行平差计算。

一、外业观测工作

以图 6－15 所示的附合导线为例，全站仪导线三维坐标测量的外业工作除踏勘选点及建立标志外，主要应测得导线点的坐标、高程和相邻点间的边长，并以此作为观测值。其观测步骤如下：

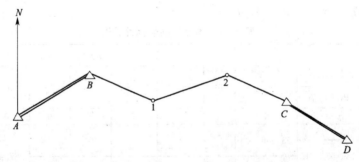

图 6－15　全站仪附合导线三维坐标测量

将全站仪安置于起始点 B（高级控制点），按距离及三维坐标的测量方法测定控制点 B 与 1 点的距离 D_{B1}、1 点的坐标 (x'_1, y'_1) 和高程 H'_1。再将仪器安置在已测坐标的 1 点上，用同样的方法测得 1、2 点间的距离 D_{12}、2 点的坐标 (x'_2, y'_2) 和高程 H'_2。依此方法进行观测，最后测得终点 C（高级控制点）的坐标观测值 (x'_C, x'_C)。

由于 C 为高级控制点，其坐标已知。在实际测量中，由于各种因素的影响，C 点的坐标观测值一般不等于其已知值，因此，需要进行观测成果的平差计算。

二、以坐标和高程为观测值的导线近似平差计算

在图 6－13 中，设 C 点坐标的已知值为 (x_C, y_C)，其坐标的观测值为

$(x'_C，y'_C)$，则纵、横坐标闭合差为：

$$f_x = x'_C - x_C \atop f_y = y'_C - y_C$$ 　　　　　　　　　　　　　（6—22）

由此可计算出导线全长闭合差：

$$f_D = \sqrt{f_x^2 + f_y^2}$$ 　　　　　　　　　　　　　（6—23）

导线全长闭合差 f_D 是随着导线增大的长度而增大的，所以，导线测量的精度是用导线全长相对闭合差 K（即导线全长闭合差 f_D 与导线全长 $\sum D$ 之比值）来衡量的，即：

$$K = K = \frac{f_D}{\sum D} = \frac{1}{\sum D / f_D}$$ 　　　　　　　　　　　（6—24）

式中　K——

　　　f_D——

　　　D——导线边长。

导线全长相对闭合差 K 通常用分子是 1 的分数形式表示，不同等级的导线全长相对闭合差的容许值 K 列于表 6—6 中，用时可查阅。

若 $K \leqslant K_容$ 表明测量结果满足精度要求，则可按下式计算各点坐标的改正数：

$$v_{x_i} = -\frac{f_x}{\sum D} \cdot \sum D_i \atop v_{y_i} = -\frac{f_y}{\sum D} \cdot \sum D_i$$ 　　　　　　　　　（6—25）

式中　f_x，f_y——

　　　v_{x_i}，v_{y_i}——

　　　$\sum D$——导线全长；

　　　$\sum D_i$——第 i 点之前的导线边长之和。

根据起始点的已知坐标和各点坐标的改正数，可按下列公式依次计算各导线点坐标：

$$x_j = x'_i + v_{x_i} \atop y_j = y'_i + v_{y_i}$$ 　　　　　　　　　　　（6—26）

式中　x_i，y_i——

　　　v_{x_i}，v_{y_i}——

　　　x'_i、y'_i——第 i 点的坐标观测值。

因全站仪测量可以同时测得导线点的坐标和高程，因此高程的计算可与坐标计算一并进行，高程闭合差为：

$$f_H = H'_C - H_C$$ 　　　　　　　　　　　　　（6—27）

式中　f_H——

　　　H'_C——C 点的高程观测值；

　　　H_C——C 点的已知高程。

各导线点的高程改正数为：

$$v_{H_i} = -\frac{f_H}{\sum D} \cdot \sum D_i$$ 　　　　　　　　　　（6—28）

式中 f_H——

v_{H_i}——

$\sum D$——导线全长；

$\sum D_i$——第 i 点之前的导线边长之和。

改正后导线点的高程为：

$$H_i = H'_i + v_{H_i} \qquad\qquad (6-29)$$

式中 H_i——

H'_i——第 i 点的高程观测值。

v_{H_i}——

以坐标和高程为观测量的近似平差计算全过程的算例，可见表 6-8。

表 6-8　全站仪附合导线三维坐标计算表

点号	坐标观测值（m）			距离 D (m)	坐标改正数（mm）			坐标值（m）			
	x'_i	y'_i	H'_i		v_{x_i}	v_{y_i}	v_{H_i}	x_i	y_i	H_i	
1	2	3	4	5	6	7	8	9	10	11	12
A								110.253	51.026		A
B				297.262				200.00	200.000	72.126	B
1	125.532	487.855	72.543	187.814	−10	+8	+4	125.522	487.863	72.547	1
2	182.808	666.741	73.233		−17	+13	+7	182.791	666.754	73.240	2
C	155.395	756.046	74.151	93.403	−20	+15	+8	155.375	756.061	74.159	C
D				$\sum D=578.479$				86.451	841.018		D
辅助计算	$f_x = x'_C - x_C = +20mm$ $f_y = y'_C - y_C = -15mm$ $f_D = \sqrt{f_x^2 + f_y^2} = 25mm$ $K = \dfrac{f_D}{\sum D} \approx \dfrac{0.025}{578.479} \approx \dfrac{1}{23000}$ $f_H = H'_C - H_C = -8mm$										

第五节　高程控制测量

小地区高程控制测量一般以三等或四等水准网作为首级高程控制，在地形测量时，再用图根水准测量或三角高程测量来进行加密，三角高程测量主要用于地形起伏较大的区域。三、四等水准点一般应引自附近的一、二等水准点，如附近没有高等级控制点，也可以布设成独立的水准网，这时起算点数据采用假设值。

图根水准测量的方法已经在第二章中进行了介绍，本节主要介绍三、四等水准测量的方法和三角高程测量的基本原理。

一、三、四等水准测量

（一）点位布设与技术要求

三、四等水准点一般布设成附合或闭合水准路线。点位应选择在土质坚硬、周围干扰较少、能长期保存并便于观测使用的地方，同时应埋设相应的水准标志。一般一个测区需布设三个以上水准点，以便在其中某一点被破坏时能及时发现与恢复。水准点可以独立于平面控制点单独布设，也可以利用有埋设标志的平面控制点兼作高程控制点，布设的水准点应作相应的点之记，以利于后期使用与寻找检查。

三、四等水准测量的主要技术要求见表6-9。

表6-9　三、四等水准测量的主要技术指标

等级	视线长度（m）	水准尺	前后视距差（m）	任一测站上前后视距累积差（m）	红黑面读数差（mm）	红黑面测高差之差（mm）	高差闭合差（mm）平原	高差闭合差（mm）山地
三等	≤65	双面	≤3.0	≤6.0	≤2	≤3	$12\sqrt{L}$	$4\sqrt{n}$
四等	≤80	双面	≤5.0	≤10.0	≤3	≤5	$20\sqrt{L}$	$6\sqrt{n}$
图根	≤100	单面	大致相等	—	—	—	$40\sqrt{L}$	$12\sqrt{n}$

（二）三、四等水准观测方法

三、四等水准测量观测应在通视良好、望远镜成像清晰与稳定的情况下进行，应避免在日出前后、日正午及其他气象不稳定状况下进行观测，观测时应避免在测区附近有持续振动干扰源而对水准测量带来影响。

三、四等水准测量一般采用双面尺法，且应采用一对水准尺（两根，一根红面起点4.687m，另一根红面起点4.787m）。下面以一个测站为例介绍双面尺法的观测过程。

先在离两把水准尺的距离大致相等的位置安置水准仪，整平后照准后尺的黑面，按上、中、下顺序读数并记入表6-10中（1）～（3）的对应位置；再转动水准仪照准前尺黑面，同样按上、中、下顺序读数并记录在表6-10中（4）～（6）的位置；转动前尺翻转为红面，水准仪照准前尺红面并读中丝读数及记录入表6-10中（7）处；同样转动后尺为红面并照准读数，然后记入表6-10中。然后进入下一测站，仪器搬站，前尺在原位不变成为下一站的后视，后尺移动到前一点成为下一站的前视，以同样的方法进行下一站的观测。显然，在观测中随着测站前移水准尺是交叉移动的。在每一测站上应保证仪器安置点与前尺和后尺的距离一致相等。

三、四等水准观测在一测站中的观测顺序为"后、前、前、后"（黑、黑、红、红），四等水准时，如测区地面坚实，也可采用"后、后、前、前"（黑、红、黑、红）的顺序来观测，以加快观测速度。

四等水准也可以采用改变仪高法进行观测，在改变仪器高度前，读数顺序为后、前，基本上与双面尺法的前半部分相似，即上、中、下三丝均应读数；而改变仪器高度后，读数顺序为前、后，即只读中丝读数，并记入表中相应位置，记录方法和位置与双面尺法相同。

无论采用何种读数方法，在测站上安置好仪器后，水准仪视线应保持在水平状；如为微倾式水准仪，则在读数以前仪器必须精平，读数完毕后检查是否保持精平。

（三）数据计算与处理

首先检查表6-10中（1）～（8）的各点数据是否准确，在确认正确后，计算视距与视距差，应满足表6-10的相应要求。

后视距离（9）＝［（1）－（2）］×100

前视距离（10）＝［（4）－（5）］×100

表6-10 三、四等水准测量观测记录表

日期：_____ 地点：自_____到_____ 观测：_____

天气：_____ 成像：_____ 仪器：_____ 记录：_____

测站编号	点号	后尺 上丝 下丝 / 后视距离 / 前后视差	前尺 上丝 下丝 / 前视距离 / 累积视距差	方向与尺号	水准尺中丝读数 黑面	水准尺中丝读数 红面	K+ 黑-红	平均高差（m）	备注
①	②	③	④	⑤	⑥	⑦	⑧	⑨	⑩
		(1)	(4)	后	(3)	(8)	(14)		
		(2)	(5)	前	(6)	(7)	(13)	(18)	
		(9)	(10)	后－前	(15)	(16)	(17)		
		(11)	(12)						
1	BMA | TP1	1102	1628	后 A	1276	5964	-2		表中列⑤中 A、B 对应为两把尺编号，尺常数 $K_A = 4687$，$K_B = 4787$，单位为 mm。表中单元格（9）～（12）、（13）～（14）、（17）～（18）单位为 m，其余单元格单位为 mm
		1450	1980	前 B	1805	6590	+2	-0.528	
		34.8	35.2	后－前	-0.530	-0.626	-4		
		-0.4	-0.4						
2	TP1 | TP2	1376	1244	后 B	1605	6391	+1		
		1838	1686	前 A	1467	6157	-3	+0.136	
		46.2	44.2	后－刚	+0.138	+0.234	+4		
		+2.0	+1.6						
3	TP2 | TP3	1635	1554	后 A	1948	6636	-1		
		2263	2208	前 B	1883	6672	-2	+0.064	
		62.8	65.4	后－前	+0.065	-0.036	+1		
		-2.6	-1.0						
……	……	……	……	……	……	……	……	……	

前后视距差（11）＝（9）－（10）（三等水准小于3m，四等水准小于5m）

累积视距差（12）＝前一站累积差（12）＋本站视距差（11）（三等水准小于6m，四等水准小于10m）

然后计算同一标尺黑、红面读数之差，合格后计算本站红、黑面高差之差，同样应满足表 6—11 的相关要求。

后视标尺黑红读数之差（14）＝（3）＋K－（8）

前视标尺黑红读数之差（13）＝（6）＋K－（7）

常数 K 对于标准水准尺取 4.687m 或 4.787m，而使用其他尺且如果黑红面起始读数一致时，取 K 为 0。计算得到的（13）或（14）三等水准小于 2mm，四等水准小于 3mm。

黑面高差（15）＝（3）－（6）

红面高差（16）＝（8）－（7）

高差之差（17）＝（15）－（16）±0.100（三等水准小于 3mm，四等水准小于 5mm）

同样，（17）＝（14）－（13）

平均高差（18）＝［（15）＋（16）±0.100］/2

计算式中 0.100 系前后尺红面起点读数之差（即两把尺常数之差）。计算中"±"具体取值，当（15）＞（16）时取"＋"；反之取"－"。

在完成一测站观测后，应立即按前述方法进行相应表格的各项计算，并满足限差要求，方能搬站，如此继续直到测完整条水准路线。然后参照第二章水准测量的要求进行路线的平差，并求取各点的高程。误差分析与平差计算以及最终各点的高程计算请参阅第二章。

二、图根水准测量

图根控制测量可以用于小测区要求较低时的控制点的高程以及图根点的高程，由于其精度一般低于四等水准测量，也称为等外水准测量。

测量与计算方法如采用双面尺法，则基本与四等水准测量的方法相同，而精度要求低于四等水准测量，具体要求见表 6—11；如采用单面尺法，则测量方法可参照第二章水准测量的相关要求。

三、三角高程测量

在地形起伏较大的地区采用水准测量，观测速度较慢且测量有一定困难，可采用三角高程测量的方法，但是测区内必须有一定量的高等级水准点作为基准点，或用水准测量方式先布设水准点作为三角高程测量的基准点。

（一）三角高程测量的基本原理

三角高程测量是利用获得两点之间的水平距离或倾斜距离以及竖直角，然后用三角的几何关系计算求得的。如图 6—16 所示，A 点的高程已知，求 AB 两点之间的高差 h_{AB}，并获得 B 点的高程。

在 A 点安置经纬仪，并量取仪器横轴中心（一般在仪器固定横轴的支架上有一红点）到 A 点桩顶的高度，称为仪高 i。在 B 点安置标尺或棱镜并量取顶高度，称为觇高 l。望远镜十字丝中丝照准 B 点觇高 l 的对应位置，测得竖直角 α。若获得 AB 两点间的水平距离 D_{AB} 或斜距 S_{AB}（可以用测距仪测得或视距测量获得），则可以计算出 AB 两点之间的高差及 B 点高程：

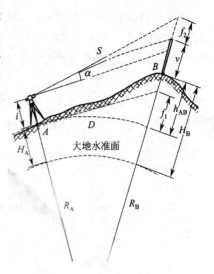

$$h_{AB} = D_{AB}\tan\alpha + i - v$$

或 $$h_{AB} = S_{AB}\sin\alpha + i - v$$

及 $$H_B = H_A + h_{AB} = H_A + D_{AB}\tan\alpha + i - v$$
$$= H_A + S_{AB}\sin\alpha + i - v$$

计算中竖直角 α 为仰角时取正值，为俯角时取负值。

图 6—16 三角高程测量与高差改正示意

（二）三角高程测量的基本技术要求

对于三角高程测量，控制等级分为四级及五级，其中代替四等水准的光电测距高程路线立起闭于不低于三等的水准点上，其边长不应大于 1km，且路线最大长度不应超过四等水准路线的最大长度。其具体技术要求见表6—11。

表 6—11 三角高程测量的主要技术指标

等级	仪器	测距边测回数	竖直角测回数		指标差较差（″）	竖直角测回差（″）	对向观测高差较差（mm）	附合路线或环线闭合差（mm）
			三丝法	中丝法				
四等	DJ₂	往返各一次		3	≤7	≤7	$40\sqrt{D}$	$20/\sqrt{\sum D}$
五等	DJ₂	1	1	2	≤10	≤10	$60\sqrt{D}$	$30/\sqrt{\sum D}$

（三）三角高程测量的方法及高差改正

1. 三角高程测量的观测

在测站上安置仪器（经纬仪或全站仪），量取仪高 i；在目标点上安置觇标（标杆或棱镜），量取觇标高 v。

用经纬仪或全站仪采用测回法观测竖直角 α，取平均值为最后计算取值。

用全站仪或测距仪测量两点之间的水平距离或斜距。

采用对向观测，即仪器与目标杆位置互换，按前述步骤进行观测。

应用推导出的公式计算出高差及由已知点高程计算未知点高程。

2. 高差改正与计算

在用三角高程测量两点之间的高差时，若两点之间的距离较远（200m 以上），则不能用水平面来代替水准面，而应按照曲面计算，即应考虑地球曲率及大气折光的改正。

地球曲率改正 $\qquad\qquad f_1 = D^2/2R$

大气折光改正 $\qquad\quad f_2 \approx -f_1/7 = -0.14D^2/2R$

总改正 $\qquad\qquad\quad f = f_1 + f_2 = 0.43D^2/R$

式中，D 为两点之间的水平距离；R 为地球半径，计算时取 6371km。

表 6—12 所示为不同水平距离下的改正数。

表 6—12　三角高程测量时不同水平距离下的地球曲率与大气折光改正

D (m)	f (m)	D (m)	f (m)	D (m)	f (m)
100	0.67	1000	67	2500	422
200	2.7	1500	152	3000	607
500	16.87	2000	270	5000	1687

【例 6—5】　计算例算见表 6—13。

表 6—13　三角高程测量计算表

起算点	\multicolumn{2}{c}{A}	
测量点	B	
测量方向	往（A—B）	返（B—A）
倾斜距离 S (m)	581.114	581.114
竖直角 α (°′″)	102430	−102648
$S\sin\alpha$	104.985	−105.368
仪器高 i (m)	2.106	1.875
目标高 v (m)	1.855	1.780
改正数 f (m)	0.022	0.022
高差 h (m)	105.258	−105.251
平均高差 (m)	\multicolumn{2}{c}{105.254}	

☞ **思考题与习题**

1. 在全国范围、城市地区是如何进行高程控制网与平面控制网的布设的？

2. 导线的布设形式有哪些？平面点位应如何选择？

3. 导线外业测量应包含哪些内容？

4. 何谓坐标的正、反算？

5. 在导线测量内业计算时，怎样衡量导线测量的精度？

6. 闭合导线的点号按顺时针方向编号与逆时针方向编号，其方位角计算有何不同？

7. 附合导线与闭合导线内业计算中有哪些相似？又有哪些不同？

8. 某附合导线如图 6—17 所示，列表并计算 1、2 点的坐标。

9. 某闭合导线如图 6—18 所示，已知 $\alpha_{A5}=45°$，列表计算各点的坐标。

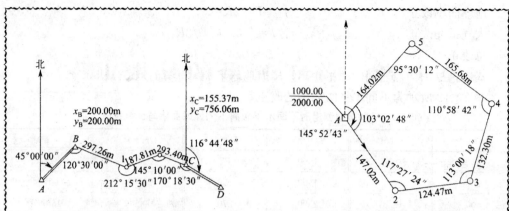

图 6—17 附合导线计算简图　　　　图 6—18 闭合导线计算略图

10. 四等水准测量建立高程控制时，应如何观测、记录及计算？

11. 如采用三角高程测量时，如何观测、记录及计算？

12. 如图 6—16 所示，已知 A 点的高程为 25.000m，现用三角高程测量方法进行往返观测。数据如表 6—14 所示，计算 B 点的高程。

表 6—14　三角高程测量数据

测站	目标	直线距离 S（m）	竖直角 α	仪器高 i（m）	标杆高 v（m）
A	B	213.634	3°32′12″	1.50	2.10
B	A	213.643	2°48′42″	1.52	3.32

第七章 施工测量的基本工作

☞ **教学要求**

通过本章学习，熟悉施工测量的任务、内容、原则、特点，掌握施工测量的三项基本工作和点的平面位置测设方法。

施工测量是将设计在图纸上的工程建（构）筑物的平面和高程位置，按设计要求，以一定的精度测设到实地上，作为施工的依据，并在施工过程中进行一系列的测量工作，以保证施工按照设计要求进行。

第一节 施工测量概述

一、施工测量的任务

各种工程在施工阶段所进行的测量工作称为施工测量。施工测量的任务就是把图纸上设计的建（构）筑物的平面和高程位置，按设计和施工的要求在施工作业区测设出来，作为施工的依据，并在施工过程中进行一系列的测量工作，以指导和衔接各施工阶段、各工种间的施工。

施工测量的内容具体包括：施工前施工控制网的建立或复测及加密，施工期间将图纸上所设计建（构）筑物的平面和高程位置在作业区测设标定；工程竣工后测绘各种建（构）筑物建成后的实际情况的竣工测量；以及在施工和运营（使用）期间测量建筑物的平面和高程方面产生位移和沉降的变形观测。

二、施工测量的特点

1. 施工测量的进度与施工进度相一致

施工测量的进度必须与工程建设的施工进度相一致，既不能提前，也不能延后。提前是不可能的，因为施工作业面未出现时，无法给出测量标志点，有时即使给出测量标志点可能未到利用时就已经被破坏；当然，给定测量标志点也不能落后于施工进度，没有测量标志点将严重影响后续施工。施工测量进度影响施工进度，进而影响工程建设的工期，所以施工测量的进度要与施工进度相一致。施工测量人员应熟悉设计图纸，了解设计意图、施工现场情况、施工方案和进度安排，才能使测量工作与施工密切配合。

2. 施工测量安全的重要性

施工测量的安全主要是指测量人员、仪器和测量标志的安全。在施工现场，由于人来车往及堆放材料，测量标志很难保存，易遭到碰动和破坏，所以设置测量标志时，应尽量避开人、车和材料堆放的影响。同时，要求在测量标志点设置醒目的保护标志物。使用中，随时注意测量点位的检查和校核。这项工作处理不好，极易给工程建设造成严重损失。

施工测量人员在施工现场进行测量工作时，必须注意自身和仪器的安全。确定安放仪器的位置时，应确保下面牢固，上面无杂物掉下来，周围无车辆干扰。进入施工现场，测量人员一定要佩戴安全帽。同时要保管好仪器、工具和施工图纸，避免丢失和损坏。

三、施工测量的原则

为了保证各种工程建（构）筑物在平面和高程上符合设计和施工要求，互相连成统一的整体，施工测量和测绘地形图一样，必须遵循"由整体到局部，先控制后碎部"的原则，即先在施工现场建立统一的平面和高程控制网，然后以此为基础测设工程建（构）筑物的细部。

四、施工测量的精度

施工测量的精度要求比地形图测绘的精度要求高，它包括施工控制网的精度和工程建（构）筑物细部测设的精度两部分。施工测量的精度要求，取决于工程建（构）筑物的大小、结构形式，建筑材料和施工方法等因素。一般情况下，桥梁工程的放样精度高于道路工程，钢结构的放样精度高于钢筋混凝土工程。在施工放样中必须严格按照设计尺寸放样到实地上，放样误差的大小将影响工程建（构）筑物的尺寸和形状。

第二节　测设的基本工作

测设就是根据施工场地上已有的控制点，按照设计图纸的要求，将工程建筑物的特征点在实地上标定出来。测设的基本工作，主要包括测设已知水平距离、测设已知水平角和测设已知高程。

一、测设已知水平距离

在地面上测设某一段已知水平距离，就是从实地上某一点开始沿指定的方向，量出设计所需的水平距离，定出终点。测设方法，主要有钢尺一般测设方法、钢尺精密测设方法和全站仪测设方法。

（一）钢尺测设法

如图 7—1 所示，设 A 为地面上已知点，D 为设计的水平距离，要在地面上沿给定的 AB 方向上测设水平距离 D，以定出线段的另一端点 B。具体做法是：从 A 点开始，沿 AB 方向用钢尺边定线边丈量，按设计长度 D 在地面上定出 B' 点的位置。若建筑场地不是平面时，丈量时可将钢尺一端抬高，使钢尺保持水平，用吊垂球的方法来投点。往返丈量 AB' 的距离，若相对误差在限差以内时，取其平均值 D'，并将端点 B' 加以改正，求得 B 点的最亏位置。改正数 $\Delta D = D - D'$。当 ΔD 为正时，向外改正；反之，向内改正。

若测设精度要求较高，可在定出 B' 点后，用检定过的钢尺精确往返丈量 AB' 的距离，并加尺长、温度和倾斜三项改正数，求出 AB' 的精确水平距离 D'。根据 D' 与 D 的差值 $\Delta D = D - D'$ 沿 AB 方向对 B' 点进行改正。

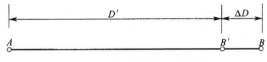

图 7—1　钢尺测设水平距离

（二）全站仪测设法

当用全站仪测设时，只要在直线方向上移动棱镜的位置，使显示距离等于已知水平距离，即能确定终点桩的标志位置。为了检核可进行复测。

测设时，安置全站仪于 A 点（图 7—2），瞄准 B 点定出直线方向，用全站仪指挥反光棱镜左右移动位于视线上，测量 A 点至棱镜的水平距离 D'，若 D' 大于设计距离 D，则棱镜沿视线往 A 方向移动距离 $D' - D$，如若 D' 小于设计距离 D，则棱镜沿视线往 B 方向移动距离 $D - D'$，然后重新进行测距，反复进行，直至满足全站仪所测水平距离与已知水平距离之差在规定的限差以内。

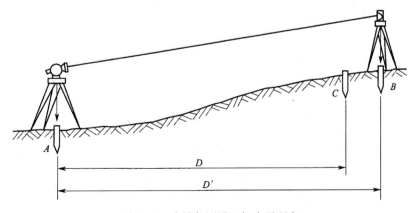

图 7—2　全站仪测设已知水平距离

二、测设已知水平角

测设已知水平角是根据地面上已有方向和已知水平角值，利用经纬仪（或全站仪）把该已知角的另一个方向在实地上标定出来，根据精度要求不同，测设方法有如下两种。

（一）一般测设方法

当测设精度要求不高时，采用盘左盘右分中法或正倒镜法。如图 7－3 所示，OA 为已知方向，β 为已知水平角，欲在实地上标定出 OC 方向线。测设时，首先在 O 点架设经纬仪，对中、整平，先以盘左位置照准 C 点，使水平度盘读数为零；松开制动螺旋，顺时针转动照准部至水平度盘读数为 β，在此视线方向上定出 C' 点；再将经纬仪转至盘右位置，重复上述操作，在地面上定出 C'' 点，取 C' 和 C'' 的中点 C，则 $\angle AOC$ 就是要测设的已知水平角 β。

（二）精密测设方法

当测设要求较高时，可采用精密测设方法，如图 8－4 所示。设 OA 为已知方向线，安置仪器于 O 点，先用一般方法测设 β 角，在地面上标定出 C 点；然后采用测回法观测 OA、OC 两方向线之间的水平角，测回数可根据需要而定。设各测回平均角值为 β'，则角度之差 $\Delta\beta=\beta-\beta'$，再量测出 OC 的水平距离，根据 OC 和 $\Delta\beta$ 可计算出垂线 CC' 的距离：

$$CC'=OC\cdot\tan\Delta\beta\approx OC\cdot\frac{\Delta\beta}{\rho} \tag{7-1}$$

式中，$\rho=206265''$。

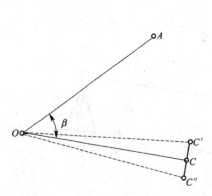

图 7－3　已知水平角测设的一般方法

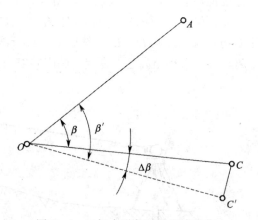

图 7－4　已知水平角测设的精确方法

【例 7－1】　已知地面上 A、O 两点，要测设直角 AOC。

【解】　在 O 点安置经纬仪，盘左盘右测设直角取中数得 C' 点，量得 $OC'=50\text{m}$，用测回法观测三个测回，测得 $\angle AOC'=89°59'30''$。

$$\Delta\beta=90°00'00''-89°59'30''=30''$$

$$CC' = OC' \times \frac{\Delta\beta}{\rho} = 50 \times \frac{30''}{206265''} = 0.007\text{m}$$

过 C' 点作 OC' 的垂线 $C'C$，向外量 $C'C=0.007$m 定得 C 点，则 $\angle AOC$ 即为直角。

改正时，应注意 $\Delta\beta$ 的符号。当 $\Delta\beta>0$ 时，C' 向角度外调整；$\Delta\beta<0$ 时，C' 向角度内调整。

三、测设已知高程

测设已知高程就是利用水准测量的方法，根据地面上已知水准点的高程和设计点的高程，将设计点的高程标志线测设在地面上的工作。例如，平整场地、基础开挖、建筑物地墙标高位置确定等，都要测设出已知的设计高程。

（一）视线高程法

在建筑设计和施工的过程中，为了使用和计算方便，一般将建筑物的室内地墙假设为±0，建筑物各部分的高程都是相对于±0测设的，测设时一般采用视线高程法。

如图 7－5 所示，某建筑物的室内地墙设计高程为 45.000m，附近有一水准点 BM_3，其高程为 $H_3=44.680$m。现在要求把该建筑物的室内地墙高程测设到木桩 A 上，作为施工时控制高程的依据。其测设方法如下：

（1）在水准点 BM_3 和木桩 A 之间安置水准仪，在 BM_3 立水准尺上，用水准仪的水平视线测得后视读数为 1.556m，此时视线高程为：

$$H_i = H_A + a = 44.680 + 1.556 = 46.236\text{m}$$

（2）计算 A 点水准尺尺底为室内地墙高程时的前视读数：

$$b_应 = H_i - H_B = 46.236 - 45.000 = 1.236\text{m}$$

（3）上下移动竖立在木桩 A 侧面的水准尺，直至水准仪的水平视线在尺上截取的读数为 1.236m 时，紧靠尺底在木桩上画一水平线，其高程即为 45.000m。

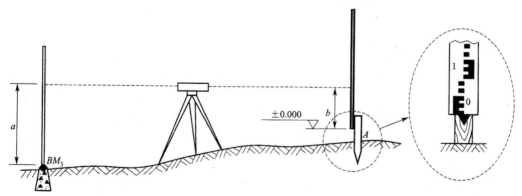

图 7－5　已知高程的测设

（二）高程传递法

当开挖较深的基槽，将高程引测到建筑物的上部或安装起重机轨道时，由于测设点与水准点的高差较大，只用水准尺无法测定点位的高程，可采用高程传递法。即用钢尺和水准仪将地面水准点的高程传递到低处或高处上所设置的临时水准点，然后再根据临时水准点测设所需的各点高程。

如图7—6所示，为深基坑的高程传递。将钢尺悬挂在坑边的吊杆上，从杆顶向下挂一根钢尺，在钢尺下端吊一重锤，重锤的重量应与检定钢尺时所用的拉力相同。为了将地面水准点 A 的高程 H_A 传递到坑内的临时水准点 B 上，在地面水准点和基坑之间安置水准仪，先在 A 点立尺，测出后视读数 a，然后前视钢尺，测出前视读数 b；接着将仪器搬到坑内，测出钢尺上后视读数 c 和 B 点前视读数 d。则坑内临时水准点 B 的高程 H_B 按下式计算：

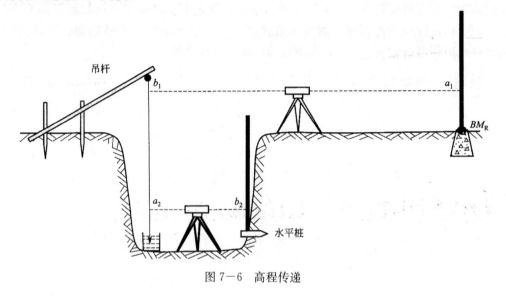

图7—6　高程传递

$$H_B = H_A + a - (b-c) - d \qquad (7-2)$$

式中，$(b-c)$ 为通过钢尺传递的高差，如高程传递的精度要求较高时，对 $(b-c)$ 之值应进行尺长改正及温度改正。上例是由地面向低处引测高程点的情况，当需要由地面向高处传递高程时，也可以采用同样的方法进行。

第三节　测设平面点位的方法

测设点的平面位置，就是根据已知控制点，在地面上标定出一些点的平面位置，使这些点的坐标为给定的设计坐标。例如，在工程建设中，要将建筑物的平面位置标定在实地上，其实质就是将建筑物的一些轴线交点、拐角点在实地标定出来。

测设平面点位的方法有直角坐标法、极坐标法、角度交会法和距离交会法等。而采用哪种方法进行测设，应根据施工现场控制网形式、现场条件、地形条件、测设精度和仪器配置等因素确定。

一、直角坐标法

直角坐标法是根据两个彼此垂直的水平距离测设点的平面位置的方法。当施工场地布设为互相垂直的主轴线或矩形控制网时，采用此法较为准确、简便。

如图 7-7 所示，Ⅰ、Ⅱ、Ⅲ、Ⅳ为建筑施工场地的建筑方格网顶点，其坐标已知，a、b、c、d 为欲测设建筑物的四个角点，在设计图纸上已给定四角的坐标，现用直角坐标法测设建筑物的四个角桩。其测设步骤如下：

首先根据方格顶点和设计图上各点坐标值，计算出测设数据。然后在 Ⅰ 点安置经纬仪，瞄准 Ⅳ 点，沿视线方向测设距离 30.00m，定出 m 点，继续向前测设 50.00m，定出 n 点。将仪器搬到 m 点，瞄准 Ⅳ 点，按逆时针方向测设 90°角，由 m 点沿视线方向测设距离 20.00m，定出 a 点，做出标志，再向前测设 30.00m，定出 b 点，做出标志。再搬仪器至 n 点，瞄准 Ⅰ 点，按顺时针方向测设 90°角，由 n 点沿视线方向测设距离 20.00m，定出 d 点，做出标志，

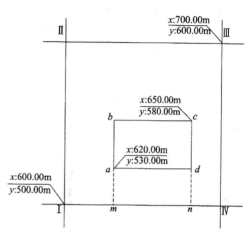

图 7-7 直角坐标法

再向前测设 30.00m，定出 c 点，做出标志。最后要检查建筑物四角是否等于 90°，各边长是否等于设计长度，其误差均应在限差以内。

直角坐标法计较简单，测设方便，精度较高，应用广泛。

二、极坐标法

极坐标法是根据一个水平角和一段水平距离，测设点的平面位置。极坐标法适用于量距方便且待测设点距控制点较近的建筑施工场地。若用全站仪按极坐标法测设，可不受地形条件和距离长短的限制，测设工作简便、灵活，在铁路、高速公路、水利、市政等工程中被广泛地使用。

如图 7-8 所示，A、B 为控制点，其坐标 X_A、Y_A，X_B、Y_B 为已知，P 点为待测设点，其设计坐标为 X_P、Y_P。测设前，先根据已知点 A 的坐标和待测点 P 的坐标通过坐标反算求得水平距离 D_{AP} 和坐标方位角 α_{AP}、α_{AB}，根据坐标方位角算出水平角 β，β 称为放样数据。

$$
\left.
\begin{array}{l}
\alpha_{AB} = \tan^{-1}\dfrac{(Y_B - Y_A)}{(X_B - X_A)} \\[2mm]
\alpha_{AP} = \tan^{-1}\dfrac{(Y_P - Y_A)}{(X_P - X_A)} \\[2mm]
\beta = \alpha_{AB} - \alpha_{AP}
\end{array}
\right\}
\tag{7-3}
$$

$$D_{AP} = \sqrt{(Y_P - Y_A)^2 + (X_P - X_A)^2} \qquad (7-4)$$

测设时，在 A 点安置经纬仪，瞄准 B 点，按逆时针方向测设 β 角，定出 AP 方向。沿 AP 方向自 A 点测设水平距离 D_{AP}，定出 P 点，做出标志。

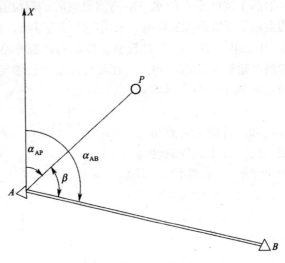

图 7-8　极坐标法

【例 7-2】　A、B 为已知平面控制点，其坐标分别为 A（100.00m，100.00m）、B（80.00m，150.00m），P 点设计坐标为（40.00m，120.00m），试用极坐标法计算测设 P 点的测设数据。

【解】　由公式（7-3）、式（7-4），可得

$$\alpha_{AB} = \tan^{-1} \frac{y_B - y_A}{x_B - x_A} = \tan^{-1} \frac{150.00 - 100.00}{80.00 - 100.00}$$

$$= \tan^{-1} \frac{5}{(-2)} = 111°48'05''$$

$$\alpha_{AP} = \tan^{-1} \frac{y_P - y_A}{x_P - x_A} = \tan^{-1} \frac{120.00 - 100.00}{40.00 - 100.00}$$

$$= \tan^{-1} \frac{1}{(3)} = 161°33'54''$$

$$\beta = \alpha_{AP} - \alpha_{AB} = 161°33'54'' - 111°48'05'' = 49°45'49''$$

$$D_{AP} = \sqrt{(x_P - x_A)^2 + (x_P - y_A)^2}$$

$$= \sqrt{(40.00 - 100.00)^2 + (120.00 - 100.00)}$$

$$= \sqrt{60^2 + 20^2} = 63.25m$$

三、角度交会法

当欲测设的点位远离控制点，地形起伏较大，距离丈量困难且没有全站仪时，可采用经纬仪角度交会法来放样点位。目前此法应用较少。

如图 7-9（a）所示，A、B、C 为已知控制点，P 为欲测设点。P 点的坐标由设

计人员给出或从图纸上获得。先根据控制点的坐标和 P 点设计坐标，计算出测设数据 β_1、β_2、β_3。测设时，在 A、B、C 点各安置一台经纬仪，分别测设 β_1、β_2、β_3，定出三个方向，其交点即为 P 点的位置。由于测设有误差，往往三个方向不交于一点，而形成一个误差三角形，如图 7-9（b）所示。如果此三角形最长边不超过 3～4cm，则取三角形的重心作为测设点 P 的最终位置。

应用此法时，应使交会角 $\angle APB$ 和 $\angle BPC$ 在 $30°\sim150°$ 之间，最好接近 $90°$，可以提高交会精度，减少误差的影响。

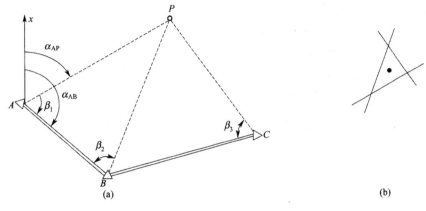

图 7-9　角度交会法

四、距离交会法

距离交会法是在两个控制点上各测设已知长度交会出点的平面位置。距离交会法适用于待测设点至控制点的距离不超过一尺段长，且地势平坦、量距方便的建筑施工场地。

如图 7-10 所示，A、B 为已知点，P 为待测点。先根据控制点 A、B 的坐标和待测设点 P 的坐标，计算出测设距离 D_{AP}、D_{BP}。

测设时，以 A 为圆心、以 D_{AP} 为半径，用钢尺在地面上画弧；以 B 为圆心、以 D_{BP} 为半径，用钢尺在地面上画弧，两条弧线的交点即为待测设点 P 的位置。测设后，应对 P 点进行检核。

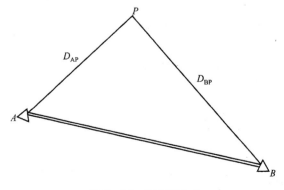

图 7-10　距离交会法

五、全站仪测设法

全站仪测设法适用于各种场合，当距离较远、地势复杂时尤为方便。前面介绍的直角坐标法、极坐标法、角度交会法、距离交会法等也都可用全站仪施测。

(一) 全站仪极坐标法

用全站仪极坐标法测设点的平面位置，其原理如同极坐标法。由于全站仪具有计算和存储数据的功能。所以放样非常方便、准确。如图 7－11 所示，如果测设 P 点的平面位置，其施测方法如下：

(1) 安置全站仪于测站点 A 上，进入放样状态。按仪器要求输入测站点 A 的点号和坐标，检查无误后确定。输入后视点 B 的点号和坐标，精确瞄准后视点 B，检查无误后确定。此时，仪器自动计算出 AB 边的坐标方位角，并自动设置 AB 方向的水平度盘读数为 AB 的坐标方位角。

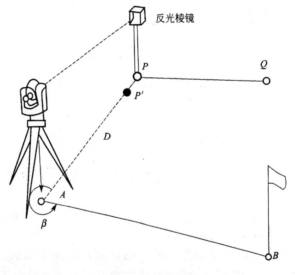

图 7－11　全站仪测设法

(2) 按要求输入放样点 P 的点号和坐标，检查无误后确定。此时，仪器自动计算出 AP 的坐标方位角和水平距离。选择极差法功能键，全站仪自动显示测设数据的水平角 β 及水平距离 D。

(3) 水平转动望远镜，直至显示屏角度差显示为 $0°00'00''$，此时视线方向即为需测设的方向 AP。

(4) 在 AP 方向上立反射棱镜，反射棱镜沿望远镜的视线方向移动，当显示屏显示的距离差为 $0.00\mathrm{m}$ 时，棱镜所在的点即为待放样点 P 的位置。其中，显示屏显示的距离差为测量距离与放样距离的差值。

(二) 全站仪坐标法

如图 7－11 所示，全站仪坐标法与全站仪极坐标法相似。安置全站仪于测站点 A

上，进入放样状态。按仪器要求输入 A、B 的已知坐标及 P 点的设计坐标；瞄准 B 点进行定向；持棱镜者将棱镜立于放样点附近，用全站仪照准棱镜，按坐标放样功能键，显示屏可显示出棱镜位置与放样点的坐标差，指挥持镜者移动棱镜，直至坐标差值为 0.000m，则棱镜所在位置为待放样点 P 的位置。

（三）全站仪自由设站法

当控制点与放样点间不通视时，可用自由设站法。如图 7－12 所示，A、B、C 为控制点，P、Q 为要测设的放样点，自由选择一点 O，在 O 点上安置全站仪，按全站仪内置程序，后视 A、B、C 点，测出 O 点坐标，然后按全站仪极坐标法或全站仪坐标法测设出 P、Q 点。

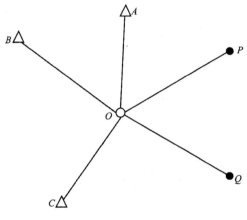

图 7－12 全站仪自由设站法

由于 O 点是自由选择的，定点非常方便。O 点也可作为增设的临时控制点，并建立标志。

第四节 已知坡度直线的测设

已知坡度直线的测设，就是根据施工现场的已知水准点，按设计坡度和坡度线端点的设计高程，利用高程测设方法将坡度线上各点设计高程标定在地面上的测量工作。它应用于管线、道路、排水沟、地铁等工程的施工放样中，其测设方法主要有水平视线法和倾斜视线法。

一、水平视线法

如图 7－13 所示，A、B 为设计坡度线的两个端点，A 点设计高程为 H_A，AB 的设计坡度为 i，BM_R 点为施工现场附近的已知水准点。在 AB 方向上，每隔距离 d 定一木桩，要求在木桩上定出坡度为 i 的坡度线。其施测方法如下：

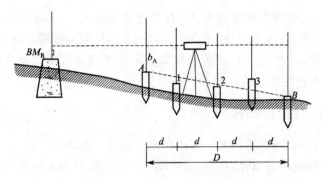

图 7－13　水平视线法测设已知坡度线

（1）沿 AB 方向，标定出间距为 d 的中间点 1、2、3 的位置。

（2）计算各桩点的设计高程：

$$
\left.
\begin{aligned}
&\text{第 1 点的设计高程：} H_1 = H_A + id\\
&\text{第 2 点的设计高程：} H_2 = H_1 + id\\
&\text{第 3 点的设计高程：} H_3 = H_2 + id\\
&B \text{ 点的设计高程：} H_B = H_3 + id\\
\text{或}\quad& H_B = H_A + iD \text{（检核）}
\end{aligned}
\right\} \tag{7-5}
$$

坡度 i 有正有负，计算设计高程时，坡度应连同其符号一并运算。

（3）安置水准仪于水准点 BM_R 附近，后视读数 a，得仪器视线高 $H_{视} = H_{R1} + a$，然后根据各点设计高程计算测设各点的应读前视尺读数 $b_{应} = H_i - H_{设}$。

（4）将水准尺分别贴靠在各木桩的侧面，上、下移动尺子，直至尺读数为 $b_{应}$ 时，便可利用水准尺底面在木桩上画一横线，该线即在 AB 的坡度线上；或立尺于桩顶，读得前视读数 b，再根据 $b_{应}$ 与 b 之差，自桩顶向下画线。

二、倾斜视线法

如图 7－14 所示，A、B 为坡度线的两端点，其水平距离为 D，设 A 点的高程为 H_A，要沿 AB 方向测设一条坡度为 i_{AB} 的坡度线。其测设方法如下：

（1）根据 A 点的高程、坡度 i_{AB} 和 A、B 两点间的水平距离 D，计算出 B 点的设计高程。

$$H_B = H_A + i_{AB}D$$

（2）按测设已知高程的方法，在 B 点处将设计高程 H_B 测设于 B 桩顶上，此时，AB 直线即构成坡度为 i_{AB} 的坡度线。

（3）将水准仪安置在 A 点上，使基座上的一个脚螺旋在 AB 方向线上，其余两个脚螺旋的连线与 AB 方向垂直。量取仪器高度 i，用望远镜瞄准 B 点的水准尺，转动在 AB 方向上的脚螺旋或微倾螺旋，使十字丝中丝对准 B 点水准尺上等于仪器高 i 的读数，此时，仪器的视线与设计坡度线平行。

（4）在 AB 方向线上测设中间点，分别在 1、2、3、…处打下木桩，使各木桩上水准尺的读数均为仪器高 i，这样各桩顶的连线就是欲测设的坡度线。

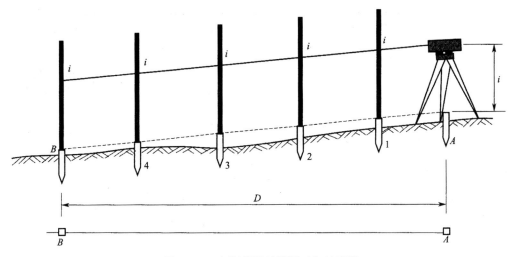

图 7—14　倾斜视线法测设已知坡度线

如果设计坡度较大，超出水准仪脚螺旋所能调节的范围，则可用经纬仪测设，其测设方法相同。

☞ **思考题与习题**

1. 施工测量的任务和主要内容是什么？如何理解施工测量的特点？

2. 施工测量的基本工作是什么？

3. 测绘与测设有何区别？

4. 测设已知数值的水平距离、水平角及高程是如何进行的？

5. 测设点的平面位置有哪些方法？分别适用于哪些工程？需要测设哪些数据？

6. 测设水平角时，盘左盘右取中的目的是什么？

7. 倾斜视线法是如何操作的？有什么优点？

8. 欲在地面上测设一个直角 $\angle AOB$，先按一般测设方法测设出 B'，再精确测量 $\angle AOB$ 的大小为 $89°58'54''$，若 OB' 为 180m，为了获得正确的直角 $\angle AOB$，应如何移动 B' 点？移动的距离为多少？

9. 已知一水准点 BM_A 的高程为 132.253m，今欲测设出 A 点附近高程为 131.509m 的 B 点，若水准仪安置在 A、B 两点之间，A 点水准尺读数为 0.633m，问 B 点水准尺读数应为多少？并绘图说明。

10. 设 A、B 为已知平面控制点，其坐标分别为 A (132.43m，445.62m)、B (210.923m，582.33m)，P 点设计坐标为 (162.34m，521.92m)，试分别计算用极坐标法、角度交会法和距离交会法测设 P 点的测设数据，并绘出测设略图。

11. 已知 A 点高程 $H_A=103.62m$，B 点高程 $H_B=100.00m$，A、B 两点的水平距离为 30.00m，若将经纬仪安置于 B 点上，仪器高 $i=1.55m$，现测设 $+3.9\%$ 的倾斜视线，则在 A 点水准尺上读数应是多少？

12. 设 A、B 为建筑方格网上的控制点，已知其坐标为 $x_A = 1000.000$m，$y_A = 800.000$m，$x_B = 1000.000$m，$y_B = 1000.000$m，M、N、E、F 为一建筑物的轴线点，其设计坐标为 $x_M = 1051.500$m，$y_M = 848.500$m，$x_N = 1051.500$m，$y_N = 911.800$m，$x_E = 1064.200$m，$y_E = 848.500$m，$x_F = 1064.200$m，$y_F = 911.800$m，试叙述用直角坐标法测设 M、N、E、F 四点的测设方法。

13. 要在 CB 方向测设一条坡度为 $i = -2\%$ 的坡度线，已知 C 点高程为 36.425m，CB 的水平距离为 120m，则 B 点的高程应为多少？

第八章 民用建筑施工测量

☞ **教学要求**

通过本章学习，掌握民用建筑放样数据的确定，掌握利用基本测量仪器进行建筑平面位置与高程位置放样的方法，掌握高层建筑施工测量方法。

在施工中，施工测量贯穿于整个施工过程，开工前进行的测量准备工作包括熟悉图纸、现场踏勘、平整和清理施工现场、编制施工测量方案和建立施工控制网等；在施工过程中根据已建成的施工控制网进行主体及细部的定位、放线和基础墙体施工测量；工程结束要进行竣工测量，高大和特殊建筑物还要进行变形监测。

施工测量必须遵循"从整体到局部，先控制后细部"的原则。

第一节 建筑施工控制测量

一、施工控制网概述

建筑施工控制的任务是建立施工控制网。由于在勘测设计阶段所建立的测图控制网未考虑拟建建筑物的总体布置，在点位的分布、密度和精度等方面不能满足施工放样的要求；在测量施工现场平整场地工作中进行土方的填挖，原来布置的控制点大多被破坏。因此，在施工前大多必须以测图控制点为定向条件重新建立统一的施工控制网。

在建筑工程施工现场，各种建（构）筑物分布较广，常常分批分期兴建，它们的施工测量一般都按施工顺序分批进行。为了保证施工测量的精度和速度，使各建（构）筑物的平面位置和高程都能符合设计要求，互相连成统一的整体，施工测量和测绘地形一样，也要遵循"从整体到局部，先控制后细部"的原则。即先在施工现场建立统一的施工控制网，然后以此为基础，测设各个建（构）筑物的位置和进行变形观测。

施工控制网分为平面控制网和高程控制网两种，前者常采用导线网、建筑基线或建筑方格网等，后者则采用三、四等水准网或图根水准网。

施工控制网的布设，应根据设计总平面图的布局和施工地边的地形条件来确定。一般民用建筑、工业厂房、道路和管线工程，基本上是沿着相互平行或垂直的方面布置的，对于建筑物布置比较规则和密集的大中型建筑场地，施工控制网一般布置成正方形或矩形格网，即建筑方格网，对于石状不大而又简单的小型施工场地，常布置一条或几条建筑基线作为施工测量的平面控制。对于扩建或改建工程的建筑场地，可采用导线网作为施工控制网。

相对于测图控制网来说，施工控制网具有控制范围小、控制点密度大、精度要求高、使用频繁、受施工干扰大等特点。

二、平面施工控制网

施工控制网的布设形式，应根据建筑物的总体布置、建筑场地的大小以及测区地形条件等因素来确定：在大中型建筑施工场地，施工控制网一般布置成正方形或矩形格网，称为建筑方格网；在面积不大又不十分复杂的建筑场地上，常布置一条或几条相互垂直的基线，称为建筑基线；对于扩建工程或改建工程，可采用导线网作为施工控制网。

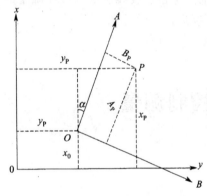

图 8-1　建筑坐标与测量坐标的换算

建筑施工通常采用建筑坐标系，亦称施工坐标系。其坐标轴与建筑物主轴线相一致或平行，以便设计和施工放样，因此，建筑坐标系与测量坐标系往往不一致，在建立施工控制网时，常需要进行建筑坐标系与测量坐标系的换算。

如图 8-1 所示，设已知 P 点的建筑坐标为 (A_P, B_P)，如将其换算成测量坐标 (x_P, y_P)，可以按式（8-1）计算：

$$x_P = x_0 + A_P \cos\alpha - B_P \sin\alpha$$
$$y_P = y_0 + A_P \sin\alpha + B_P \cos\alpha \qquad (8-1)$$

（一）建筑基线

1. 建筑基线的布置

在石状不大、地势较平坦的建筑场地上，布设一线或几条基准线，作为施工测量的平面控制，称为建筑基线。根据建筑设计总平面图上建筑物的分布，现场地形条件及原有测图控制点的分布情况，建筑基线可布设成三点直线形、三点直角形、四点丁字形和五点十字形等形式，如图 8-2 所示。建筑基线应尽可能靠近拟建的主要建筑物，并与其主要轴线平行或垂直，以便用较简单的直角坐标法进行测设。基线点位应选在通视良好，不受施工影响，且不易被破坏的地方，为能长期保存，要埋设永久性的混凝土桩，边长 100~400m；基线点应不少于三个，以便校核。

2. 建筑基线的测设

根据建筑场地的不同情况，测设建筑基线的方法主要有下述两种。

（1）根据建筑红线测设。在城市建设中，建筑用地的界址，是由规划部门确定，并由拨地单位在现场直接标定出用地边界点，边界点的连线是正交的直线，称为建筑红线。建筑红线与拟建的主要建筑物或建筑群中的多数建筑物的主轴线平行。因此，可根据建筑红线用平行线推移法测设建筑基线。

如图 8－3 所示，Ⅰ－Ⅱ 和 Ⅱ－Ⅲ 是两条互相垂直的建筑红线，A、O、B 三点是欲测的建筑基线点。其测设过程：从 Ⅱ 点出发，沿 Ⅱ、Ⅰ 和 Ⅱ、Ⅲ 方向分别量取 d 长度得出 A' 和 B' 点；再过 Ⅰ、Ⅱ 两点分别作建筑红线的垂线，并沿垂直方向分别量取 d 的长度得出 A 点和 B 点；然后，将 AA' 与 BB' 连线，则交会出 O 点。A、O、B 三点即为建筑基线点。

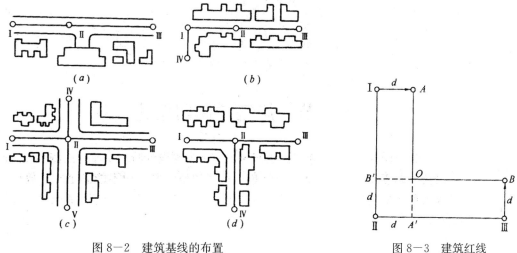

图 8－2　建筑基线的布置　　　　　　图 8－3　建筑红线

当把 A、O、B 三点在地面上做好标志后，将经纬仪安置在 O 点上，精确观测 $\angle AOB$，若 $\angle AOB$ 与 90° 之差不在容许值以内时，应进一步检查测设数据和测设方法，并应对 $\angle AOB$ 按水平角精确测设法来进行点位的调整，使 $\angle AOB = 90°$。

如果建筑红线完全符合作为建筑基线的条件时，可将其作为建筑基线使用，即直接用建筑红线进行建筑物的放样，既简便又快捷。

（2）根据附近的控制点测设。在非建筑区，没有建筑红线作依据时，就需要在建筑设计总平面图上，根据建筑物的设计坐标和附近已有的测图控制点来选定建筑基线的位置，并在实地采用极坐标法或角度交会法把基线点在地面上标定出来。

（二）建筑方格网

1. 建筑方格网的布置

建筑方格网的布置是根据建筑设计总平面图上各建筑物、构筑物和各种管线的布设，并结合现场的地形情况拟定的。布置时，应先定方格网的主轴线，然后再布置其他方格点。格网可布置成正方形或矩形。方格网布置时，应注意以下几点：

（1）方格网的主轴线应布设在整个厂区的中部，并与总平面图上所设计的主要建筑物的轴线平行。

（2）方格网的转折角应严格成 90°。

（3）方格网的边长一般为 100～200m，边长的相对精度视工程要求而定，一般为 1/20000～1/10000。

（4）桩点位置应选在不受施工影响并能长期保存之处。

（5）当场地面积不大时，尽量布设成全面方格网。场地面积较大时，应分二级布设，首级可采用"十"字形、"口"字形、"田"字形，然后再加密方格网。

2. 建筑方格网主轴线的测设

如图 8-4 所示，MN、CD 为建筑方格网的主轴线，A、O、B 是主轴线的定位点，称为主点。主点的坐标一般由设计单位给出，也可在总平面图上用图解法求得。

如图 8-5 所示，1、2、3 为测量控制点，首先将 A、O、B 三个主点的建筑坐标换算为测量坐标，再根据它们的坐标算出放样数据 D_1、D_2、D_3 和 β_1、β_2、β_3，然后按极坐标法分别测设出 A、O、B 三个主点的概略位置，以 A'、O'、B' 表示。

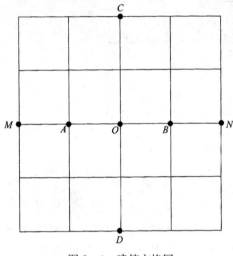

图 8-4　建筑方格网

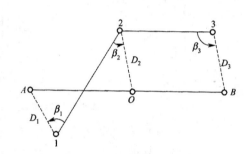

图 8-5　主轴线点的测设

由于测量误差，三个主点一般不在一条直线上，如图 8-6 所示。因此，要在 O' 安置经纬仪，精确地测量 $\angle A'O'B'$ 的角值。如果它与 $180°$ 之差超过有关规定，则应进行调整，使三个主点成一直线。改正值 δ 按式（8-2）计算：

$$\delta = \frac{ab}{2(a+b)} \times \frac{180°-\beta}{\rho''} \qquad (8-2)$$

A、O、B 主点测设好后，如图 8-7 所示，将经纬仪安置在 O 点，测设与 AOB 轴线相垂直的另一主轴线 COD；用经纬仪瞄准 A 点，分别向右、向左旋转 $90°$，在地上定出 C 点和 D 点，然后精确地测出 $\angle AOC'$ 和 $\angle AOD'$，分别计算出它们与 $90°$ 之差 ε_1、ε_2，并按式（8-3）计算出改正值 l_1、l_2：

$$\left. \begin{aligned} l_1 &= d_1 \frac{\varepsilon''_1}{\rho''} \\ l_2 &= d_2 \frac{\varepsilon''_2}{\rho''} \end{aligned} \right\} \qquad (8-3)$$

将 C' 点沿与 CO 垂直方向移动距离 l_1，定出 C 点，同法定出 D 点。然后再实测改正后的 $\angle AOC$ 和 $\angle COD$ 作为检验。

最后自 O 点起，用钢尺或测距仪沿 OA、OB、OC、OO 方向测设主轴线的长度，确定 A、B、C、D 的点位。

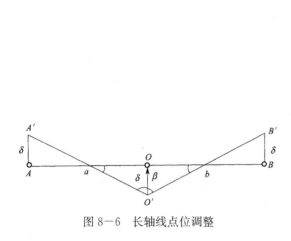

图 8-6 长轴线点位调整

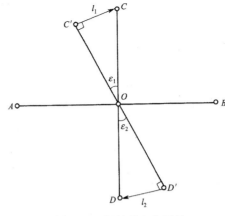

图 8-7 短轴线点位调整

3. 建筑方格网的详细测设

在主轴线测定以后，便可详细测设方格网。具体做法如下：在主轴线的四个端点 A、B、C 和 D 上分别安置经纬仪，如图 8-8 所示，每次都以 O 点为起始方向，分别向左、向右测设 90°角。这样，就交会出方格网的四个角点 E、F、G 和 H。为了进行校核，还要量出 AE、AH、DE、DF、BF、BG、CG 和 CH 各段距离。量距离精度要求与主轴线相同。如果根据量距离所得的角点位置与角度交会法所得的角点位置不一致时，则可适当地进行调整，以确定 E、F、G、H 点的最后位置。同样，用混凝土桩标定，以上述构成"田"字形的各方格点作为基本点。再以基本点为基础，按角度交会方法或导线测量方法测设方格中所有各点，并用大木桩或混凝土桩标定。

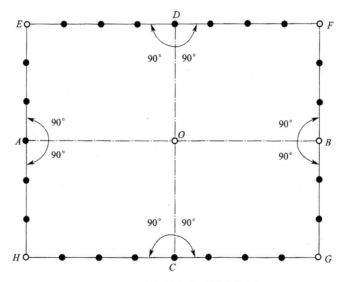

图 8-8 按主轴线点测设方格网

三、高程施工控制网

建筑场地的控制测量必须与国家高程控制系统相联系，以便建立统一的高程系统。在一般情况下，施工场地平面控制点也可兼作高程控制点。高程控制网可分首级网格和加密网格，相应的水准点称为基本水准点和施工水准点。

一般中小型建筑场地施工高程控制网，其基本水准点应布设在不受施工影响、无振动、便于施测和能永久保存的地方，按四等水准测量的要求进行施测。而对于为连续性生产车间、地下管道放样所设立的基本水准点，则需按三等水准测量的要求进行施测。为了便于成果检核和提高测量精度，场地高程控制网应布设成闭合环线、附合路线或结点网形。加密水准路线可按图根水准测量的要求进行布设，加密水准点可埋设成临时标志，尽可能靠近施工建筑场地，便于使用，并且永久性标志。水准点的间距宜小于 1km，距建筑物不宜小于 25m。

施工水准点用来直接放样建筑物的高程。为了放样方便和减少误差，施工水准点应靠近建筑物，通常可以采用建筑方格网点的标志桩加设圆头钉作为施工水准点。水准点的密度应满足场地的需求，尽可能做到观测一个测站即可测设所需高程点。

为了方便放样，在每栋较大的建筑物附近，还要布设 ±0.000 水准点（一般以底层建筑物的地坪标高为 ±0.000），其位置多选在较稳定的建筑物墙、柱的侧面，用红油漆绘成上顶为水平线的 "▼" 形，其顶端表示 ±0.000 位置。但要注意各建筑物的 ±0.000 的绝对高程不一定相同。

第二节　测设前准备工作

一、熟悉图纸

设计图纸是施工测量的主要依据，测设前应充分熟悉各种有关的设计图纸，了解施工建筑物与相邻地物的相互关系以及建筑物本身的内部尺寸关系，准确无误地获取测设工作中所需要的各种定位数据。与测设工作有关的设计图纸主要如下。

1. 建筑总平面图

如图 8-9 所示，建筑总平面图给出了建筑场地上所有建筑物和道路的平面位置及其主要点的坐标，标出了相邻建筑物之间的尺寸关系，注明了各栋建筑物室内地坪高程，是测设建筑物总体位置和高程的重要依据。

2. 建筑平面图

建筑平面图标明了建筑物首层、标准层等各楼层的总尺寸，以及楼层内部各轴线之间的尺寸关系，如图 8-10 所示，它是测设建筑物细部轴线的依据。

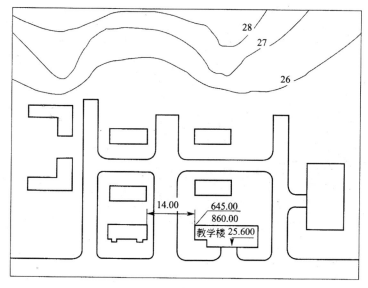

图 8—9　建筑总平面图

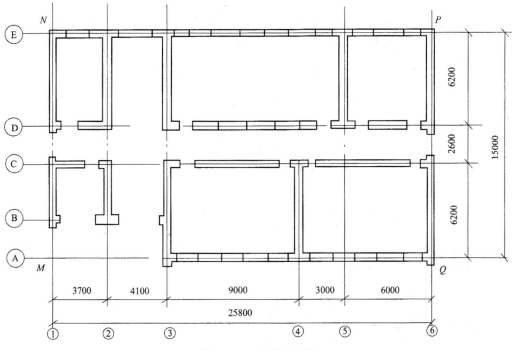

图 8—10　建筑平面图

3. 基础平面图及基础详图

如图 8—11 所示，基础平面图及基础详图标明了基础形式、基础平面布置、基础中心或中线的位置、基础边线与定位轴线之间的尺寸关系、基础横断面的形状和大小以及基础不同部位的设计标高等，它是测设基槽（坑）开挖边线和开挖深度的依据，也是基础定位及细部放样的依据。

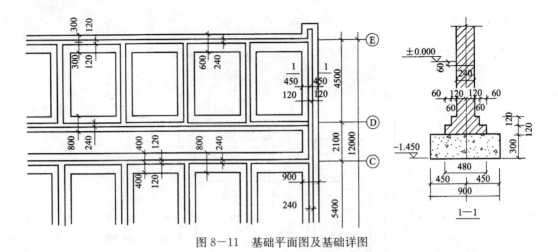

图 8－11　基础平面图及基础详图

4．立面图和剖面图

如图 8－12 所示，立面图和剖面图标明了室内地坪、门窗、楼梯平台、楼板、屋面及屋架等的设计高程，这些高程通常是以 ±0.000 标高为起算点的相对高程，它是测设建筑物各部位高程的依据。

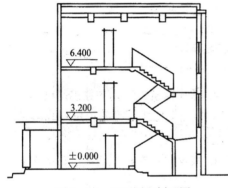

图 8－12　立面图和剖面图

在熟悉图纸的过程中，应注意以下问题：仔细核对各种图纸上相同部位的尺寸是否一致，同一图纸上总尺寸与各有关部位尺寸之和是否一致，以免发生错误。总平方图上给出的建筑物之间的距离一般是指建筑物外坪及间距；建筑物到建筑红线、建筑基线、建筑中线的距离一般也是指建筑物外坪及至某一直线的距离。

5．计算测设数据并绘制建筑物测设略图

如图 8－13 所示，依据设计图纸计算所编制的测设方案的对应测设数据，然后绘制测设略图，并计算数据标注在图中。

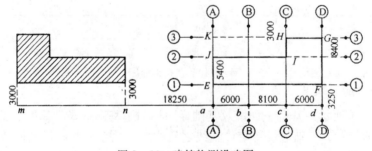

图 8－13　建筑物测设略图

施工放样过程中，建筑物定位均是根据拟建建筑物外坪轴线进行定位，因此在测前准备测设数据时，应注意各数据之间的拉点关系，根据坪的设计度找出外坪及至轴

线的尺寸。

二、现场踏勘

为了解建筑施工现场上地物、地貌以及原有测量控制点的分布情况，应进行现场踏勘，并对建筑施工现场上的平面控制点和水准点进行检核，以便获得正确的测量数据，然后根据实际情况考虑测设方案。

三、平整和清理施工现场

现代民用建筑的规模越来越大，施工现场原有地物和地貌种类繁多，因此需要进行施工现场的平整和清理。其中，测量工作如下：

（1）取得最新地形图资料，并实施踏勘，建立符合平场要求的施工测量方格网。

（2）根据地形图用测量仪器将施工范围边界测设到地面上，并做好相关征地及其范围内的建筑物体拆迁、清理工作。

（3）根据设计标高控制平场标高，并计算平场挖填土石方量，尽可能做到挖、填平衡。

四、编制施工测量方案

对于民用建筑来说，不同的建筑物对施工的精度要求各不相同，因此在熟悉设计图纸、施工计划和施工进度的基础上，须结合现场的条件和实际情况，拟订合理的施工测量方案。施工测量方案应包括以下内容：

（1）根据施工不同阶段制定相应施工测量方法和测量步骤。

（2）不同施工阶段测设资料，包括测设数据计算和绘制测设略图等。

（3）根据设计精度要求选择施工测量工具。

（4）合理安排时间，按需组织人、材、机。

第三节　民用建筑物的定位与放线

一、建筑物的定位

建筑物的定位就是根据设计条件将建筑物四周外廓主要轴线的交点测设到地面上，作为基础放线和细部轴线放线的依据。由于设计条件和现场条件不同，建筑物的定位方法也有所不同，常用的定位方法有：

1. 根据建筑基线定位

如图 12—6 所示，AB 为建筑基线，$EFGH$ 为拟建建筑物外坪轴线的交点。根据基线进行拟建建筑物的定位，测设方法如下：

（1）根据建筑总平面图，查得原有建筑和新建建筑与建筑基线的距离均为 d，原有建筑和新建建筑物之间的间距为 c。根据建筑平面图查得拟建新建筑 EG 轴与 FH 轴两轴之间距离为 b，EF 轴与 GH 轴两轴之间距离为 a。新建建筑外墙厚 37cm（即一砖半墙），轴线偏里，离外墙 24cm。

（2）如图 8−14 所示，首先用钢尺沿原有建筑的东西两外墙各延长一小段距离 d 得 M'、N' 两点（即小线延长法）。用经纬仪检查 M'、N' 两点是否在基线 AB 上，用小木桩标定。

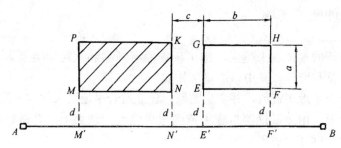

图 8−14　建筑基线定位

（3）将经纬仪安置在 M' 点上，瞄准 N' 点，并从 N' 沿 $M'N'$ 方向测设出 $c+0.240$m 得 E' 点，继续沿 $M'N'$ 方向从 E' 测设距离 b 得 F' 点，$E'F'$ 点均应在基线方向上。

（4）然后将经纬仪分别安置在 E'、F' 两点上，后视 A 点并测设 90° 方向，沿方向线分别测设 $d+0.240$m 得 E、F 两点。再继续沿方向线分别测设距离 a 得 H、G 两点。E、F、G、H 四点即为新建建筑外墙定位轴线的交点，用小木桩标定。

（5）检查 EF、GH 的距离是否等于 b，四个角是否等于 90°。误差在 1/5000 和 1′ 之内即可。

2. 根据建筑方格网定位

在建筑场地内布设有建筑方格网时，可根据附近方格网点和建筑物角点的设计坐标用直角坐标法测设建筑物的轴线位置。

如图 8−15 所示，$MNPQ$ 为建筑方格网，根据 MN 这条边进行建筑物 $ABCD$ 的定位放线，测设方法如下：

（1）在施工总平面图上查得 A、D 点坐标，计算出 $MA'=20$m，$AA'=20$m，$AC=15$m，$AB=60$m。

（2）用直角坐标法测设 A、B、C、D 四角点。

（3）用经纬仪检查四角是否等于 90°，误差不得超过 ±1′；用钢尺检查放出建筑物的边长，误差不得超过 1/5000。

3. 根据建筑红线定位

由规划部门确定，经实地标定具法律效用，在总平面图上以红线画出的建筑用地边界线，称为建筑红线。建筑红线一般与道路中心线相平行。如图 8−16 中，Ⅰ、Ⅱ、Ⅲ 三点为实地标定的场地边界点，其边线Ⅰ−Ⅱ，Ⅱ−Ⅲ 称为建筑红线。

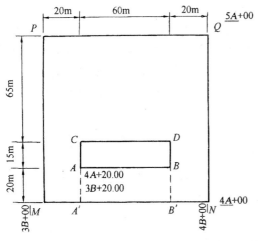

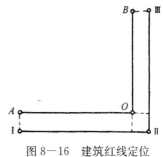

图 8-15　建筑方格网定位　　　　　　　　　图 8-16　建筑红线定位

建筑物的主轴线 AO、OB 和建筑红线平行或垂直，所以根据建筑红线用直角坐标法来测设主轴线 AOB 就比较方便。当 A、O、B 三点在实地标定后，应在 O 点安置经纬仪，检查 $\angle AOB$ 是否等于 $90°$。OA、OB 的长度也要实量检验，使其在容许误差内。

施工单位放线人员在施工前应对城市勘察（土地部门）负责测设的桩点位置及坐标进行校核，正确无误后才可以根据建筑红线进行建筑物主轴线的测设。

4. 根据与原有建筑物和道路的关系定位

如果设计图上只给出新建建筑物与附近原有建筑物或道路的相互关系，而没有提供建筑物定位点的坐标，周围又没有测量控制点、建筑方格网和建筑基线可供利用，可根据原有建筑物的边线或道路中心线将新建建筑物的定位点测设出来。

具体测设方法随实际情况的不同而不同，但基本过程是一致的，下面分两种情况说明具体测设的方法。

（1）根据与原有建筑物的关系定位。如图 8-17 所示，拟建建筑物的外墙边线与原有建筑物的外墙边线在同一条直线上，两栋建筑物的间距为 10m，拟建建筑物长轴为 40m，短轴为 18m，轴线与外墙边线间距为 0.12m，可按下述方法测设其四个轴线的交点：

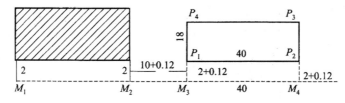

图 8-17　根据与原有建筑物的关系定位（单位：m）

①沿原有建筑物的两侧外墙拉线，用钢尺顺线从墙角往外量一段较短的距离（这里设为 2m），在地面上定出 M_1 和 M_2 两个点，M_1 和 M_2 的连线即为原有建筑物的平行线。

②在 M_1 点安置经纬仪，照准 M_2 点，用钢尺从 M_2 点沿视线方向量取（10+0.12）m，在地面上定出 M_3 点，再从 M_3 点沿视线方向量取 40m，在地面上定出 M_4 点，M_3

和 M_4 的连线即为拟建建筑物的平行线，其长度等于长轴尺寸。

③在 M_3 点安置经纬仪，照准 M_4 点，逆时针测设 $90°$，在视线方向上量取（2＋0.12）m，在地面上定出 P_1 点，再从 P_1 点沿视线方向量取 18m，在地面上定出 P_4 点。同理，在 M_4 点安置经纬仪，照准 M_3 点，顺时针测设 $90°$，在视线方向上量取（2＋0.12）m，在地面上定出 P_2 点，再从 P_2 点沿视线方向量取 18m，在地面上定出 P_3 点。则 P_1、P_2、P_3 和 P_4 点即为拟建建筑物的四个定位轴线点。

④在 P_1、P_2、P_3 和 P_4 点上安置经纬仪，检核四个大角是否为 $90°$，用钢尺丈量四条轴线的长度，检核长轴是否为 40m，短轴是否为 18m。

（2）根据与原有道路的关系定位。如图 8－18 所示，拟建建筑物的轴线与道路中心线平行，轴线与道路中心线的距离见图，测设方法如下：

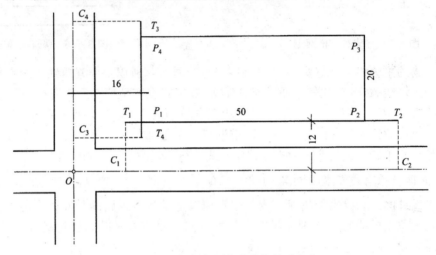

图 8－18　根据与原有道路的关系定位

①在每条道路上选两个合适的位置，分别用钢尺测量该处道路的宽度，并找出道路中心点 C_1、C_2、C_3 和 C_4。

②分别在 C_1、C_2 两个中心点上安置经纬仪，测设 $90°$，用钢尺测设水平距离 12m，在地面上得到道路中心线的平行线 $T_1 T_2$，同理作出 $C_3 C_4$ 的平行线 $T_3 T_4$。

③用经纬仪向内延长或向外延长这两条线，其交点即为拟建建筑物的第一个定位点 P_1，再从 P_1 沿长轴方向量取 50m 作 $T_3 T_4$ 的平行线，得到第二个定位点 P_2。

④分别在 P_1 和 P_2 点安置经纬仪，测设直角和水平距离 20m，在地面上定出点 P_3 和 P_4。在 P_1、P_2、P_3 和 P_4 点上安置经纬仪，检核角度是否为 $90°$，用钢尺丈量四条轴线的长度，检核长轴是否为 50m，短轴是否为 20m。

5. 根据测量控制点定位

当建物附近有导线点、三角点等测量控制点时，可根据控制点和建筑物各角点的设计坐标用极坐标法、角度交会法或距离交会法测设建筑物定位点。在这三种方法中，极坐标法是用得最多的一种定位方法。

二、建筑物的放线

建筑物的放线是指根据现场已测设好的建筑物定位点，详细测设其他各轴线交点的位置，并将其延长到安全的地方，做好标志；然后以细部轴线为依据，按基础宽度和放坡要求用白灰撒出基础开挖边线。放样方法如下。

（一）测设细部轴线交点

如图8-19所示，A 轴、E 轴、①轴和⑦轴是四条建筑物的外墙主轴线，其轴线交点 $A1$、$A7$、$E1$ 和 $E7$ 是建筑物的定位点，这些定位点已在地面上测设完毕，各主次轴线间隔如图8-19所示，现欲测设各次要轴线与主轴线的交点。

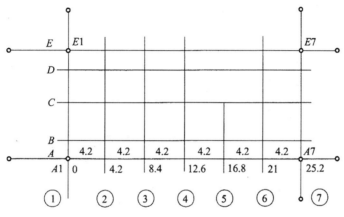

图8-19 测设细部轴线交点

在 $A1$ 点安置经纬仪，照准 $A7$ 点，把钢尺的零端对准 $A1$ 点，沿视线方向拉钢尺，在钢尺上读数等于①轴和②轴间距（4.2m）的地方打下木桩，打的过程中要经常用仪器检查桩顶是否偏离视线方向，钢尺读数是否还在桩顶上，如有偏移要及时调整。打好桩后，用经纬仪视线指挥在桩顶上画一条纵线，再拉好钢尺，在读数等于轴间距处画一条横线，两线交点即 A 轴与②轴的交点 $A2$。

在测设 A 轴与③轴的交点 $A3$ 时，方法同上，注意仍然要将钢尺的零端对准 $A1$ 点，并沿视线方向拉钢尺，而钢尺读数应为①轴和③轴间距（8.4m），这种做法可以减小钢尺对点误差，避免轴线总长度增长或减短。如此依次测设 A 轴与其他有关轴线的交点。测设完最后一个交点后，用钢尺检查各相邻轴线桩的间距是否等于设计值，误差应小于1/3000。

测设完 A 轴上的轴线点后，用同样的方法测设 E 轴、①轴和⑦轴上的轴线点。

（二）引测轴线

在基槽或基坑开挖时，定位桩和细部轴线桩均会被挖掉，为了使开挖后各阶段施工能准确地恢复各轴线位置，应把各轴线延长到开挖范围以外的地方并做好标志，这个工作称为引测轴线，常用的方法有：

1. 设置龙门板

（1）如图 8－20 所示，在建筑物四角和中间隔墙的两端，距基槽边线约 1～2m 以外，竖直牢固钉设大木桩，称为龙门桩，并使桩的外侧面平行于基槽。

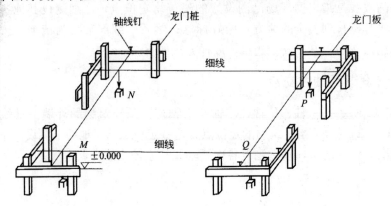

图 8－20　龙门桩与龙门板

（2）根据附近水准点，用水准仪将±0.000 标高测设在每个龙门桩的外侧上，并画出横线标志。如果现场条件不允许，也可测设比±0.000 高或低一定数值的标高线。同一建筑物最好只用一个标高，如因地形起伏大用两个标高时，一定要标注清楚，以免使用时发生错误。

（3）在相邻两龙门桩上钉设木板，称为龙门板，龙门板的上沿应和龙门桩上的横线对齐，使龙门板的顶面标高在一个水平面上，并且标高为±0.000，或比±0.000 高、低一定的数值，龙门板顶面标高的误差应在±5mm 以内。

（4）根据轴线桩，用经纬仪将各轴线投测到龙门板的顶面，并钉上小钉作为轴线标志，此小钉也称为轴线钉，投测误差应在±5mm 以内。如果建筑物较小，也不用垂球对焦点位中心，在轴线两端龙门板两拉一小线使其紧贴垂球线，用这种方法将轴线延长较空在龙门板上并作好标记。

（5）用钢尺沿龙门板顶面检查轴线钉的间距，其相对误差不应超过 1/3000。

恢复轴线时，将经纬仪安置在一个轴线钉上方，照准相应的另一个轴线钉，其视线即为轴线方向，往下转动望远镜，便可将轴线投测到基槽或基坑内。

2. 轴线控制桩

由于龙门板需要较多木料，而且占用场地，使用机械开挖时容易被破坏，因此也可以在基槽或基坑外各轴线的延长线上测设轴线控制桩，作为以后恢复轴线的依据。即使采用了龙门板，为了防止被碰动，对主要轴线也应测设轴线控制桩。

3. 测设拟建建筑物的轴线到已有建筑物的墙脚上

在高层建筑物施工中，为便于向上投点，应在离拟建建筑物较远的地方测设轴线控制桩，如附近已有建筑物，最好把轴线投测到建筑物的墙脚或基础顶面上，并用±0.000 标高引测到墙面上，用红油漆做好标志，以代替轴线控制桩。

轴线控制桩一般设在开挖边线 4m 以外的地方，并用水泥砂浆加固。最好是附近有固定建筑物和构筑物，这时应将轴线投测在这些物体上，使轴线更容易得到保护，以便今后能安置经纬仪来恢复轴线。

　　轴线控制桩的引测主要采用经纬仪法，当引测到较远的地方时，要注意采用盘左和盘右两次投测取中数法来引测，以减少引测误差和避免错误的出现。

　　【例8－1】　建（构）筑物轴线测设和高程测设案例

　　【解】　1.建筑轴线放样

　　(1) 依据图纸。建筑轴线放样所依据的建筑图纸有：建筑总平面图、建筑平面图（见图8－21）、放样略图（可用建筑平面图代替）。

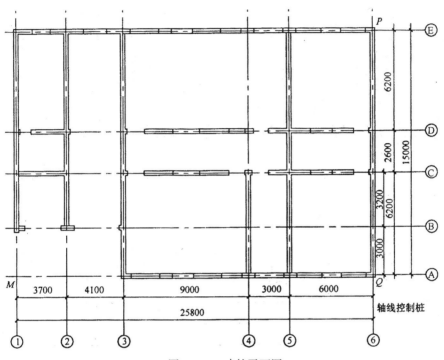

图8－21　建筑平面图

　　(2) 核对施工测量的依据。在测设前应对设计图的有关尺寸仔细核对，绘出导线控制点和待测设点的略图（请在示意图上标出本组所用的导线点号和设计点号，见图8－22），以免出现差错。

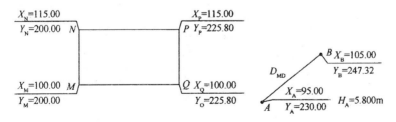

图8－22　导线控制点和待测设点略图

　　(3) 现场踏测。现场踏测的目的是为了解现场的地物、地貌和原有测量控制点的分布情况，并调查与施工测量有关的问题，对建筑场地上的平面控制点、水准点要进行检核，获得正确的测量起始数据和点位。测设数据及计算见表8－1。

表 8-1 测设数据及计算

计算者： 日期：

项目	点名	坐 标		相对测站点的坐标增量		相对测站点的方位角、距离		备 注
		X (m)	Y (m)	Δx (m)	Δy (m)	方位角 α (°′″)	水平距离 D (m)	
导线控制点	A	95.00	230.00	10.00	17.32	60 00 00		测站点
	B	105.00	247.32					定向点
待测设建筑物四大角	M	100.00	200.00	5.00	−30.00	279 27 44	20.414	$A-M$
	N	115.00	200.00	20.00	−30.00	303 41 24	36.056	$A-N$
	P	115.00	225.80	20.00	−4.20	348 08 25	20.436	$A-P$
	Q	100.00	225.80	5.00	−4.20	319 58 11	6.530	$A-Q$
$M-Q$ 段各轴线间距离							3.700	M (1) −2
							4.100	2−3
							9.000	3−4
							3.000	4−5
							6.000	5−6 (Q)
$Q-P$ 段各轴线间距离							3.000	Q (A) −C
							3.200	$E-C$
							2.600	$C-D$
							6.200	$D-E$ (P)
已知水准点的高程 H_A 为				$H_A=5.800$ m				
标志的 ±0.000 高程为				$H_设=6.500$ m				

（4）制定测设方案。根据设计要求、定位条件、现场地形、施工方案和放样方案等因素指定施工放样方案。

（5）准备测设数据。测设数据及计算见表 8-1。

除了计算必要的放样数据外，尚需从下列图纸上查取房屋内的平面尺寸和高程，作为测设建筑物总体位置的依据。

①从建筑平面图中，查取建筑物的总尺寸和内部各定位轴线之间的关系尺寸，这是施工放样的基本资料。

②从基础平面图上查取建筑物的总尺寸和内部各定位轴线之间的关系尺寸，以及基础布置与基础剖面位置的关系。

③从基础详图中查取基础立面尺寸、设计标高，以及基础边线与定位轴线的尺寸关系，这是基础高程放样的依据。

④从建筑物的立面图和剖面图中，可以查出基础、地坪、门窗、楼板、屋架和屋面等设计高程，这是高程测设的主要依据。

（6）轴线放样。

①定位。根据现场实际情况获得测量点位 A、B 的坐标 $(X，Y)$，依据建筑总平面图、建筑平面图给定的建筑物角点设计坐标 M、N、P、Q，采用极坐标法对指定构筑物进行定位，如图 8—22 所示，依据 A、B 和 M、N、P、Q 的坐标，计算出 AB 和 AM、AN、AP、AQ 的坐标方位角 α_{AB}、α_{AM}、α_{AN}、α_{AP}、α_{AQ} 和 D_{AM}、D_{AN}、D_{AP}、D_{AQ}；测设数据及计算见表 8—1。

计算 $\beta_1 = \alpha_{AM} - \alpha_{AB} = 279°27'44'' - 60°00'00'' = 219°27'44''$、$\beta_2 = \alpha_{AN} - \alpha_{AB} = 243°41'24''$、$\beta_3 = \alpha_{AP} - \alpha_{AB} = 288°08'25''$、$\beta_4 = \alpha_{AQ} - \alpha_{AB} = 259°58'11''$。

在 A 点安置经纬仪瞄准 B 点作为起始方向精确测设 $\beta_1 = \alpha_{AM} - \alpha_{AB} = 219°27'44''$ 后，在该角的终边方向精密测设出距离 $D_{AM} = 30.414m$，即为建筑物的外廓定位轴线的交点 M，同法亦可测设出其余点位 N、P、Q。

测设后检查：分别在 M、N、P、Q 点安置经纬仪测定其四大角，四大角与设计值（90°）的偏差为：

$\Delta\angle M = 14''$　　　　　　　　　　$\Delta\angle N = -8''$

$\Delta\angle P = 13''$　　　　　　　　　　$\Delta\angle Q = -12''$

四条主轴线边与设计值的偏差为：

$\Delta D_{MN} = -15mm$　　　　　　　　$\Delta D_{MN} = 20mm$

$\Delta D_{PQ} = -17mm$　　　　　　　　$\Delta D_{QM} = 11mm$

满足量距误差 1/5000、测角误差 $\pm40''$ 的要求。

②放线。在外墙周边轴线上测设轴线交点。如图 8—23 所示，将经纬仪安置在 M 点瞄准 Q 点，用钢尺沿 MQ 方向量出相邻两轴线间 M（1）—2 的距离（依据建筑平面图 8—21 和表 8—1 测设数据及计算得出距离），定出 1、2、3、4、5、6 各点（也可以每隔 1～2 轴线定一点），同理可定出 A、B、C、D 各点。要求量距误差：1/5000～1/2000。丈量各轴线之间距离时，钢尺零端始终对在同一点上。

2. 高程测设

设已知水准点的高程为 $H_水$，±0.000 标志的高程为 $H_设$（见表 8—2）。在定位点 M、Q 的木桩上测设出 ±0.000 标志。

首先在已知水准点和定位点 M 的中间安置水准仪，读取水准点上的后视读数 $a = 1.680m$，则定位点前视应读数 b 为：

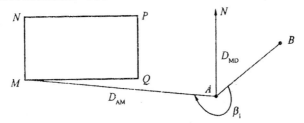

图 8—23　用导线点导线控制点测设待测设点的略图

$$b=(H_水+a)-H_设=(5.800+1.680)-6.500=0.980m$$

将水准尺紧贴定位点木桩上下移动，直至前视读数为 $b=0.980m$ 时，在尺低面的木桩上画线，则画线位置即为±0.000 标志的位置。

同法在另一定位点 Q 的木桩上测设出±0.000 的标志。

表 8－2 高程放样计算与记录表

已知水准点高程 $H_水$：5.800m   后视读数 a：1.680m   仪器视线高 $H_水+a$：7.480m

点　　名	设计高程 $H_设$（m）	前视读数 $(H_0+a)-H_i$（m）	备　　注
M	6.500	0.980	
Q	6.500	0.980	

（1）读后视读数并计算测设数据。

（2）测设后检查。

测量 M、Q 两点之间高差 $h_{MQ}=a-b=1.358-1.360=0.002m$；其值应为 0。若有误差，应在±3mm 范围内，否则应重新测设。

用水准仪测得点 M 与点 Q 的实际高差为：－2mm。

根据设计高程算得点 M 与点 Q 的高差为：0.00。

两者相差为：－2mm。

满足测高程误差±3mm 的要求。

（三）撒开挖边线

如图 8－24 所示，先按基础剖面图给出的设计尺寸计算基槽的开挖宽度 2d。

$$d=B+mh \tag{8-4}$$

式中，B 为基底宽度，可由基础剖面图中查取；h 为基槽深度；m 为边坡坡度的分母。根据计算结果，在地面上以轴线为中线往两边各量出 d，拉线并撒上白灰，即为开挖边线。

如果是基坑开挖，则只需按最外围墙体基础的宽度、深度及放坡确定开挖边线。

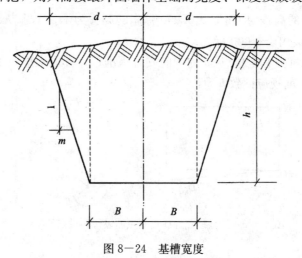

图 8－24　基槽宽度

第四节　建筑物基础施工测量

一、基础开挖深度的控制

如图 8-25 所示，为了控制基槽开挖深度，当基槽挖到接近槽底设计高程时，应在槽壁上测设一些水平桩，使水平桩的上表面离槽底设计高程为某一整分米数（例如 5dm），用以控制挖槽深度，也可作为槽底清理和打基础垫层时掌握标高的依据。一般在基槽各拐角处、深度变化处和基槽壁上每隔 3～4m 测设一个水平桩，然后拉上白线，线下 0.50m 即为槽底设计高程。

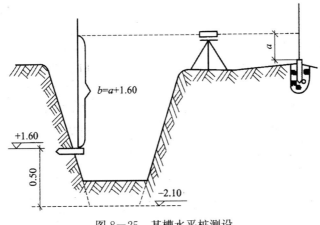

图 8-25　基槽水平桩测设

测设水平桩时，以画在龙门板或周围固定地物的±0.000 标高线为已知高程点，用水准仪进行测设。小型建筑物也可用连通水管法进行测设。水平桩上的高程误差应在±10mm 以内。

例如，设龙门板顶面标高为±0.000，槽底设计标高为-2.1m，水平桩高于槽底0.50m，即水平桩高程为-1.6m，用水准仪后视龙门板顶面上的水准尺，读数 $a=$ 1.286m，则水平桩上标尺的应有读数为：

$$0+1.286-（-1.6）=2.886（m）$$

测设时沿槽壁上下移动水准尺，当读数为 2.886m 时，沿尺底水平地将桩打进槽壁，然后检核该桩的标高，如超限便进行调整，直至误差在规定范围以内。

垫层面标高的测设可以水平桩为依据在槽壁上弹线，也可在槽底打入垂直桩，使桩顶标高等于垫层面的标高。如果垫层需安装模板，可以直接在模板上弹出垫层面的标高线。

如果是机械开挖，一般是一次挖到设计槽底或坑底的标高，因此要在施工现场安置水准仪，边挖边测，随时指挥挖土机调整挖土深度，使槽底或坑底的标高略高于设计标高（一般为 10cm，留给人工清土）。挖完后，为了给人工清底和打垫层提供标高依据，还应在槽壁或坑壁上打水平桩，水平桩的标高一般为垫层面的标高。

二、基础垫层标高的控制

如图 8－26 所示，基槽挖至规定标高并清底后，将经纬仪安置在轴线控制桩上，瞄准轴线另一端的控制桩，即可把轴线投测到槽底，作为确定槽底边线的基准线。垫层打好后，用经纬仪或用拉绳挂垂球的方法把轴线投测到垫层上，并用墨线弹出墙中心线和基础边线，以便砌筑基础或安装基础模板。由于整个墙身砌筑均以此线为准，这是确定建筑物位置的关键环节，所以要严格校核后方可进行砌筑施工。

三、基础标高的控制和弹线

如图 8－27 所示，基础墙（±0.000 以下的砖墙）的标高一般是用基础皮数杆来控制的。基础皮数杆用一根木杆做成，在杆上注明 ±0.000 的位置，按照设计尺寸将砖和灰缝的厚度分皮从上往下一一画出来，此外还应注明防潮层和预留洞口的标高位置。

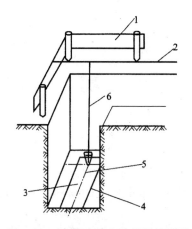

图 8－26 基槽底口和垫层轴线投测
1—龙门板；2—细线；3—垫层；
4—基础边线；5—墙中心线；6—垂球

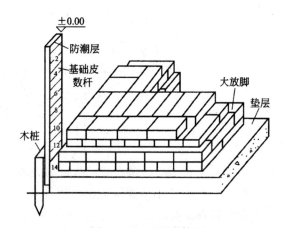

图 8－27 基础皮数杆

立皮数杆时．可先在立杆处打一个木桩，用水准仪在木桩侧面测设一条高于垫层设计标高某一数值（如 10cm）的水平线，然后将皮数杆上标高相同的一条线与木桩上的水平线对齐，并用大铁钉把皮数杆和木桩钉在一起，作为砌筑基础墙的标高依据。对于采用钢筋混凝土的基础，可用水准仪将设计标高测设于模板上。

基础施工结束后，应检查基础面的标高是否满足设计要求（也可以检查防潮层）。可用水准仪测出基础面上的若干高程，和设计高程相比较，允许误差为 ±10mm。

第五节 墙体施工测量

一、墙体定位

在基础工程结束后，应对龙门板（或控制桩）进行复核，以防移位。复核无误后，可利用龙门板或控制桩将轴线测设到基础或防潮层等部位的侧面，如图8－28所示，作为向上投测轴线的依据。同时也把门、窗和其他洞口的边线在外墙立面上画出。放线时先将各主要墙的轴线弹出，经检查无误后，再将其余轴线全部弹出。

二、墙体测量控制

1.皮数杆的设置

在墙体砌筑施工中，墙身各部位的标高和砖缝水平及墙面平整是用皮数杆来控制和传递的。

2.墙体标高的控制

在墙体砌筑施工中，墙体各部位标高通常用皮数杆来控制。皮数杆是根据建筑物剖面设计尺寸，在每皮砖、灰缝厚度处画出线条，并且标明±0.000标高、门、窗、楼板、过梁、圈梁等构件高度位置的木杆。在墙体施工中，用皮数杆可以控制墙体各部位构件的准确位置，并保证每皮砖灰缝厚度均匀，每皮砖都处在同一水平面上。

皮数杆一般立在建筑物拐角和隔墙处，如图8－29所示。立皮数杆时，先在地面上打一木桩，用水准仪测出±0.000标高位置，并画一横线作为标志；然后，把皮数杆上的±0.000线与木桩上±0.000对齐、钉牢。皮数杆钉好后要用水准仪进行检测，并用铅垂校正皮数杆的垂直度。

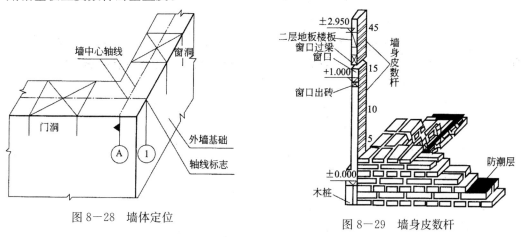

图8－28 墙体定位

图8－29 墙身皮数杆

为了施工方便，墙体施工采用里脚手架时，皮数杆应立在墙外侧；采用外脚手架时，皮数杆应立在墙内侧。如砌框架或钢筋混凝土柱间墙时，每层皮数可直接画在构件上，而不立皮数杆。

皮数杆±0.000 标高线的允许误差为±3mm。一般在墙体砌起 1m 后，就在室内墙身上测设出＋0.500m 的标高线，作为该层地面施工及室内装修的依据，称为"装修线"或"500线"，在第二层以上墙体施工中，为了使同层四角的皮数杆立在同一水平面上，要用水准仪测出楼板面四角的标高，取平均值作为本层的地坪标高，并以此作为本层立皮数杆的依据。

当精度要求较高时，可用钢尺沿墙身自±0.000 起向上直接丈量至楼板外侧，确定立皮数杆的标志。

第六节 高层建筑施工测量

一、高层建筑施工测量的特点

在高层建筑工程施工测量中，由于高层建筑的体形大、层数多、高度高、造型多样化、建筑结构复杂、设备和装修标准高，因此，在施工过程中对建筑物各部位的水平位置、轴线尺寸、垂直度和标高的要求都十分严格，特别是在竖面轴线投测时对施工测量精度的要求极高。为确保施工测量符合精度要求，应事先认真研究和制定测量方案，选用符合精度要求的测量仪器，拟定出各种误差控制和检核措施，以确保放样精度，并密切配合工程进度，以便及时、快速、准确地进行测量放线，为下一步施工提供平面和标高依据。

高层建筑施工测量的工作内容很多，本节主要介绍建筑物定位、基础施工、轴线投测和高程传递等几方面的测量工作。

二、高层建筑施工测量

（一）高层建筑定位测量

1. 测设施工控制网

进行高层建筑的定位放线是确定建筑物平面位置和进行基础施工的关键环节，施测时必须保证精度，因此一般采用测设专用的施工方格网来定位。施工方格网的实施，与一般建筑场地上所建立的控制网实施过程拉网，首先在建筑总平面布置图上进行设计，然后依据高等级测图点用极坐标法或直角坐标法测设在要地，最后，进行校核调整，保证精度在允许的误差范围内。施工方格网是测设在基坑开挖范围以外一定距离、平行于建筑物主要轴线方向的矩形控制网。

高层建筑施工用地上的高程控制与必须联测到国家水准点上或城市水准点上。一般高层建筑施工场地的高程控制网用三、四等水准测量方法进行施工测量，应把建筑方格网的方格点纳入到高程系统中。

2. 测设主轴线控制桩

在施工方格网的四边上，根据建筑物主要轴线与方格网的间距，测设主要轴线的控制桩。测设时要以施工方格网各边的两端控制点为准，用经纬仪定线，用钢尺量距来打桩定点。测设好这些轴线控制桩后，施工时便可方便、准确地在现场确定建筑物的四个主要角点。

除了四廊的轴线外，建筑物的中轴线等重要轴线也应在施工方格网边线上测设出来，与四廊的轴线一起称为施工控制网中的控制线，一般要求控制线的间距为 30～50m。控制线的增多可为以后测设细部轴线带来方便，施工方格网控制线的测距精度不低于 1/10000，测角精度不低于 ±10″。

如果高层建筑准备采用经纬仪法进行轴线投测，还应把应投测轴线的控制桩往更远处、更安全稳固的地方引测，这些桩与建筑物的距离应大于建筑物的高度，以免用经纬仪投测时仰角太大。

3. 高层建（构）筑物主要轴线的定位和放线

在建筑物放样时，按照建筑物柱列线或轮廓线与主控制轴线的关系，依据场地上的控制轴线逐一定出建筑物的轮廓线。对于目前一些几何图形复杂的建筑物，如 S 形、椭圆形、扇形、圆筒形、多面体形等，可以使用全站仪采用极坐标法进行定位。具体做法是：通过图纸将设计要素如轮廓坐标、曲线半径、圆心坐标及施工控制网点的坐标等识读清楚，并计算各自的方向角及边长，然后在控制点上安置全站仪（或经纬仪）建立测站，按极坐标法完成各点的实地测设。将所有建筑物轮廓点定出后，再行检查是否满足设计要求。

总之，根据施工场地的具体条件和建筑物几何图形的繁简情况，可以选择最合适的测设方法，完成高层建筑物的轴线定位。

轴线定位之后，即可依据轴线测设各桩位或柱列线上的桩位。

（二）高层建筑基础施工测量

1. 桩基础施工测量

采用桩基础的建筑物多为高层建筑，其特点是建筑层数多、高度高、基坑深、结构竖向偏差直接影响工程受力情况，故施工测量中要求竖向投点精度高。高层建筑位于市区，施工场地不宽畅，整幢建筑物可能有几条不平行的轴线，施工测量要根据结构类型、施工方法和场地实际情况采取切实可行的方法进行，并经过校对和复核，以确保无误。

（1）桩的定位：根据建筑物主轴线测设桩基和板桩轴线其位置的允许偏差为20mm，对于单排桩，则为 10mm。沿轴线测设桩位时，纵向（沿轴线方向）偏差不宜大于 3cm，横向偏差不宜大于 2cm。位于群桩外周边上的桩，测设偏差不得大于桩径或桩边长（方形桩）的 1/10；桩群中间的桩则不得大于桩径或边长的 1/5。

桩位测设工作必须在恢复后的各轴线检查无误后进行。

桩的排列因建筑物形状和基础结构不同而异。最简单的排列成格网状，此时只要根据轴线精确地测设出格网四个角点，进行加密即可。地下室桩基础是由若干个承台和基础梁连接而成。承台下面是群桩，基础梁下面有的是单排桩，有的是双排桩。承台下群桩的排列有时也会有所不同。测设时一般是按照"先整体，后局部""先外廓，后内部"的顺序进行。

桩顶上做承台，按控制的标高进行，先在桩顶面上弹出轴线，作为支承台模板的依据。

承台浇筑完后，在承台面上弹轴线，并详细放出地下室的墙宽、门洞等位置。地下室施工标高高于地面时，根据轴线控制桩将轴线投测到墙的立面上，同时沿建筑物四周将标高线引测到墙面上。

2. 施工后桩位的检测

桩基施工结束后，应根据轴线重新在桩顶上测设出桩的设计位置，并用油漆标明；然后量出桩中心与设计位置的纵、横向两个偏差分量 δ_x、δ_y。若其在允许误差范围内，即可进行下一工序的施工。

3. 深基础施工测量

（1）测设基坑开挖边线。

高层建筑一般都有地下室，因此要进行基坑开挖。开挖前，先根据建筑物的轴线控制桩确定角桩以及建筑物的外围边线，再考虑边坡的坡度和基础施工所需工作面的宽度，测设出基坑的开挖边线并撒出灰线。

（2）基坑开挖时的测量工作。

高层建筑的基坑一般都很深，需要放坡并进行边坡支护加固，开挖过程中，除了用水准仪控制开挖深度外，还应经常用经纬仪或拉线检查边坡的位置，防止出现坑底边线内收，致使基础位置不够。

（3）基础放线及标高控制。

①基础放线。基坑开挖完成后，有三种情况：一是直接打垫层，然后做箱形基础或筏板基础，这时要求在垫层上测设基础的各条边界线、梁轴线、墙宽线和柱位线等；二是在基坑底部打桩或挖孔，做桩基础，这时要求在坑底测设各条轴线和桩孔的定位线，桩做完后，还要测设桩承台和承重梁的中心线；三是先做桩，然后在桩上做箱基或筏基，组成复合基础，这时的测量工作是前两种情况的结合。

测设轴线时，有时为了通视和量距方便，不是测设真正的轴线，而是测设其平行线，这时一定要在现场标注清楚，以免用错。另外，一些基础桩、梁、柱、墙的中线不一定与建筑轴线重合，而是偏移某个尺寸，因此要认真按图施测，防止出错，如图8—30所示。

如果是在垫层上放线，可把有关轴线和边线直接用墨线弹在垫层上，由于基础轴线的位置决定了整个高层建筑的平面位置和尺寸，因此施测时要严格检核，保证精度。如果是在基坑下做桩基，则测设轴线和桩位时，宜在基坑护壁上设立轴线控制桩，以便能保留较长时间，也便于施工时用来复核桩位和测设桩顶上的承台和基础梁等。

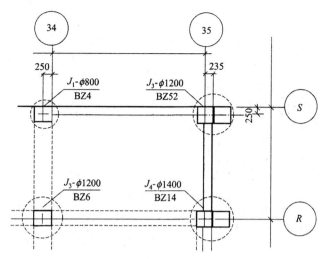

图8—30　有偏心桩的基础平面图

从地面往下投测轴线时，一般是用经纬仪投测法。由于俯角较大，为了减小误差，每个轴线点均应盘左、盘右各投测一次，然后取中数。

②基础标高测设。基坑完成后，应及时用水准仪根据地面上的±0.000水平线将高程引测到坑底，并在基坑护坡的钢板或混凝土桩上做好标高为负的整米数的标高线。由于基坑较深，引测时可多设几站观测，也可用悬吊钢尺代替水准尺进行观测。

（三）高层建筑的轴线投测

随着结构的升高，要将首层轴线逐层往上投测作为施工的依据。此时建筑物主轴线的投测最为重要，因为它们是各层放线和结构垂直度控制的依据。随着高层建筑物设计高度的增加，施工中对竖向偏差的控制要求就越高，轴线竖向投测的精度和方法就必须与其适应，以保证工程质量。

有关规范对于不同结构的高层建筑施工的竖向精度有不同的要求，见表8—3（H为建筑总高度）。为了保证总的竖向施工误差不超限，层间垂直度测量偏差不应超过3mm，建筑全高垂直度测量偏差不应超过$3H/10000$。

$$30\text{m}<H\leqslant60\text{m}\ \text{时，}\ \pm10\text{mm；}$$

$$60\text{m}<H\leqslant90\text{m}\ \text{时，}\ \pm15\text{mm；}$$

$$90\text{m}<H\ \text{时，}\ \pm20\text{mm。}$$

表8—3　高层建筑竖向及标高施工偏差限差　　　　　　（单位：mm）

结构类型	竖向施工偏差限差		标高偏差限差	
	每层	全高	每层	全高
现浇混凝土	8	$H/1000$（最大30）	±10	±30
装配式框架	5	$H/1000$（最大20）	±5	±30
大模板施工	5	$H/1000$（最大30）	±10	±30
滑模施工	5	$H/1000$（最大50）	±10	±30

下面介绍几种常见的投测方法。

1. 经纬仪法

如图 8－31 所示，当施工场地比较宽阔时，可使用经纬仪法进行竖向投测，安置经纬仪于轴线控制桩上，严格对中整平，盘左照准建筑物底部的轴线标志，往上转动望远镜，用其竖丝指挥在施工层楼面边缘上画一点，然后盘右再次照准建筑物底部的轴线标志，同法在该处楼面边缘上画出另一点，取两点的中间点作为轴线的端点。其他轴线端点的投测与此法相同。

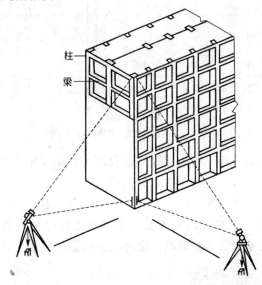

图 8－31　经纬仪轴线竖向投测

当楼层建得较高时，经纬仪投测时的仰角较大，操作不方便，误差也较大，此时应将轴线控制桩用经纬仪引测到远处（大于建筑物高度）稳固的地方，然后继续往上投测。如果周围场地有限，也可引测到附近建筑物的房顶上。如图 8－32 所示，先在轴线控制桩 A_1 上安置经纬仪，照准建筑物底部的轴线标志，将轴线投测到楼面上 A_2 点处，然后在 A_2 上安置经纬仪，照准 A_1 点，将轴线投测到附近建筑物屋面上 A_3 点处，以后就可在 A_3 点安置经纬仪，投测更高楼层的轴线。注意上述投测工作均应采用

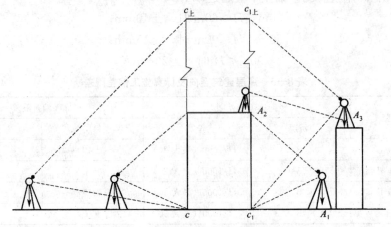

图 8－32　减小经纬仪投测角

盘左、盘右取中法进行，以减少投测误差。

所有主轴线投测上来后，应进行角度和距离的检验，合格后再以此为依据测设其他轴线。

为了保证投测的质量，仪器必须经过严格的检验和校正，投测宜选在阴天、早晨及无风的时候进行，以尽量减少日照及风力带来的不利影响。

2. 吊线坠法

当周围建筑物密集，施工场地窄小，无法在建筑物以外的轴线上安置经纬仪时，可采用此法进行竖向投测。该法与一般的吊锤线法的原理是一样的，只是线坠的质量更大，吊线（细钢丝）的强度更高。此外，为了减少风力的影响，应将吊锤线的位置放在建筑物内部。

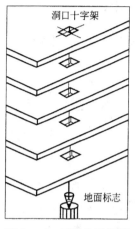

图 8—33　吊线坠法投测

如图 8—33 所示，首先在一层地面上埋设轴线点的固定标志，轴线点之间应构成矩形或十字形等，作为整个高层建筑的轴线控制网。各标志上方的每层楼板都预留孔洞，供吊锤线通过。投测时，在施工层楼面上的预留孔上安置挂有吊线坠的十字架，慢慢移动十字架，当吊锤尖静止地对准地面固定标志时，十字架的中心就是应投测的点。同理测设其他轴线点。

使用吊线坠法进行轴线投测，经济、简单又直观，精度也比较可靠，但投测时费时、费力，正逐渐被下面所述的垂准仪法所替代。

3. 垂准仪法

垂准仪法就是利用能提供铅直向上（或向下）视线的专用测量仪器，进行竖向投测。常用的仪器有垂准经纬仪、激光经纬仪和激光垂准仪等。用垂准仪法进行高层建筑的轴线投测，具有占地小、精度高、速度快的优点，在高层建筑施工中得到广泛的应用。

垂准仪法需要事先在建筑底层设置轴线控制网，建立稳固的轴线标志，在标志上方每层楼板都预留 $30cm \times 30cm$ 的垂准孔，供视线通过，如图 8—34 所示。

（1）垂准经纬仪：如图 8—35（a）所示，该仪器的特点是在望远镜的目镜位置上配有弯曲成 $90°$ 的目镜，使仪器铅直指向正上方时，测量员能方便地进行观测。此外，该仪器的中轴是空心的，使仪器也能观测正下方的目标。

使用时，将仪器安置在首层地面的轴线点标志上，严格对中整平，由弯管目镜观测，当仪器水平转动一周时，若视线一直指向一点，说明视线方向处于铅直状态，可以向上投测。投测时，视线通过楼板上预留的孔洞，将轴线点投测到施工层楼板的透明板上定点。为了提高投测精度，应将仪器照准部水平旋转一周，在透明板上投测多个点，这些点应构成一个小圆，然后取小圆的中心作为轴线点的位置。同法用盘右再投测一次，取两次的中点作为最后结果。由于投测时仪器安置在施工层下面，因此在施测过程中要注意对仪器和人员的安全采取保护措施，防止被落物击伤。

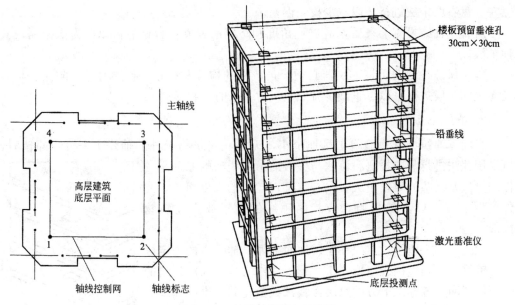

图 8—34　轴线控制桩与投测孔

　　如果把垂准经纬仪安置在浇筑后的施工层上，将望远镜调成铅直向下的状态，视线通过楼板上预留的孔洞，照准首层地面的轴线点标志，也可将下面的轴线点投测到施工层上来，如图 8—35（b）所示。该法较安全，也能保证精度。

　　该仪器竖向投测方向观测中误差不大于 $\pm 6''$，即 100m 高处投测点位误差为 ± 3mm，相当于约 1/30000 的铅垂度，能满足高层建筑对竖向的精度要求。

　　激光经纬仪：如图 8—36 所示，为装有激光器的苏州第一光学仪器厂生产的 J2—JDE 激光经纬仪。它是在望远镜筒上安装一个氦氖激光器，用一组导光系统把望远镜的光学系统联系起来，组成激光发射系统，再配上电源，便成为激光经纬仪。为了测量时观测目标方便，激光束进入发射系统前设有遮光转换开关。遮去发射的激光束，就可在目镜（或通过弯管目镜）处观测目标，而不必关闭电源。

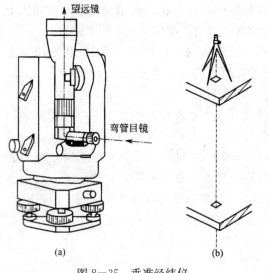

图 8—35　垂准经纬仪

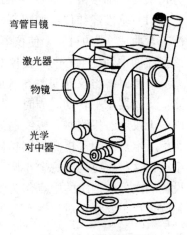

图 8—36　激光经纬仪

激光经纬仪用于高层建筑轴线竖向投测，其方法与配弯管目镜的经纬仪是一样的，只不过是用可见激光代替人眼观测。投测时，在施工层预留孔中央设置用透明聚酯膜片绘制的接收靶，在地面轴线点处对中整平仪器，启辉激光器，调节望远镜调焦螺旋，使投射在接收靶上的激光束光斑最小，再水平旋转仪器，检查接收靶上光斑中心是否始终在同一点，或画出一个很小的圆圈，以保证激光束铅直，然后移动接收靶使其中心与光斑中心或小圆圈中心重合，将接收靶固定，则靶心即为欲投测的轴线点。

（3）激光垂准仪：如图 8－37 所示，为苏州第一光学仪器厂生产的 DZJ2 激光垂准仪，主要由氦氖激光器、竖轴、水准管、基座等组成。

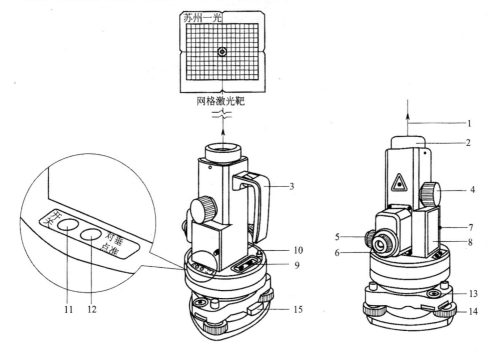

图 8－37　激光垂准仪

1—望远镜激光束；2—物镜；3—手柄；4—物镜调焦螺旋；5—激光光斑调焦螺旋；

6—目镜；7—电池盒固定螺钉；8—电池盒盖；9—管水准器；10—管水准器校正螺钉；

11—电源开关；12—对点/垂准激光切换开关；13—圆水准器；14—脚螺旋；15—轴套锁定钮

该激光垂准仪是在光学垂准系统的基础上添加了半导体激光器，可以分别给出上下同轴的两条激光铅垂线，并与望远镜视准轴同心、同轴、同焦。使用时，在测站点上安置激光垂准仪，按图 8－37 中的 11 键打开电源，按对点/垂准激光切换开关 12，使仪器向下发射激光，转动激光光斑调焦螺旋 5，使激光光斑聚焦于地面上一点，然后按常规的对中整平操作安置好仪器；按对点/垂准激光切换开关 12，使仪器通过望远镜向上发射激光，转动激光光斑调焦螺旋，使激光光斑聚焦于目标面上一点，将网格激光靶放置在目标面上，即可方便地投测轴线点。激光的有效射程白天为 120m，夜间为 250m，距离仪器望远镜 80m 处的激光光斑直径不大于 5mm，向上投测一测回垂直测量标准差为 1/4.5 万，等价于激光铅垂精度为 $\pm 5''$。仪器使用两节 5 号电池供电，发射激光波长为 0.65μm 的电磁波，功率为 0.1mW。

(四) 高层建筑的高程传递

1. 用钢尺直接测量

一般用钢尺沿结构外墙、边柱或楼梯间由底层±0.000 标高线向上竖直量取设计高差，即可得到施工层的设计标高线。用这种方法传递高程时，应至少由三处底层标高线向上传递，以便于相互校核。由底层传递到上面同一施工层的几个标高点必须用水准仪进行校核，检查各标高点是否在同一水平面上，其误差应不超过±3mm。合格后以其平均标高为准，作为该层的地面标高。若建筑高度超过一尺段（30m 或 50m），可每隔一个尺段的高度精确测设新的起始标高线，作为继续向上传递高程的依据。

2. 利用皮数杆传递高程

在皮数杆上自±0.000 标高线起，门窗口、过梁、楼板等构件的标高都已注明。一层楼砌好后，则从一层皮数杆起一层一层往上接。

3. 悬吊钢尺法

在外墙或楼梯间悬吊一根钢尺，分别在地面和楼面上安置水准仪，将标高传递到楼面上。用于高层建筑传递高程的钢尺应经过检定，量取高差时尺身应铅直，用规定的拉力，并应进行温度改正。

如图 8-38 所示，当一层墙体砌筑到 1.5m 标高后，用水准仪在内墙面上测设一条 +50mm 的标高线，作为首层地面施工及室内装修的依据。以后每砌一层，就通过吊钢尺从下层的 +50mm 标高线处向上量出设计层高，再测出上一层的 +50mm 标高线。根据图 8-38 中的相互位置关系：

第二层 $(a_2-b_2) - (a_1-b_1) = l_1$，可解出 b_2 为：

$$b_2 = a_2 - l_1 - (a_1-b_1) \tag{8-5}$$

在进行第二层水准测量时，上下移动水准尺，使其读数为 b_2，沿水准尺底部在墙面上画线，即可得到该层的 +50mm 标高线。

同理，第三层的 b_3 为：

$$b_3 = a_3 - (l_1+l_2) - (a_1-b_1) \tag{8-6}$$

三、案例分析

(一) 背景材料

某商务核心区，楼高 88 层，建造高度超 450m，规划为超高层多功能商务综合体，地下 4 层，总建筑面积 280000m²，集写字楼、酒店、商业、会议等功能于一体，按国际 5A 级标准设计，其南面紧邻规划占地 35 公顷的城市最大的人工水体公园。作为城市 CBD 首个地标性建筑，设计的建筑基本平面经过层层演化，通过竖向曲线实现沿湖建筑面的收和分，犹如轻帆远扬，轻灵而不失稳重。

某建筑公司通过竞标获得该项目建设权，为了保证工程质量，业主方委托某甲级测绘单位对该项目进行第三方检测。重点工作内容为超高层建筑物施工测量。

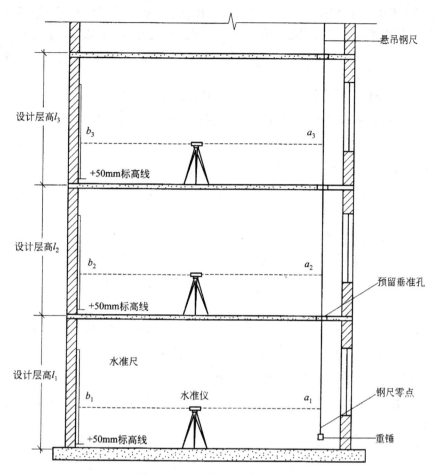

图 8-38 悬吊钢尺法传递高程

（二）要点分析

超高层建筑物施工测量中的主要问题是控制竖向偏差，也就是各层轴线如何精确地向上引测的问题，还要进行各层面的细部放样、倾斜度确定、高程控制和变形监测。

1. 垂直度控制

为了保证高层建筑物竖直度、几何形状和截面尺寸达到设计要求，必须根据工程实际情况，建立高精度的施工测量控制网。目前，普遍采用的控制形式主要是内控制，就是在建筑物的正负零面内建立控制网，在控制点竖向相应位置预留竖向传递孔，用仪器在正负零面控制点上，通过传递孔将控制点传递到不同高度的楼层。为了提高功效、防止误差积累，应实施分段投测和分段控制。

在内控制中，每一个投测段的施工测量实施步骤为：

（1）顾及建筑物的形状，在底层布置矩形或"十"字控制网，并转测至建筑物的±0.000层，经复测检核之后，作为建筑物垂直度控制和施工测量的依据。

（2）用铅垂仪或经纬仪（全站仪）+弯管目镜或激光铅垂仪（投影仪）在±0.000

层（或相应的转层）控制点上做竖向传递，将控制点随施工进度传递到相应的楼层。

（3）接收靶通常采用透明的刻有"十"字线的有机玻璃，在玻璃上做上投点标记。

（4）为了消除仪器的轴系误差，则可以在0°、90°、180°、270°四个方位投点，取其中点作为最终结果。

（5）当全部投测完成后，再用钢尺或全站仪测量投点间的水平距离。若投点间的水平距离与相应的控制点间的距离之差在测量误差允许范围之内，完成投点；否则重投。

2. 高程传递

高层建筑物的高程传递通常采用悬挂钢尺法和全站仪天顶测距法。

3. 投点的时间选择

由于超高层建筑物受到日照、地球自转、风力、温差等多种动态因素的影响，建筑物处于偏摆运动状态。为了很好地控制垂直度，投点时间的选择非常重要，一般选在夜间、风力小的时候进行投点工作。

4. 内控网与首级控制网的联测

在±0.000层采用全站仪布设导线或者导线网，但是当建筑物施工到达一定的高度之后，往往采用静态GPS测量，对内控网进行检测。

5. 建筑物主体工程日周期摆动的测量方法

建筑物主体工程日周期摆动的测量方法主要有：测量机器人自动测量、数字正垂仪自动测量和GPS测量。

6. 仪器选用

投入的设备包括双频GPS接收机、测量机器人（如TCRP1201、TCA2003等）、数字水准仪、激光投点仪等。

双频GPS接收机用于首级GPS平面控制网复测、建筑物主体工程日周期摆动测量、施工控制网复测等工作。

测量机器人用于建筑物主体工程日周期摆动测量、施工控制网复测、电梯井与核心筒垂直度测量、外筒钢结构测量等工作。

数字水准仪用于建筑物主体工程沉降监测。

激光投点仪用于控制点作竖向传递，将控制点随施工进度传递到相应楼层。

第七节　复杂建（构）筑物施工测量

一般建（构）筑物的平面组合形式多为矩形，矩形平面组合的形式很多，有一字形、T字形、E字形、N字形、H字形和L字形等，矩形平面组合的建筑施工定位、放线测量中的主要特点是角度均为直角，其可以直接依据建筑施工总平面图和建筑平面图来确定，因而施测方法较简单。近年来，随着旅游建筑、公共建筑的发展，在施工测量中经常遇到各种平面图形比较复杂的建（构）筑物，它们有圆形、椭圆形、梯形和多边形等，我们称为异型平面组合结构。异型平面组合建筑的定位放线与矩形平面组合有很大的不同，它们不仅要依据建筑施工总平面图、建筑平面图，更要依据异型平面组合的几何关系来计算，以求得角度、距离等测设数据，然后在实地利用测量控制点和一定的测设方法，先测设出建筑物的主轴线，再进行细部测设。

一、圆形类建筑

（一）直接拉线法

圆弧半径小的情况下采用直接拉线法。在突出建筑物的中心位置后，即可进行施工放线。

【例 8－2】 图 8－39 所示为某三层幼儿园底层平面图，图中 R_1 为前沿墙半径——8.4m，R_2 为柱廊半径——11.4m，R_3 为后沿墙半径——18m，半圆中柱廊七等分。其定位标准是两道路中心线，依据是建筑平面图中建筑平面圆心与两道路中心线的距离值。

【解】 用直接拉线法进行现场施工放线的步骤如下：

测设时以建筑平面圆心为标准，依据建筑平面图中的尺寸、几何关系，通过计算确定测设数据，同时结合 R_1、R_2、R_3 的大小进行距离的计算确定。其施测方法如下：

（1）测设中心点 O。找出道路中心线交点 M，从 M 点沿道路中心线分别测设水平距离 30m，定出 A、B 两点。然后在 A、B 点安置经纬仪测设 O 点，并设置中心控制桩。

（2）测设中轴线。在 O 点对中整平安置经纬仪，后视 A（或 B）点，测设 45°角，确定出建筑平面中轴线。

（3）放出三圆弧线。以 O 点为圆心，用钢尺套住中心桩上的钢筋头或铁钉，分别以 R_1、R_2、R_3 画圆，测设出前沿墙、柱廊和后沿墙的轴线位置。

（4）放出各房间轴线。根据四分之一圆弧，分三等分成三个房间，则其所对应的圆心角大小为 90°÷3＝30°，用同样的方法等分另两个四分之一圆弧，便可在地面得到七个等分点；在 O 点安置经纬仪，照准各等分点，即可确定各房间的轴线方向。

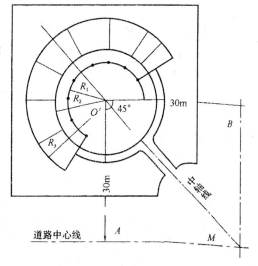

图 8－39　圆形建筑物测设

（5）设置龙门板和轴线控制桩。对以上角度和距离进行复查，满足精度要求后，即在测设的位置设置好各轴线的龙门板或轴线控制桩，再根据中心轴线及控制桩进行细部放线。

（二）几何作图法

当半径 R 较大，圆心已越出建筑物之外，不能采用直接拉线法进行施工放线时，可采用几何作图法，也称直接放样法、弦点作图法。

该法是在施工现场采用几何作图工具（直尺、角尺等）直接放出具有一定精度的圆弧形平面曲线的大样，无须进行任何计算工作。一般操作工都能掌握。

【例 8—3】 一影剧院观众席某排座位的圆弧曲线 AB 的弦长为 $2L_0$，拱高 $h_0=R-\sqrt{R^2-L_0^2}$，见图 8—40，简述用几何作图法绘制圆弧曲线的作图步骤。

【解】 用几何作图法绘制圆弧曲线的作图步骤如下（参考图 8—41）：

（1）作 $AB=2L_0$、$OC=h_0$ 并垂直平分 AB；确定弧 AB 的 1/4 分点，即 BC、CA 的 1/2 分点 G、F。

（2）过 B 点作 AB 的垂直线，并与 AC 的延长线相交于 D；在 AD 上截取 AB，并有 $AB'=AB$，并连接 BB'。

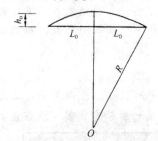

图 8—40 某影剧院观众坐席的圆弧曲线

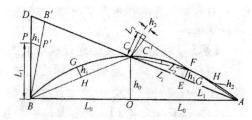

图 8—41 放样步骤图示

（3）在 BD 上（或其延长线上）截取 $BP=L_1$（L_1 为 AC 弦或 BC 弦之半）。

（4）过 P 点作 $DB'A$ 的平行线交 BB' 于 P' 点。

（5）量取 PP' 的长度为 h_1，则 h_1 即是 AC 弧或 BC 弧的拱高。

（6）作 AC 弦及 BC 弦的垂直平分线 EF 和 HG，并使 $EF=HO=h$，则 F、G 点即为 AB 圆弧曲线的 1/4 分点。

（7）重复上面（2）～（6）各步骤：可得 AB 的 1/8 分点、1/16 分点、1/32 分点……

（8）将所得各分点以平滑曲线相连，即得所要求作的圆弧曲线的大样图。

一般来说，重复 3～4 次，即可满足圆弧曲线的精度要求。

在大半径圆弧平面曲线的施工放线中，当弦的等分点越多，放线时所求得的圆弧形曲线越精确。作图宜在垫层做好后进行，作业中地面上所弹墨线较多，应精心操作，防止差错。

（三）坐标计算法

坐标计算法适用于半径较大的圆弧形平面曲线图形的施工放线，当半径较大，圆心越出建筑物平面以外甚远，用直接拉线法或几何作图法无法进行施工放线时，采用该法则能获得较高的施工精度，施工操作方法也较简便。

【例 8—4】 地处繁华市区中心广场一角的某商店，平面呈圆弧形，共 22 间，前沿圆弧半径为 86500mm，房屋进深为 11800mm，前沿每间轴线间弦长 4000mm，总平面及平面图如图 8—42、图 8—43 所示。用坐标计算法进行施工放线。

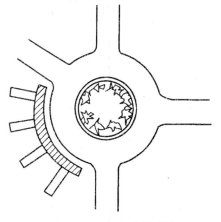

图 8—42 商店总平面图

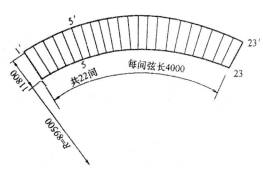

图 8—43 商店平面图

【解】 1. 坐标计算

(1) 如图 8—44（a）所示，圆弧形平面的每一轴线点都可以组成以半径 R 为斜边的直角三角形 $1a_10$，$2a_20$，$3a_30$，$\cdots$，$11a_{11}0$，半径 $R=86.5$m。如图 8—44（b）所示，直角三角形 $1a_10$ 的两个锐角分别为 α_1 和 β_1。由图 8—44（b）可得：

$$B_i=R \cdot \sin\alpha_i \qquad B=R \cdot \sin\alpha_1$$
$$h_i=R \cdot \cos\alpha_i \qquad h_1=R \cdot \cos\alpha_1 \qquad (8-7)$$

(2) 下面计算直角三角形 $1a_10$ 的 α_1 值。如图 8—45 所示，先求每间弦长 $4000mm$ 所对之圆心角 α，有公式：

$$\sin\frac{\alpha}{2}=\frac{2000}{86500} \qquad (8-8)$$

由上式可求得：

$$\alpha=2°39'$$

在直角三形角 $1a_10$ 中，α_1 值即为总共 11 间所对之圆心角，即：

$$\alpha_1=2°39' \times 11=29°09'$$

同理，对于其他直角三角形，其锐角 α_i 为：$\alpha_2=2°39' \times 10$；$\alpha_3=2°39' \times 9$；$\cdots\cdots$

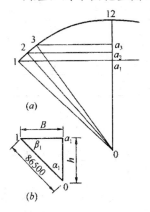

图 8—44 坐标计算图

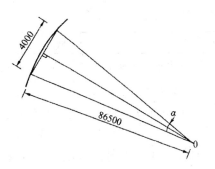

图 8—45 每间弦长所对应的圆心角 α

（3）计算各点的 B、h 值。按式（8—7）进行计算，计算所得的数值列于表8—4。

表8—4　前圆弧各点坐标值计算表一

点　号	a_i	B_i（mm）	$B_1 \sim B_i$	h_i（mm）	$h_i \sim h_1$
1	29°09′	42134	0	75545	0
2	26°30′	38596	3538	77412	1867
3	23°51′	34976	7158	79114	3569
4	21°12′	31281	10853	80646	5101
5	18°33′	27518	14616	82006	6461
6	15°54′	23697	18427	83191	7646
7	13°15′	19826	22308	84197	8652
8	10°36′	15912	26222	85024	9479
9	7°57′	11964	30170	85669	10124
10	5°18′	7990	34144	86130	10585
11	2°39′	3999	38135	86407	10862
12	0	0	42134	86500	10955

注：表中 $B_1 \sim B_i$ 和 $h_i \sim h_1$ 的值是以1号点为原点的坐标值（参考图8—44）。

（4）同法计算后圆弧各点放线坐标值（以 $1'$ 点为原点）。后圆弧半径 $R' = 98300$mm。按式（8—7）进行计算，计算所得的数值列于表8—5。

表8—5　后圆弧各点坐标值计算表二

点号	a_i	B_i（mm）	$B_1 \sim B_i$	h_i（mm）	$h_i \sim h_1$
$1'$	29°09′	47881	0	85850	0
$2'$	26°30′	4386l	4020	87971	2121
$3'$	23°51′	39747	8134	89905	4055
$4'$	21°12′	35548	12333	91647	5797
$5'$	18°33′	31272	16609	93193	7343
$6'$	15°54′	26930	20951	94539	8689
$7'$	13°15′	22530	25351	95683	9833
$8'$	10°36′	18082	29799	96623	10773
$9'$	7°57′	13596	34285	97355	11505
$10'$	5°18′	9080	38801	97880	12030
$11'$	2°39′	4545	43336	98195	12345
$12'$	0	0	47881	98300	12450

注：表中 $B_1 \sim B_i$ 和 $h_i \sim h_1$ 的值是以 $1'$ 号点为原点的坐标值。

2. 放线步骤

（1）根据建筑物的建设规划位置（由总平面设计图可知），定出前圆弧弦的两端点1和23。两点的距离为 $2 \times B = 84268$mm，丈量应精确，并拉好直线。

（2）以1点为起点（即原点），按表8—4中的 $B_1 \sim B_i$ 值，向右分别量取3538、7158、10853……各值，并由此各点向上作垂线（用经纬仪或方角尺均可），再按表8—4

中的 $h_i \sim h_1$ 值，分别量取 1867、3569、5101 各值，即可定出 2，3，4，…，12 各轴线中心点的位置。根据对称性质特点，可定出 13，14，…，22 各点。

（3）用同样的方法，按表 8—5 中的各 $B_1 \sim B_i$、$h_i \sim h_1$ 值，可定出后圆弧 $1'$，$2'$，$3'$，…，$23'$ 各点。各轴线中心点的放线简图如图 8—46 所示。

（4）各轴线中心点定出后，可按正常的施工放线方法钉上龙门板（桩）。在圆弧的弦线方向宜钉上控制性龙门板（桩），如图 8—47 所示，注明轴线点编号和 B、h 值，以便施工中进行复核之用。

（5）本工程前后墙在轴线间都是直线弦段，放线较为简便。值得注意的是，同样是圆弧形平面的建筑，由于设计图纸、施工地点和施工环境的不同，其坐标计算方法和现场施工放线方法也略有差异，应根据具体情况灵活处理。

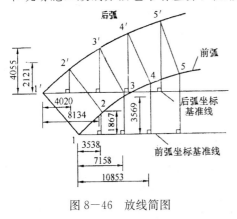

图 8—46　放线简图

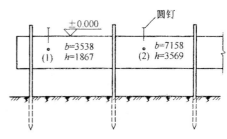

图 8—47　控制性龙门板（桩）示意图

（四）经纬仪测角法

当圆弧曲线的半径较大，曲线长度又较长，不宜采用坐标计算法进行曲线放线时，可借助经纬仪进行圆弧曲线的放线工作。经纬仪测角法主要应用一条几何定理，即弦切角等于该弦所对之圆心角之半。

如图 8—48 所示。在圆中，弦 AB 与切线 PA 所夹的角 $\angle PAB$，等于圆心角 $\angle AOB$ 的一半，即

$$\angle PAB = 1/2 \angle AOB$$

因此，只要知道弦长和圆心角，就可利用经纬仪配合钢尺或利用全站仪，精确地定出圆弧上的各点位置。下面通过一个实例说明经纬仪测角法的测设过程。

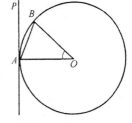

图 8—48　已知弦长及圆心角作圆法

【例 8—5】　某宾馆建筑位于市区主要街道的转角处，平面形状呈 S 形，总平面位置及平面轴线尺寸如图 8—49 所示。地面放线时，圆心 O_1 处民房尚未拆除，圆心 O_2 处有障碍物。基坑底标高为 −6.10m，O_1、O_2 均在挖土区。基础施工时，基坑土方、混凝土垫层、地下室钢筋混凝土结构按三段流水。基坑用钢板桩作护壁。试简述进行地面放线现场施工的过程。

【解】　本工程平面形状为 S 形，仅㉖轴至㉜轴间为矩形，因圆心 O_2 处有障碍，故不能用直接拉线法进行圆弧曲线的施工放线，又因为基础施工按三段流水，故亦不能采用几何作图法、坐标计算法等施工定位放线方法。故拟采用经纬仪测角法进行施

工定位放线。

1. 测设数据计算

由于平面形状复杂，应确定一条基准轴线，作为整个施工定位放线的控制线，现决定以⑦轴线为基准轴线。每间放射轴线的角度为：

$$\alpha = 90°/8 = 11°15'$$

每间圆弧曲线的弦长 c 的计算公式为：

$$c_i = 2R_i \cdot \sin \frac{\alpha}{2}$$

已知，各轴线半径分别为：西侧 ⑤ 轴线，$RF = 29407\text{mm}$；⑥ 轴线，$RE = 46207\text{mm}$；④ 轴线，$RA = 74207\text{mm}$。因此，各轴线的弦长 c 分别为：$CF = 5764\text{mm}$；$CE = 9057\text{mm}$；$CA = 14545\text{mm}$。同理，东侧各轴线的弦长 c 也可按上式求得。

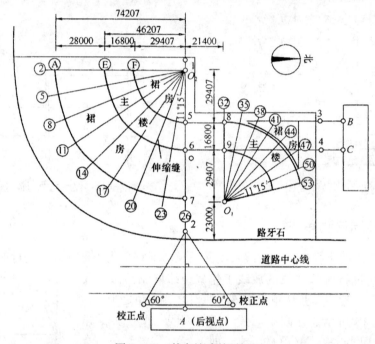

图 8—49 某宾馆建筑平面图

2. 测设控制桩

（1）根据规划提供的建筑红线位置，定出㉖轴线位置，并在㉖轴线东端的自然地面上（非挖工区）设置稳固的测量控制桩点为 2 号桩点，在主干道东侧的建筑物墙上，设立后视点 A。

（2）为了保证 2 号测量控制桩点位置的正确性，在道路东侧的人行道上，又设立两个校正点，其夹角均为 $60°$，如图 8—50 所示。

（3）将经纬仪架设于 2 号测量控制桩点，对中、整平后，首先将视线照准主干道东侧设在建筑物墙上的后视点 A，然后倒转望远镜（或顺转 $180°$），在视线方向设立 17 号临时测量控制桩点，如图 8—50 所示。因此时 O_2 处民房未拆，不能设置 1′号测量控制桩点，故在 O_2 点前面的适当部位设立 1′号临时测量控制桩点。然后定出㉖轴线。注意：须用正倒镜取中法作点，以防有误。

（4）根据设计图纸提供的尺寸，在㉖轴线上，从路牙石开始，向内量取 23000、29407、16800mm，分别定出主楼和裙房的放线控制点 7、6、5 号，并设立稳固木桩，桩顶处应设轴线标志点。

（5）将经纬仪架设于 5 号放线控制点，对中、整平后，首先将视线照准 2 号（或 1'号）测量控制桩点，然后转动 90°，在视线方向，即建筑物北侧自然界地面上（非挖土区）定出 3 号测量控制桩点，并在北侧的建筑物墙上，设立后视点 B，在视线方向量取 21400mm，定出㉜轴线上的 8 号放线控制点，同样设立稳固的木桩，最后将经纬仪再转动 90°，对准 1'号（或 2 号）测量控制桩点作校核。

（6）将经纬仪搬至 6 号放线控制点，同步骤（5），定出 4 号测量控制桩点和后视点 C，以及 9 号放线控制点。

（7）3、4 号测量控制桩点和后视点 B、C 设定后，应测设 $\angle B3C$ 和 $\angle B4C$ 的角度，以便在施工过程中校核 3、4 号测量控制桩点位置的正确性。

3. 放样细部点

现以Ⓕ轴线的圆弧形部分为例，如图 8—50 所示，放出Ⓕ轴线上各放射形轴线中心点位置方法如下：

（1）将经纬仪架设于 5 号放线控制点，对中、整平后，将视线先照准 1'号或 2 号测量控制桩点后作 90°转动（亦可先照准 3 号测量控制桩点后作 180°转动），使视线朝向南方。

（2）根据弦切角等于该弦所对圆心角一半的几何定理，使视线向右（即向西）方向转动一角度，为 $\dfrac{11°15'}{2}=5°37'30''$，并在视线方向正确量取 5764mm，得点 1，则点 1 即为㉓放射形轴线与Ⓕ轴线的交点位置。

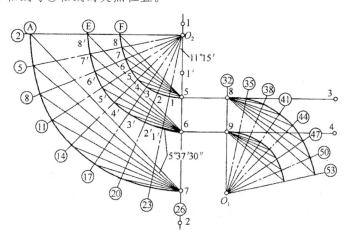

图 8—50　在地面上放出各轴线位置和桩位

（3）将视线继续向右转动 5°37'30''，并从点 1 开始：以 5764mm 的长度与视线相交得点 2，则点 2 即为⑳放射形轴线与Ⓕ轴线的交点位置。

（4）继续上述操作方法，直到 3、4、5、6、7、8 各点全部放出。这里须提及的一点是，由于操作、丈量等方面的多种原因，往往造成总尺寸不能闭合而产生误差，这时应作反复测定，直至全部闭合正确为止。

（5）再测设东侧⑤轴线。将经纬仪移至 8 号放线控制点，对中、整平后，首先将视线照准 5 号放线控制点，然后转动 180°，对准 3 号测量控制桩点、校核无误后，按照上述（2）～（4）的操作步骤，可放出㉜～㊳各放射形轴线与⑦轴线的交点。这里须注意的一点是，这边的弦长不是 5764mm，而是 9057mm（读者自行验算）。

（6）同上原理，可放出Ⓔ轴线、Ⓐ轴线上各放射形轴线的交点，这里不再赘述。放线定位测量中应注意：2、3、4 号测量控制桩点是整个定位放线的关键性控制桩点，每次测设前，应认真校核其位置的正确性。对于 2 号测量控制桩点，应用主子道东侧的两个校正点进行校正测设；对于 3、4 号测量控制桩点，应分别测设∠B3C 和∠B4C，以校核其位置的正确性。

二、多边形类建筑

【例 8—6】　图 8—51 所示为某五边形建筑物的建筑平面图，进行此类多边形建筑物的测设时，应严格根据多边形的几何关系进行计算确定其放线数据。根据正五边形的几何原理（图 8—52）知，正五边形各内角均为 108°。当其外接圆半径为 1 时可计算出如下数据：

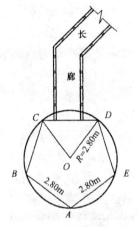

图 8—51　五边形建筑测设

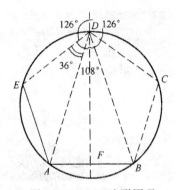

图 8—52　正五边形原理

若正五边形的外接圆半径大于 1，则直接进行换算。

由此可用经纬仪测设角度来进行该建筑物的放样，步骤如下：

（1）测设 C、D 点。根据建筑总平面图，依据定位测设数据进行。

（2）测设 CB、AC、CE 方向。在 C 点对中、整平安置经纬仪，后视 D 点，顺时针测设 36°、72°和 108°，测定出 CE、AC 和 CB 方向。

（3）进行角度复查校核。在 C 点安置经纬仪，后视 D 点，对观测各角度进行复查，当各角度与理论值的差不超过 20″时为合格。

（4）测定 E、A、B 点。在 CE、AC 和 CB 方向上分别测设距离为 CE、AC 和 BC，定出各点。其中 CE＝AC＝1.902×2.38m≈4.527m，BC＝1.176×2.38m≈2.799m。

（5）复查各点距离和各内角。距离相对误差不超过 1/3000，各角度与理论值的差不超过 20″时为合格，否则要进行调整或重新测设。

三、梯形平面组合建筑

图 8-53 所示为梯形平面组合的两种主要表现形式，图 8-53（a）形式建筑的定位放线可按矩行平面组合建筑进行；图 8-53（b）形式建筑的定位放线可参照圆形建筑来进行（具体测设过程略）。

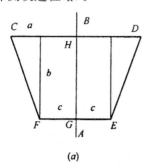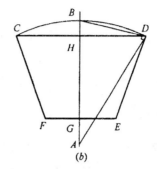

图 8-53 梯形建筑物

四、椭圆形平面图形建筑物施工测量

椭圆形平面图形的建筑物具有平面布局紧凑、立面比较活泼、富有动态感等优点，较多地使用于公共建筑，尤其在体育建筑中使用较多。

椭圆形平面曲线的现场施工放线方法很多，常用的有直接拉线法（即连续运动法）、几何作图法和坐标计算法等。

（一）直接拉线法

该法通常在椭圆形平面尺寸较小时采用，其操作简单，放线速度快，只要操作认真就可以获得较好的精确度。

【例 8-7】 某纪念碑建筑的外围围墙形状为一椭圆形，如图 8-54 所示。椭圆长轴的设计尺寸 $a=15m$，短轴的设计尺寸 $b=9m$。试用直接拉线法进行现场施工放线。

【解】 放线步骤：

（1）根据总平面设计图，确定纪念碑平面图形中心点位置和主轴线（即椭圆的短轴）方向，并正确放出长轴位置，如图 8-55 所示。

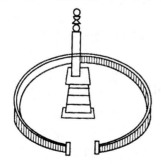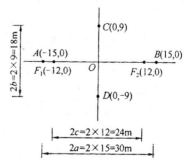

图 8-54 某椭圆形纪念碑平面示意图　　　　图 8-55 放出椭圆长轴坐标

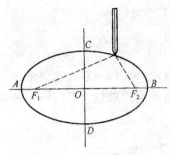

图 8-56 完成椭圆曲线

（2）根据已知的长、短轴设计参数 $a=15$m，$b=9$m，定出椭圆形平面的四个顶点位置，即 A（-15，0）、B（15，0）、C（0，9）、D（0，-9）。并计算出椭圆的焦距和确定焦点位置。焦距为：

$$C=\sqrt{a^2-b^2}=\sqrt{15^2-9^2}=12\text{m}$$

（3）在焦点 F_1 和 F_2 处建立较为稳固的木桩或水泥桩。

（4）找细钢丝一根，其长度等于 F_1C+F_2C，两端固定于 F_1、F_2 上，然后用圆的铁棍或木棍套住细钢丝后在长轴两边画曲线，即可得到一条符合设计要求的椭圆形曲线，如图 8-56 所示。

（二）几何作图法

当椭圆平面尺寸较大（一般长轴在 80m 以上）时，可采用几何作图法进行椭圆曲线的现场施工放线。而几何作图法中，又大多采用四心圆心，因为它能直接放出圆弧曲线，施工操作不太复杂。

【例 8-8】 某省体育馆平面形状为椭圆形，设计图纸提供的椭圆形平面的长、短轴设计尺寸（柱中心线）：长轴 $2a=80$m，短轴 $2b=60$m，周围设 44 根柱子，平面形状参见图 8-57。

【解】 现场施工放线步骤如下。

1. 计算测设数据

根据设计图纸提供的长、短轴尺寸，先用四心圆法在图纸上作一椭圆，其比例一般可用 1∶200～1∶100，如图 8-57（一）所示，并精确测量下列数值。

（1）四段圆弧的圆心与中心 O 的距离，OO_1（OO_3）=15.5m，OO_2（OO_4）=20.26m。

（2）长轴方向圆弧半径：$R_1=50.01$m；短轴方向圆弧半径 $R_2=24.5$m；R_1 与短轴的夹角 $\alpha_1=37°25'$；R_2 与长轴的夹角 $\alpha_2=52°35'$。

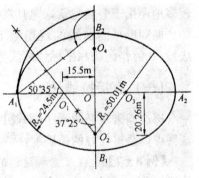

图 8-57 用四心圆法
求作椭圆（一）

（3）计算整个椭圆形的周长：长轴方向圆弧：$\left(R_1\times2\pi\times\dfrac{\alpha_1\times2}{360°}\right)\times2=130.65$m；

短轴方向圆弧：$\left(R_1\times2\pi\times\dfrac{\alpha_1\times2}{360°}\right)\times2=89.94$m；椭圆周长：$130.65+89.94=220.59$m。

（4）周围 44 根柱子的柱距为：$220.59\div44=5.013$m。

2. 确定四个圆心位置

（1）按总平面图设计位置，在现场定出椭圆形平面的中心点及主轴线方位。

（2）用经纬仪或方角尺确定长、短轴线方位，确定椭圆平面的四个顶点 A_1、A_2、B_1、B_2。

（3）根据上述已得数值，确定四个圆心 O_1、O_2、O_3、O_4 的位置，认真钉好木桩（或水泥桩），在圆心部分钉上铁钉。

3. 确定椭圆形细部点

（1）连接四个圆心并延长，按上述已求得的圆弧半径 R_1 和 R_2，确定圆弧的交界点 m_1、m_2、m_3、m_4，如图 8—57（二）所示。

（2）分别以 O_1、O_2、O_3、O_4 为圆心，以相应的 R_1 和 R_2 为半径，用直接拉线法作圆弧曲线，所得的封闭图形，即为所要求作的椭圆平面的四周柱子中心线。

（3）确定椭圆形平面四周柱子的合理方位。一般以椭圆形外圈离中心点最短距离（即短轴长度之半）与长轴的交点所作的连线方向为合理方位。

假定从 OB_2 短轴的右侧开始，右边量得 $\frac{1}{2} \times$ 5.013＝2.5065＝2.507m，得 1 点。然后以 1 点为圆心，以短轴之半长（30m）为半径，作弧交长轴于 $1'$ 点，连接 1—$1'$，则连线方向即为 1 点柱子的中心线方向。其余 2，3…各点与各柱子方位的求法同上。

（4）当确定好四周柱子的位置和中心线方向后，即可放出基础的全部尺寸线。

（5）龙门板（桩）的设置。龙门板（桩）的设置，可分内、外两部分，内部可以中心点为中心，在长轴方向 20m 范围内，沿长轴轴线方向设一整体龙门板，外部则顺着椭圆形方向设置若干块龙门板

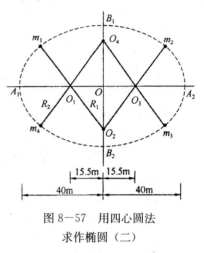

图 8—57　用四心圆法
求作椭圆（二）

（桩）。在确定好外围柱子的方位后，在内、外龙门板上应钉上铁钉，做好标志，以防放线出差错。

龙门板（桩）应稳固，并妥善保护，以便施工中多次重复使用，并便于检查、复核和验收之用。

（三）坐标计算法

当椭圆形平面曲线的尺寸较大，或不能采用直接拉线法和几何作图法进行施工放线时，常采用坐标计算法进行现场施工放线。计算方法和圆弧曲线的坐标计算法相同。通过坐标计算，最终列成表格，供现场放线人员使用，施工操作较为简单，能获得较好的施工精度。

【例8—9】　以［例8—7］所述的纪念碑为例，采用坐标计算法进行椭圆形平面的施工放线。

【解】　1. 坐标计算

（1）根据已知条件，椭圆长轴的设计尺寸 $a＝15m$，短轴设计尺寸 $b＝9m$，则该椭圆的标准方程式为：

$$\frac{x^2}{15^2} + \frac{y^2}{9^2} = 1$$

（2）把标准方程式变为：

$$y = \pm \frac{9}{15}\sqrt{15^2 - x^2}$$

（3）将 $x = 0$，1，2，…，15 各点代入方程式，求出相应的 y 值。

2. 施工放线

（1）根据总平面设计，确定纪念碑椭圆形平面的中心点位置和主轴线（短轴）方位。

（2）以主轴线为 y 轴，以中心点为原点，建立直角坐标，x 轴即为椭圆形平面的长轴线。

（3）在 x 轴上分别取 $x = 1$，2，3，…，15 各点，并通过上述各点垂直线，根据前面计算的数值，如图 8—55 所示，分别量取各点的 y 值，即 $y_0 = \pm 9$，$= \pm 8.92$，…，$y_{15} = 0$。

和圆弧曲线的坐标计算法一样，当 x 轴上取的点数越多时，所求作的椭圆曲线也越顺滑，越精确。

五、双曲线平面图形建筑物施工测量

双曲线平面图形的现场施工放线，一般采用坐标计算法，根据设计图纸所给的平面尺寸，先列出双曲线的标准方程式，然后将 z（或 y）作为变量，求出相应的 y 值（或 x 值），最后将计算结果列成表格，供现场放线人员使用，从而简化放线手续，提高放线工效和精确度。

【例 8—10】 图 8—58 所示为一会议大厅的平面图形，长向为双曲线形，两端为圆弧曲线形，有关平面设计尺寸见图示，试用坐标计算法进行施工放线。

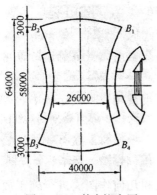

图 8—58 某会议大厅
双曲线平面图

【解】 1. 坐标计算

以平面中心点为坐标原点，以横向为 x 轴，纵向为 y 轴建立直角坐标系。经计算，该会议大厅双曲线的标准方程式为：

$$\frac{x^2}{13^2} - \frac{y^2}{24.8^2} = 1$$

将上述标准方程式改变为以 y 为变量的方程式：

$$x = \pm \frac{13}{14.8}\sqrt{24.8^2 + y^2}$$

设 y 分别等于 0，3，6，9，…，27，29 各值，代入上式，求得相应的 x 值，见表 8—6 所示。

表 8—6 双曲线点坐标计算表

y	0	3	6	9	12	15	18	21	24	27	29
x（±）	13	13.09	13.38	13.83	14.44	15.19	16.06	17.03	18.09	19.22	20

然后计算两端圆弧的半径。如图 8—59 所示，已知弦长为 40000mm，矢高为 3000mm，则可以计算出圆弧的半径：$R = 68.26$m。

2. 现场放线步骤

（1）根据设计总平面图，定出双曲线平面图形的中心位置和主轴方位。

（2）将经纬仪架设于 O 点，测定平面图形的纵、横轴线（即 x、y 轴线），x 轴为双曲线的实轴。

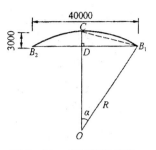

图 8—59 求取圆弧半径
（单位：mm）

（3）在 y 轴（即纵向轴）上，以原点 O 为对称点，上下分别取 3，6，9，…，27，29m，得 1，2，3…9，10 各点。

（4）将经纬仪（或方角尺）分别架设于 1，2，3…9，10 各点，作 $90°$ 垂直线，根据表 8—6 所列 x 值，定出相应的点，最后将各点连续、顺滑地连接起来，即可得到符合设计要求的双曲线平面图形。

（5）根据圆弧放样方法，放出两端圆弧段的曲线。

（6）上述放出的双曲线图形仅是四周中心线位置，各局部细部尺寸，可根据中心线再进行定位。

（7）四周柱子的位置及方位，可按设计要求确定。当设计上无明确要求时，可在会审图纸时商定，一般应以曲线（双曲线及圆弧曲线）的切线方向作为柱子的方位。

（8）根据常规方法，在柱子及有关部位，钉出龙门板（桩），将所测设的中心线、标高等标于其上，以便施工中进行复核、检查和验收之用。

第八节 竣工总平面图的绘制

工业与民用建筑工程是根据设计的总平面图进行施工。但是，在施工过程中，可能由于设计时没有考虑到的原因而使设计的位置发生变更，因此工程的竣工位置不可能与设计位置完全一致。此外，在工程竣工投产以后的经营过程中，为了顺利地进行维修，及时消除地下管线的故障，并考虑到为将来建筑的改建或扩建准备充分的资料，一般应编绘竣工总平面图。竣工总平面图及附属资料，也是考查和研究工程质量的依据之一。

编绘竣工总平面图，需要在施工过程中收集一切有关的资料，加以整理，及时进行编绘。为此，在开始施工时即应有所考虑和安排。

一、竣工总平面图的绘制内容

1. 竣工总平面图的比例尺

竣工总平面图的比例尺，应根据企业的规模大小和工程的密集程度参考下列规定：

（1）小区内为 1/500 或 1/1000。

（2）小区外为 1/1000～1/5000。

2. 绘制竣工总平面图图底坐标方格网

为了能长期保存竣工资料，竣工总平面图应采用质量较好的图纸。聚酯薄膜具有坚韧、透明、不易变形等特性，可用作图纸。编绘竣工总平面图，首先要在图纸上精确地绘出坐标方格网。一般使用杠规和比例尺来绘制。坐标格网画好后，应进行检查。

用直尺检查有关的交叉点是否在同一直线上；同时用比例直尺量出正方形的边长和对角线长，视其是否与应有的长度相等。图廓之对角线绘制允许偏差为±1mm。

3. 展绘控制点

以图底上绘出的坐标方格网为依据，将施工控制网点按坐标展绘在图上。展点对所邻近的方格而言，其允许偏差为±0.3mm。

4. 展绘设计总平面图

在编绘竣工总平面图之前，应根据坐标格网，先将设计总平面图的图面内容按其设计坐标，用铅笔展绘于图纸上，作为底图。

二、竣工总平面图的绘制

1. 绘制竣工总平面图的依据

(1) 设计总平面图、单位工程平面图、纵横断面图和设计变更资料。

(2) 定位测量资料、施工检查测量及竣工测量资料。

2. 根据设计资料展点成图

凡按设计坐标定位施工的工程，应以测量定位资料为依据，按设计坐标（或相对尺寸）和标高编绘。建筑物和构筑物的拐角、起止点、转折点应根据坐标数据展点成图；对建筑物和构筑物的附属部分，如无设计坐标，可用相对尺寸绘制。若原设计变更，则应根据设计变更资料编绘。

3. 根据竣工测量资料或施工检查测量资料展点成图

在工业与民用建筑施工过程中，在每一个单位工程完成后，应该进行竣工测量，并提出该工程的竣工测量成果。对凡有竣工测量资料的工程，若竣工测量成果与设计值之比差不超过所规定的定位允许偏差时，按设计值编绘；否则应按竣工测量资料编绘。

4. 展绘竣工位置时的要求

根据上述资料编绘成图时，对于厂房应使用黑色墨线绘出该工程的竣工位置，并应在图上注明工程名称、坐标和标高及有关说明。对于各种地上、地下管线，应用各种不同颜色的墨线绘出其中心位置，注明转折点及井位的坐标、高程及有关注明。在一般没有设计变更的情况下，墨线绘的竣工位置与按设计原图用铅笔绘的设计位置应该重合，但坐标及标高数据与设计值比较有的会有微小出入。随着施工的进展，逐渐在底图上将铅笔线都绘成墨线。在图上按坐标展绘工程竣工位置时，和在图底上层绘控制点的要求一样，均以坐标格网为依据进行展绘，展点对邻近的方格而言，其允许偏差为±3mm。

三、竣工总平面图的附件

为了全面反映竣工成果，便于生产管理、维修和日后企业的扩建或改建，下列与竣工总平面图有关的一切资料，应分类装订成册，作为竣工总平面图的附件保存。

（1）地下管线竣工纵断面图。

（2）铁路、公路竣工纵断面图。工业、企业铁路专用线和公路竣工以后，应进行铁路轨顶和公路路面（沿中心线）水准测量，以编绘竣工纵断面图。

（3）建筑场地及其附近的测量控制点布置图及坐标与高程一览表。

（4）建筑物或构筑物沉降及变形观测资料。

（5）工程定位、检查及竣工测量的资料。

（6）设计变更文件。

（7）建设场地原始地形图等。

☞ **思考题与习题**

1. 建筑基线常用形式有哪几种？建筑方格网布设有何要求？

2. 施工高程控制网应如何布设？

3. 在进行民用建筑施工测设前应做好哪些准备工作？

4. 建筑总平面图的作用是什么？

5. 设置龙门板或引桩的作用是什么？如何设置？

6. 轴线控制桩如何测设？其优点有哪些？

7. 一般民用建筑条形基础施工过程中要进行哪些测量工作？

8. 一般民用建筑墙体施工过程中如何投测轴线？如何传递标高？

9. 在高层建筑施工中，如何控制建筑物的垂直度和传递标高？

10. 如图 8—60 所示，已知原有建筑物与拟建建筑物的相对位置关系，试问如何根据原有建筑物甲测设拟建建筑物乙？又如何根据已知标准点 BM_A 的高程为 26.740m，在乙点处测设出室内地坪标高±0.000m＝26.990m 的位置（乙建筑为一砖半墙）？

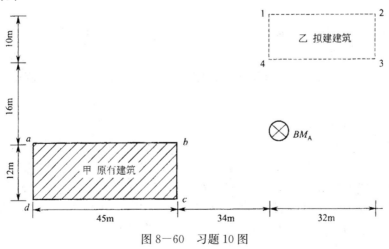

图 8—60 习题 10 图

11. 为什么要编绘竣工总平面图？竣工总平面图包括哪些内容？

第九章 工业建筑施工测量

☞ **教学要求**

通过本章学习，熟悉厂房矩形控制网的测设、厂房控制轴线的测设、基础施工测量、厂房构件安装测量、设备安装测量及钢结构工程中的施工测量。

工业建筑主要指工业企业的生产性建筑，如厂房、仓库、运输设施、动力设施等。以生产厂房为主体，厂房可分为单层厂房和多层厂房，目前使用较多的是金属结构及装配式钢筋混凝土结构单层厂房。其施工放样的主要工作包括厂房矩形控制网的测设、厂房柱列轴线测设、基础施工测量、厂房构件安装测量及设备安装测量等。

第一节 厂房矩形控制网与柱列轴线的测设

一、厂房矩形控制网的测设

1. 计算测设数据

根据厂房控制桩 S、P、Q、R 的坐标，计算利用直角坐标法进行测设时所需测设数据。工业厂房一般都应建立厂房矩形控制网，作为厂房施工测设的依据，如图 9—1 所示。

2. 厂房控制点的测设

（1）从 F 点起沿 FE 方向量取 36m，定出 a 点；沿 FG 方向量取 29m，定出 b 点。

（2）在 a 与 b 上安置经纬仪，分别瞄准 E 与 F 点，顺时针方向测设 90°，得两条视线方向，沿视线方向量取 23m，定出 R、Q 点。再向前量取 21m，定出 S、P 点。

（3）为了便于进行细部的测设，在测设厂房矩形控制网的同时，还应沿控制网测设距离指标桩，距离指标桩的间距一般等于柱子间距的整倍数。

3. 检查

（1）检查 $\angle PSA$、$\angle QPS$ 是否等于 90°，其误差不得超过 ±10″。

（2）检查 SP 是否等于设计长度，其误差不得超过 1/1000。

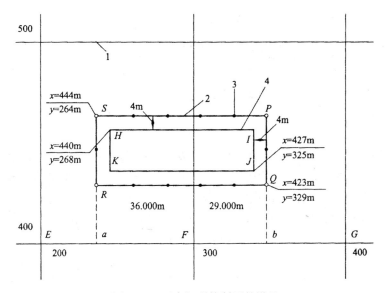

图 9－1　厂房矩形控制网的设置

1—建筑方格网；2—厂房矩形控制网；3—距离指标桩；4—厂房轴线

二、厂房柱列轴线的测设

厂房矩形控制网建立后，即可按柱列间距和跨距用钢尺从靠近的距离指标桩量起，沿矩形控制网各边定出各柱列轴线桩的位置，并在桩顶钉小钉，作为桩基放样和构件安装的依据。如图 9－2 所示，Ⓐ—Ⓐ、Ⓑ—Ⓑ、①—①、②—②、…轴线均为柱列轴线。

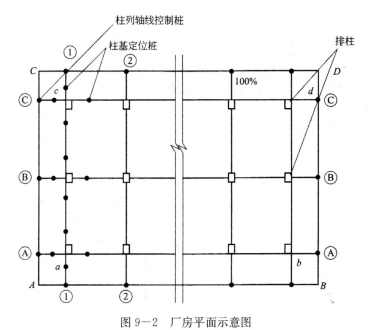

图 9－2　厂房平面示意图

第二节　基础施工测量

一、柱基放线

　　用两架经纬仪分别安置在相应的柱列轴线控制桩上，沿轴线方向交会出各柱基的位置（即定位轴线的交点）；然后按照基础详图（图9－3）的尺寸和基坑放坡宽度，用特制角尺，根据定位轴线和定位点放出基础开挖线，并撒上白灰标明开挖边界；同时在基坑四周的轴线上钉四个定位小木桩，如图9－3所示，桩顶钉一小钉作为修坑和立模的依据。

二、基坑抄平

　　当基坑挖到一定深度后，再用水准仪在坑壁四周离坑底设计标高0.3～0.5m处测设几个水平桩，如图9－4所示，作为检查坑底标高和打垫层的依据。用水准仪检查，其标高容许误差为±5mm。

三、基础模板的定位

　　垫层铺设完后，根据柱基定位桩用拉线的方法，吊垂球把柱基轴线投测到垫层上，再根据桩基的设计尺寸弹墨线，作为柱基立模和布置钢筋的依据。立模时将模板底线对准垫层上的定位线，并用垂球检查模板是否竖直。最后将柱基顶面设计标高测设在模板内壁上，作为浇筑混凝土的依据。

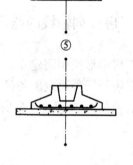

图9－3　基础详图

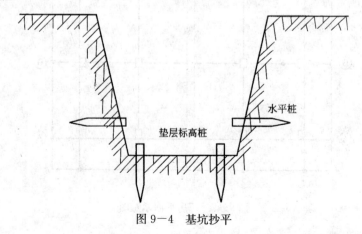

图9－4　基坑抄平

四、设备基础施工测量

设备基础施工测量主要包括基础定位、基础槽底放线、基础上层放线、地脚螺栓安装放线、中心标板投点等。其中钢柱柱基的定位、槽底放线、垫层放线及标高测设方法与钢筋混凝土柱基的测设方法相同，不同处是钢柱的锚定地脚螺栓的定位放线精度要求高。

（一）钢柱地脚螺栓定位

1. 小型钢柱的地脚螺栓定位

小型设备钢柱的地脚螺栓的直径小、重量轻，可用木支架来定位，如图 9－5 所示。木支架装在基础模板上。根据基础龙门板或引桩，先在垫层上确定轴线位置，再根据设计尺寸放出模板内口的位置，弹出墨线，再立模板。地脚螺栓按设计位置，先安装在支架上，再根据龙门板或引桩在模板上放样出基础轴线及支架板的轴线位置，然后安装支架板，地脚螺栓即可按设计要求就位。

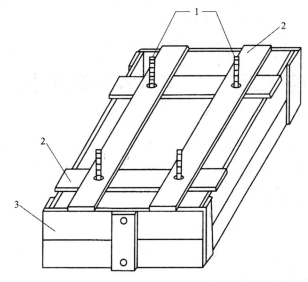

图 9－5　小型钢柱的地脚螺栓
1—地脚螺栓；2—支架；3—基础模板

2. 大型钢柱的地脚螺栓定位

大型设备钢柱的地脚螺栓直径大、重量重，需用钢固支架来定位，如图 9－6 所示。固定架由钢样模、钢支架及钢拉杆组成。地脚螺栓孔的位置按设计尺寸根据基础轴线精密放出，用经纬仪精密测设安装钢支架和样模，使样模轴线与基础轴线相重合，如图 9－7 所示。样模标高用水准仪测设到支架上，使样模上的地脚螺栓位置及标高均符合设计要求。钢固定架安装到位后，即可立模浇筑基础混凝土。

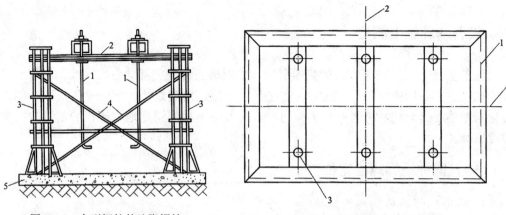

图 9—6 大型钢柱的地脚螺栓

1—地脚螺栓；2—样模铝架；3—钢支架

4—拉杆；5—混凝土垫层

图 9—7 样模上的地脚螺栓

1—样模钢梁；2—基础轴线；3—地脚螺栓孔

（二）中心标板投点

中心标板投点，是在基础拆模后进行的，先仔细检查中心线原点，投点时，根据厂房控制网上的中心线原点开始，测设后在标板上刻出十字标线。

第三节　厂房构件安装测量

装配式单层厂房主要由柱子、吊车梁、屋梁、天窗架和屋面板等主要构件组成。一般工业厂房都采用预制构件在现场安装的办法施工。下面着重介绍柱子、吊车梁和吊车轨道等构件在安装时的校正工作。

一、柱子安装测量

（一）柱子安装时应满足的要求

（1）柱子中心线应与相应柱列轴线一致，其允许偏差为±5mm。

（2）牛腿顶面及柱顶面的标高与设计标高一致，其允许偏差为：

①柱高在 5m 以下时为±5mm。

②柱高在 5m 以上时为±8mm。

（3）柱身垂直允许偏差值为 1/1000 柱高，但不得大于 20mm。

（二）安装前的准备工作

1. 柱基弹线

柱子安装前，先根据轴线控制桩，把定位轴线投测到杯形基础顶面上，并用红油漆画上"▶"标志，作为柱子中心的定位线，如图9－8所示。同时用水准仪在杯口内壁测设 －0.6m 标高线（一般杯口顶面标高为－0.50m），并画出"▼"标志（图9－8），作为杯底找平的依据。

2. 弹柱子中心线和标高线

如图9－9所示，在每根柱子的三个侧面上弹出柱中心线，并在每条线的上端和下端近杯口处画"▶"标志。并根据牛腿面设计标高，从牛腿面向下用钢尺量出±0.000及 －0.60m 标高线，并画"▼"标志。

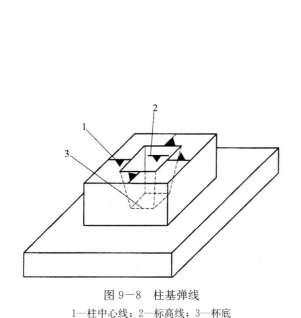

图9－8 柱基弹线
1—柱中心线；2—标高线；3—杯底

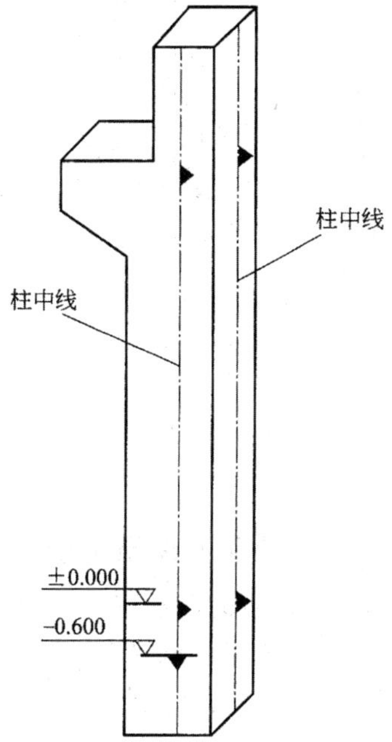

图9－9 弹柱子中心线和标高线

3. 杯底找平

柱子在预制时，由于制作误差可能使柱子的实际长度与设计尺寸不相同，在浇筑杯底时使其低于设计高程3～5cm。柱子安装前，先量出柱子－0.60m 标高线至柱底面的高度，再在相应柱基杯口内，量出－0.60m 标高线至杯底的高度，并进行比较，以确定杯底找平层厚度。然后用1：2水泥砂浆在杯底进行找平，使牛腿面符合设计高程。

（三）柱子的安装测量

柱子安装测量的目的是保证柱子的平面和高程位置符合设计要求，柱身竖直。

柱子吊起插入杯口后，使柱脚中心线与杯口顶面弹出的柱轴线（柱中心线）在两个互相垂直的方向上同时对齐，用硬木楔或钢楔暂时固定，如有偏差可用锤敲打楔子校正，其容许偏差为±5mm。然后，用两台经纬仪分别安置在互相垂直的两条柱列轴线上，在离柱子距离约为柱高的1.5倍处同时观测，如图9－10所示。观测时，经纬仪先照准柱子底部的中心线，固定照准部，逐渐仰起望远镜，使柱中线始终与望远镜十字丝竖丝重合，则柱子在此方向是竖直的；若不重合，则应调整柱子直至互相垂直的两个方向都符合要求为止。

实际安装时，一般是一次把许多根柱子都竖起来，然后进行竖直校正。这时可把两台经纬仪分别安置在纵横轴线的一侧，偏离轴线不超过15°，一次校正几根柱子，如图9—11所示。

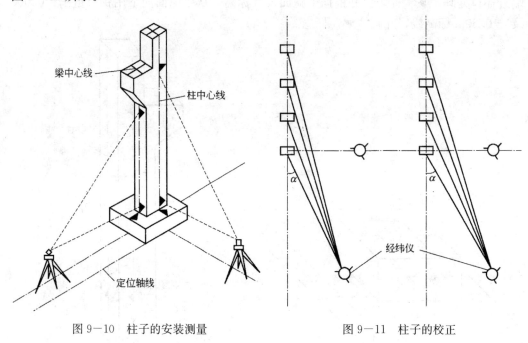

图9—10 柱子的安装测量   图9—11 柱子的校正

（四）柱子校正的注意事项

（1）校正前经纬仪应严格检验校正。操作时还应注意使照准部水准管气泡严格居中；校正柱子竖直时只用盘左或盘右观测。

（2）柱子在两个方向的垂直度都校正好后，应再复查柱子下部的中心线是否仍对准基础的轴线。

（3）在校正变截面的柱子时，经纬仪必须安置在柱列轴线上，以免产生差错。

（4）当气温较高时，在日照下校正柱子垂直度时，应考虑日照使柱子向阴面弯曲，柱顶产生位移的影响。因此，在垂直度要求较高、温度较高、柱身较高时，应利用早晨或阴天进行校正，或在日照下先检查早晨校正过的柱子垂直偏差值，然后按此值对所校正柱子预留偏差校正。

二、吊车梁安装测量

吊车梁的安装测量主要是保证梁的上、下中心线与吊车轨道的设计中心在同一竖直面内以及梁面标高符合设计标高。

（一）安装前的测量工作

（1）弹出吊车梁中心线：根据预制好的钢筋混凝土梁的尺寸，在吊车梁顶面和梁的两端弹出中心线，作为安装时定位用。

（2）在牛腿面上弹测梁中心线：根据厂房控制网的中心线 A_1—A_1 和厂房中心线到吊车梁中心线的距离 d，在 A_1 点安置经纬仪测设吊车梁中心线 A'—A' 和 B'—B'（也是吊车轨道中心线），如图 9—12（a）所示。然后分别安置经纬仪于 A' 和 B'，后视另一端 A' 和 B'，仰起望远镜将吊车梁中心线投测到每个柱子的牛腿面上并弹以墨线。投点时如有个别牛腿不通视，可从牛腿面向下吊垂球的方法投测。

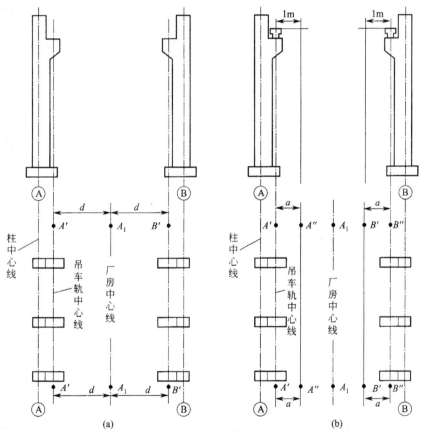

图 9—12　吊车梁安装测量

（3）在柱面上量弹吊车梁顶面标高线：根据柱子上 ±0.000 标高线，用钢尺沿柱子侧面向上量出吊车梁顶面设计标高线，作为修整梁面时控制梁面标高用。

（二）安装测量工作

（1）定位测量：安装时使吊车梁两个端面的中心线分别与牛腿面上的梁中心线对齐。可以两端为准拉上钢丝，钢丝两端各悬重物将钢丝拉紧，并以此线对准，校正中间各吊车梁的轴线，使每个吊车梁中心线均在钢丝这条直线上，其允许误差为 ±3mm。

（2）标高检测：当吊车梁就位后，应按柱面上定出的标高线对梁面进行修整，若梁面与牛腿面间有空隙应做填实处理，用斜垫铁固定。然后将水准仪安置于吊车梁上，以柱面上定出的梁面设计标高为准，检测梁面的标高是否符合设计要求，其允许误差为5mm。

三、吊车轨道安装测量

轨道的安装测量主要是保证轨道中心线、轨顶标高以及轨道跨距符合设计要求。

(一) 轨道中心线的测量

通常采用平行线测定轨道中心线。如图9—12（b）所示，垂直 $A'—A'$ 和 $B'—B'$ 向厂房中心线方向移动长度为 a（如1.00m）得 A''、B'' 点，将经纬仪安置在一端点 A'' 和 B''，照准另一端点 A'' 和 B''，抬高望远镜瞄准吊车梁上横放的1m长木尺，当尺上1m分划线与视线对齐时，沿木尺另一端点在梁上划线，即为轨道中心线，如图9—13所示。

(二) 轨道标高测量

在轨道安装前，应该用水准仪检查吊车梁顶面标高，以便沿中线安装轨道垫板，垫板厚度应根据梁面的实测标高与设计标高之差确定，使其符合安装轨道的要求，垫板标高的测量容许误差为±2mm。

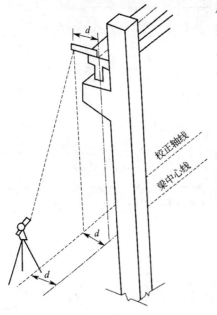

图9—13 吊车轨道安装测量

(三) 吊车轨道检测

轨道安装完毕后，应对轨道中心线、轨顶标高及跨距进行一次全面检查，以保证能安全架设和使用吊车。其检查方法如下：

（1）轨道中心线的检查：将经纬仪置于吊车轨道中心线上，照准另一端点，逐一检查轨道面上的中心线点是否在一直线上，容许误差不得超过±3mm。

（2）轨顶标高检查：根据柱面上端测设的标高线检测轨顶标高，在两轨道接头处各测一点，容许误差为±1mm；中间每隔6m测一点，容许误差为±2mm。

（3）跨距检查：用鉴定过的钢尺悬空精密丈量两条轨道上对称中心线点的跨距，容许误差为±5mm。

四、屋架安装测量

(一) 柱顶找平

屋架是搁在柱顶上的，在屋架安装之前，必须根据柱面上±0.000标高线找平柱顶，屋架才能安装齐平。

（二）屋架弹线

图9-14所示为预应力折线形屋架。屋架弹线的内容包括跨度轴线弹线、中线弹线及节点安装线弹线等。

（1）跨度轴线弹线。跨度轴线弹线的目的是便于与柱顶安装线相一致。当屋架两端构造相同时，先量出屋架下弦的全长 L_1，则屋架轴线至屋架端头的距离 b 为

$$b = \frac{1}{2}(L_1 - L_2)$$

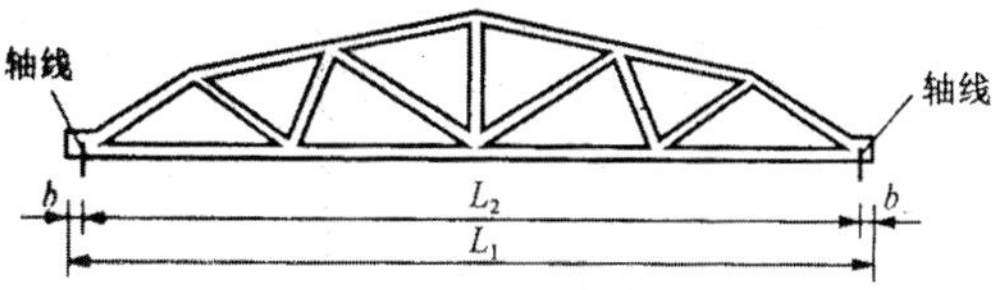

式中　b——

　　　　L_1——

　　　　L_2——屋架轴线长度。

图9-14　预应力折线形屋架

从屋架端头分别向中间量取 b，即为屋架轴线位置。

（2）中线弹线。屋架应在两端立面和上弦顶面标出中线，量尺时可按屋架截面实际宽度取中，再将各中点连线，沿端头及一上弦弹出通长中线，作为搭接屋面板和垂直校正的依据。当屋架有局部侧向翘曲时，应按设计尺寸取直弹线，以保证屋架平面的正确位置。

（3）节点安装弹线。节点安装弹线指的是与屋架侧面相连接的垂直支撑、水平系杆、天窗架、大型板等构件的安装线，垂直支撑、水平系杆等是与屋架侧面相连接的构件，其安装线是以屋架两端跨度轴线为依据，向中间量尺划分，并标在屋架侧面。天窗架、大型屋面板等是与屋架上弦顶面相连接的构件，其安装弹线可从屋架中央向两端量尺划分，应标在上弦顶面。

为了正确安装屋架及其相应连接构件，宜对屋架进行编号和标出朝向。

（三）屋架安装校正

（1）屋架安装。屋架安装时，要将屋架支座中线（跨度轴线）在纵、横两个方向与柱顶安装线对齐。为了保证屋架安装精度，屋架对中时也要考虑到柱顶位移，像吊车梁纠正柱子位移的方法一样，把柱顶安装线（或中线）的偏差纠正过来。

屋架安装后，对混凝土屋架，其下弦中心线对定位轴线的允许偏差为5mm。

（2）屋架垂直度检查与校正。屋架垂直度的允许偏差不大于屋架高度的1/250，其检查校正方法有垂线法、经纬仪校正法及吊弹尺校正法等。下面简介经纬仪校正法的具体做法。

如图9-15所示，在地面上作厂房柱横轴中线平行线 AB，将经纬仪安置于 A 点，照准 B 点，抬高望远镜，一人在屋架上 B' 端持木尺水平伸向观侧方向，将尺零端与观测视线对齐，在屋架中线位置读出尺的读数，即视线至屋架中线的距离，设为 500mm。再抬

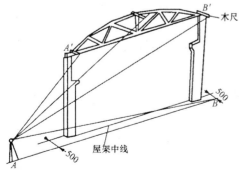

图9-15　屋架的安装校正

高望远镜，照准屋架上另一端 A' 处，也在 A' 处持水平尺伸向观测视线方向，将尺的零端与视线对齐，设读出视线至屋架线的距离为 560mm，则两端读数平均值为（500＋560）/2＝530mm。

一人在屋架上弦中央位置持尺，将尺的 530mm 对齐屋架中线，纵转望远镜再观测木尺，若尺的零端与视线对齐，则表示屋架垂直；否则，应摆动上弦，直至尺的零端与视线对齐为止。此法检查校正精度高，适用于大跨度屋架的校正，受风力干扰小，但易受场地限制。

五、刚架安装测量

1. 刚架的弹线方法

门式刚架是梁柱一体的构件，有双铰、三铰等形式，如图 9－16 所示。柱子部分和悬臂部分都是变截面，一般是预制成两个"厂"形，吊装后进行拼接。

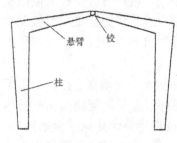

图 9－16　门式刚架

刚架柱子部分应在三个侧面弹出线，悬臂部分应在顶面和顶端弹出中线，要从刚架铰接中心向两侧量尺标出屋面板等构件的节点安装线。对特殊型号的刚架要标出轴线标号。

2. 刚架安装校正

门式刚架重点是校正横轴的垂直度，并保证悬臂拼接后中线连线的水平投影在一条直线上。图 9－17 所示为刚架安装校正示意图。

刚架立好后要进行校正。校正时，将经纬仪安置在中线控制柱 A 点，对中、整平，照准刚架底部，下线（D）后，仰视刚架柱上部中线（B），再观测刚架悬臂顶端中线（C）处，若它们都与视线重合，则表示刚架垂直。若 B 处与 C 处中线偏离视线，需校正刚架使 B、C 处中线与视线重合。如果经纬仪安置在 A 点有困难，可采用平行线法，从 A 点先平移一段距离 a，得 A' 点，安置仪器在 A' 点，同时在刚架 C、B、D 处分别横置木尺，使木尺平直伸出中线以外的长度等于 a，得 C'、B'、D' 点，观测时，视线

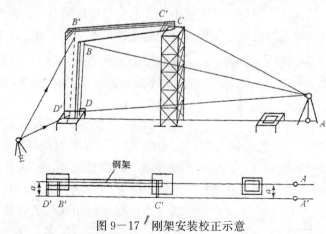

图 9－17　刚架安装校正示意

先瞄准木尺顶端 D'，再仰视木尺顶端 B'、C'，若木尺顶端 B'、C' 与视线重合，则表示刚架垂直。

为了提高校正精度，采用正倒镜取中法进行校正。此外。还应在 E 点安置仪器，校正刚架的柱子垂直。

六、设备安装测量

1. 设备基础中心线的复测与调整

设备基础安装过程中必须对基础中心线的位置进行复测，两次测量的偏差不应大于±5mm。

埋设有中心标板的重要设备基础，其中心线由竣工中心线引测，同一中心标点的偏差为±1mm。纵横中心线应检查互相是否垂直，并调整横向中心线，同一设备基准中心线的平行偏差或同一生产系统的中心线的直线度应在±1mm 以内。

2. 设备安装基准点的高程测量

一般厂房应使用一个水准点作为高程起算点，如果厂房较大，为施工方便起见，可增设水准点，但应提高水准点的观测精度。一般设备基础基准点的标高偏差，应在±2mm 以内。传动装置有联系的设备基础，其相邻两基准点的标高偏差，应在±1mm 以内。

第四节　钢结构施工测量

目前的高层建筑除了常用的钢筋混凝土结构外，也大批量地采用钢结构来建造，尤其是高层钢结构建筑具有自重轻、有效空间大、抗震性能好、施工进度快的特点，钢结构建筑在建筑领域扮演着越来越重要的角色。

高层钢结构建筑与传统建筑结构的施工测量相比，有以下几个特点：

（1）施工测量作业环境比较特殊，需配备专用卡具、夹具。

（2）钢结构安装精度要求高，控制误差一般以毫米计，测量工作量大，对于每一根钢柱都需全程跟踪监测。

（3）钢结构对外界环境影响比较敏感，应综合考虑到阳光、季节等因素的影响。

一、钢结构安装精度要求

高层钢结构建筑技术复杂，施工难度较大，测量应紧随施工安装工艺流程变更作业方法和手段，为有条不紊地开展测量工作，施工前应编制详细的"钢结构施工测量方案"。方案应根据施工流程编制，细化各道工序的测量方法和精度控制。在施工中，安装工序一般是从中央向四周扩展，以减少和消除焊接误差。对于筒体结构是先内筒后外筒；对称结构采用位置对称方案安装和焊接；非对称结构按上述原则具体确定。立面流水一般以一节钢柱为单元，每个单元以主梁或钢支撑、带状桁架安装成框架为原则，其次是次梁、楼板及非结构构件的安装。

钢筋混凝土筒体结构，先浇筒体后施工，在复杂的钢结构工程中除钢构件外还应考虑钢筋混凝土预制构件及外墙板的节点构造，安装顺序是否穿插进行应根据具体情况确定。

钢结构安装允许偏差见表 9—1。

表 9—1　钢结构安装允许偏差

项目类别	项目内容	允许偏差	测量方法
地脚螺栓	钢结构的定位轴线	$L/2000$，且不大于 3mm	钢尺和经纬仪
	钢柱的定位轴线	±1mm	钢尺和经纬仪
	地脚螺栓的位移	±2mm	钢尺和经纬仪
	柱子的底座位移	±3mm	钢尺和经纬仪
	柱底的标高	±2mm	水准仪检查
钢柱	底层柱基准点标高	±2mm	水准仪检查
	同一层各节柱柱顶高差	±5mm	水准仪检查
	底层柱柱底轴线对定位轴线偏移	±3mm	经纬仪和钢尺检查
	上、下连接处错位（位移、扭转）	±3mm	钢尺和直尺检查
	单节柱垂直度	$\pm H_1/1000$，且不大于 10mm	经纬仪检查
主梁	同一根梁两端顶面高差	$\pm L/1000$，且不大于 10mm	水准仪检查
次梁	与主梁上表面高差	±2mm	直尺和钢尺检查
主体结构	垂直度（按各节柱的偏差累计计算）	$\pm（H/2500+10$mm），且不大于 50mm	全站仪或激光经纬仪
整体偏差	平面弯曲（按每层偏差累计计算）	$\pm L/1500$，且不大于 25mm	全站仪或激光经纬仪

注：H 为钢柱和主体结构高度；L 为梁长；H_1 为单节柱高度。

二、平面和高程控制

1. 平面控制网的建立

平面控制网可以根据土建提供的轴线控制点（或网）直接利用，或从城市和国家等级控制点引测，并设置在建筑物主体范围内，构成高精度的小型平面内控制网。内控制网点布设的位置应考虑钢柱的定位、检查和校正，因此，一般布设成轴线控制点。对控制网的测量应进行严密平差和与轴线偏差的改化，改化后再次进行检测，要求测距相对中误差小于 $L/20000$，测角中误差小于 $5''$。若不满足要求，再次改化，直至满足要求。一般情况下，这种改化只需进行两次。因高层钢结构安装测量的精度较高，为此，基准点处预埋 10cm×10cm 钢板，用钢针刻划十字线定点，线宽 0.2mm，并在交点上打样冲眼，以便长期保存。所布设的平面控制网应定期进行复测、校核。

2. 平面控制点的逐层传递

首层平面放线直接依据首层平面控制网，其他楼层平面放线，应根据规范要求从地面控制网引投到高空，不得使用下一楼层的定位轴线。平面控制点的竖向传递采用内控法，投点仪器一般采用高精度的天顶准直仪或激光经纬仪配合激光靶进行。在控制点上架设好仪器，严密对中、整平。在控制点正上方，在需要传递控制点的楼面预留孔处水平设置一块有机玻璃做成的光靶，光靶严格固定。仪器从 $0°$、$90°$、$180°$、$270°$ 4 个方向向光靶投点，用 $0.2mm$ 的笔定出这 4 个点，若 4 点重合，则传递无误差，若 4 点不重合，则找出 4 点对角线的交点作为传递上来的控制点。所有控制点传递完成后，则形成该楼面平面控制网。对该平面控制网进行角度观测。由观测成果作经典自由网平差，根据平差结果与理论值相比较，若边长较差 $|\Delta S| \leqslant 2.0mm$，角度较差 $|\Delta \beta| \leqslant 2''$，则说明 4 点精度达标，只记录不作调整；若边长较差 $2.0mm < |\Delta S| \leqslant 3.0mm$，角度较差 $12'' |\Delta \beta| \leqslant 24''$，则说明 4 点精度不够，必须调整；若边长较差 $|\Delta S| > 3.0mm$，$|\Delta \beta| > 24''$，则说明投点精度超限，必须重新投点，直至满足精度要求。考虑天顶准直仪的视距变长后的清晰度影响投测精度，故施工到一定高度时，基准点应转移到稳定的上部楼层上。平面基准点从底层上移到某楼层面后，该层控制点就直接作为后续楼层控制点传递的基准。

3. 高程控制

标高控制点一般布设 2 个以上，采用精密水准测量方法从城市 Ⅱ 等水准点引测，建立独立的 Ⅲ 等精度要求的控制网。

4. 钢柱标高的传递及误差调整

高层钢结构的安装对标高控制的要求很高。当按设计标高安装时，每节柱的标高都应从地面传递上来；若按相对标高安装，则无需进行标高传递，优点明显，也给施工带来了方便。

为达到规范精度要求，在吊装前可用 DS3 水准仪以某一设计标高值抄平各钢柱，并在抄平位置做好标记（如图 9—18 中的 A 位置），同时对将安装的钢柱用已检定的钢尺从柱顶向柱底往下截取某一长度，并在此位置做好标记（如图 9—18 中的 B 位置）。然后通过调节图中 d 值的大小达到控制标高的目的。如果抄平线 A 与截取线 B 不在同一截面，必须用水平尺引测到同一个截面后方可进行调节。每节柱吊装完毕后，都测定其标高，确定其与设计值的差异，如超过限差，则要通过下一节柱的安装或反馈到制造工厂修正其长度来进行调整。

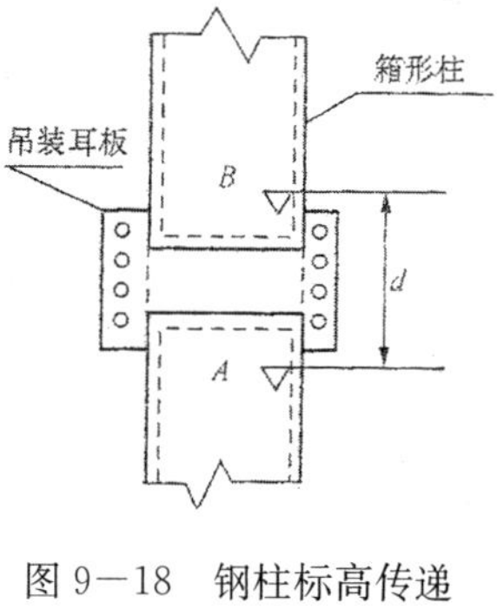

图 9—18 钢柱标高传递

三、安装测量控制

1. 测量工作流程

测量放线工作作业流程如图 9—19 所示。

2. 地脚螺栓的预埋定位测量

地脚螺栓的预埋方法一般有两种：一种是一次浇筑法；另一种是预留坑位二次浇筑法。前一种方法要求测量工作人员先布置高精度的方格网，并把各柱中心轴线引测到四周的适当高度，一般超过底板厚度 10cm 左右；后一种方法可待底板浇筑完成初凝后，再重引测平面控制网及柱中心轴线到各预留坑位的四周。两种方法各有优劣，前者一次浇筑防渗漏效果好，但是地脚螺栓定位后容易在浇筑混凝土过程中发生位移，螺栓定位精度低；后者地脚螺栓定位精度高，但二次浇筑处理不当，容易产生渗漏。

3. 钢柱轴线位置的标定

不论是核心筒的钢柱还是外框架的钢柱，都必须在吊装前标定每一钢柱的几何中心，吊装后标定其柱轴线的准确位置（钢针刻划），作为测控该节钢柱垂直度的依据。

4. 柱顶放线

利用投测点，运用全站仪或 J_2 经纬仪进行排尺放线。柱顶轴线放二样应在钢柱柱头的 4 个面标示出来，既方便施工中监测，又便于推算钢柱的扭转值。

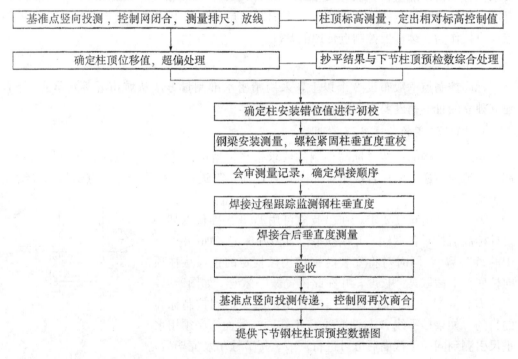

图 9—19　测量放线工作作业流程

5. 安装监测

钢结构安装精度的控制以钢柱为主。钢柱在自由状态校正时，垂直度偏差应校正到 0。钢梁安装时还应监测钢柱垂直度的变化，单节柱的垂直度偏差应小于 $H/1000$，且不大于 10mm，在监控时，应预留梁柱节点焊接收缩量，以免焊后钢柱垂直度因焊接变形而超标。若垂直度超标，则有两种原因：

①钢梁制作尺寸有问题。

②放线有误差，应针对不同情况进行处理。梁柱节点焊接收缩量应视钢梁翼缘板厚而定，一般为1～2mm。同样，钢柱标高控制时也应预留焊接收缩量。在钢梁安装中，钢梁安装时的水平度应不大于梁长的1/1000，并且不得大于10mm。在同一节构件所有节点高强螺栓初拧完后，应对所有钢柱的垂直度再次测量。所有节点焊接完后应作最终测量，测量数据应形成交工记录。

6. 钢柱焊接过程中的跟踪测量

在每节钢柱吊装就位后，通过初校使单节柱垂直度达到要求，同时尽可能使整体垂直度偏小，然后进行焊接。在焊接过程中，钢柱的垂直度必然会发生变化，这时需要采用经纬仪进行跟踪来测定其变化情况，并以此指导焊接。

第五节　烟囱施工测量

烟囱是典型的高耸构筑物，其特点是：基础小，筒身高，抗倾覆性能差，其对称轴通过基础圆心的铅垂线。因而施工测量的工作主要是严格控制其中心位置，确保主体竖直。按施工规范规定：筒身中心轴线垂直度偏差最大不得超过11mm；当筒身高度$H > 100m$时，其偏差不应超过$0.05H\%$，烟囱圆环的直径偏差不得大于30mm。其放样方法和步骤如下：

一、烟囱基础施工测量

首先按照设计施工平面图的要求，根据已知控制点或原有建筑物与基础中心的尺寸关系，在施工场地上测设出基础中心位置O点。如图9-20所示，在O点上安置经纬仪，选点A作为后视点，同时在此方向上定出a点，然后，顺时针旋转照准部依次测设90°直角，测出OC、OB、OD方向上的C、c、B、b、D、d各点，并转回OA方向归零校核。其中A、B、C、D各控制桩至烟囱中心的距离应大于其高度的1～1.5倍，并应妥善保护a、b、c、d四个定位桩，应尽量靠近所建构筑物，但又不影响桩位的稳固，用于修坑和恢复其中心位置。

然后，以基础中心点O为圆心，以δ为半径（$r+\delta$为基坑的放坡宽度，r为构筑物基础的外测半径）在场地上画圆，撒上石灰线以标明土方开挖范围，如图9-20所示。

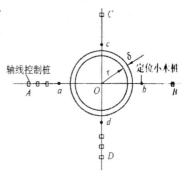

图9-20　烟囱基础定位放线图

当基坑开挖快到设计标高时，可在基坑内壁测设水平桩，作为检查基础深度和浇筑混凝土垫层的依据。

浇筑混凝土基础时，应在基础中心位置埋设钢筋作为标志，并在浇筑完毕后把中心点O精确地引测到钢筋标志上，刻上"+"线，作为筒体施工时控制筒体中心位置和筒体半径的依据。

二、烟囱身施工测量

1. 引测筒体中心线

筒体施工时，必须将构筑物中心引测到施工作业面上，以此为依据，随时检查作业面的中心是否在构筑物的中心铅垂线上。通常是每施工一个作业面高度引测一次中心线。具体引测方法是：先在施工作业面上横向设置一根控制方木和一根带有刻度的旋转尺杆，如图9-21所示，尺杆零端校接于方木中心。方木的中心下悬挂质量为8～12kg的锤球。平移方木，将锤球尖对准基础面上的中心标志，如图9-22所示，即可检核施工作业面的偏差，并在正确位置继续进行施工。

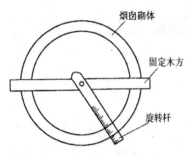

图9-21 旋转尺杆

筒体施工每10m左右，应用经纬仪向施工作业面引测一次中心，对筒体进行检查。检查时，把经纬仪安置在各轴线控制桩上，瞄准各轴线相应一侧的定位小木桩 a、b、c、d，将轴线投测到施工面边上，并做标记，然后将相对的两个标记拉线，两线交点为烟囱中心线。如果有偏差，应立即进行纠正，然后再继续施工。

为保证精度要求，可采用激光经纬仪进行烟囱铅垂定位。定位时将激光经纬仪安置在烟囱基础的"十"字交点上，在工作面中央处安放激光铅垂仪接收靶，每次提升工作平台前和后都应进行铅垂定位测量，并及时调整偏差。

2. 筒体外壁收坡的控制

为了保证筒身收坡符合设计要求，除了用尺杆画圆控制外，还应随时用靠尺板来检查。靠尺形状如图9-23所示，两侧的斜边是严格按照设计要求的筒壁收坡系数制作的。在使用过程中，把斜边紧靠在筒体外侧，如筒体的收坡符合要求，则垂球线正好通过下端的缺口。如收坡控制不好，可通过坡度尺上小木尺读数反映其偏差大小，以便使筒体收坡及时得到控制。

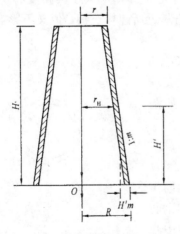

图9-22 筒体中心线引测示意图

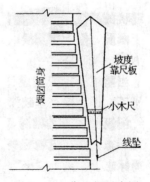

图9-23 靠尺板示意图

在筒体施工的同时，还应检查筒体砌筑到某一高度时的设计半径。如图 9－22 所示，某高度的设计半径 r_H 可由图示计算求得

$$r_H = R - H'm \qquad\qquad (9-1)$$

式中 R——筒体底面外侧设计半径；

m——筒体的收坡系数。

收坡系数的计算公式为

$$m = \frac{R-r}{H} \qquad\qquad (9-2)$$

式中 r——筒体顶面外侧设计半径；

H——筒体的设计高度。

3. 筒体的标高控制

筒体的标高控制是用水准仪在筒壁上测出＋0.500（或任一整分米数）的标高控制线，然后以此线为准用钢尺量取筒体高度。

☞ **思考题与习题**

1. 在工业厂房施工测量中，为什么要专门建立独立的厂房矩形控制网？为什么在网中要设立距离指标桩？

2. 工业厂房柱列轴线、柱列基础如何定位？

3. 试述钢柱柱基定位的方法。

4. 对柱子安装测量有何要求？如何进行柱子的垂直度校正？应注意哪些问题？

5. 试述吊车梁的吊装测量工作。

6. 试述吊车轨道的安装测量工作。

7. 试述屋架的安装测量工作。

8. 钢结构施工测量基本测设程序如何？

9. 钢结构和钢筋混凝土结构施工测量有什么不同？

10. 简述钢结构工程平面控制点逐层传递的方法。

11. 烟囱构筑物测量有何特点？在筒身施工测量中如何控制其垂直度？

第十章　工程变形监测

☞ **教学要求**

　　通过本章学习，明确建筑物进行变形观测的意义和观测的内容；要求能用水准仪进行沉降观测，熟悉基坑的垂直位移及水平位移的观测方法以及建筑物的倾斜、裂缝、位移、挠度及滑坡等观测。了解GPS定位技术在工程监测中的应用。

第一节　工程变形监测概述

一、工程变形监测的定义及任务

　　所谓工程变形监测，就是利用测量仪器及专用特制设备，采用一定的监测方法对桥梁、隧道、高层建筑物、地下建筑物等的变形现象进行监视观测的一种工作，并通过这种工作确定变形体空间位置随时间变化而变化的特征，变形监测又称变形测量或变形观测。

　　工程变形监测的任务是确定在各种荷载和外力作用下，各工程变形体的形状、大小及其位置变化的空间状态和时间特性。从一定意义上来讲，变形监测工作是保证工程项目正常实施和安全营运的必要手段。变形监测为变形分析和安全预报提供基础数据，对于工程建设的安全来说，监测是基础，分析是手段，预报是目的。

二、工程变形监测的内容

　　工程变形监测的内容主要包括对各工程变形体进行的水平位移、垂直位移的监测。对变形体进行偏移、倾斜、挠度、弯曲、扭转、裂缝等的测量，主要是指对所描述的变形体自身形变和位移的几何量的监测。水平位移是监测点在平面上的变动，一般可分解到某一特定方向；垂直位移是监测点在铅直面或大地水准面法线方向上的变动。偏移、倾斜、挠度等也可归结为监测点（或变形体）的水平或者垂直位移变化。偏移和挠度可以看做是变形点在某一特定方向的水平位移；倾斜可以换算成水平或垂直位移，也可以通过水平或垂直位移测量和距离测量得到。

　　普通的工业与民用建筑物，其监测内容主要包括基础的沉陷观测和建筑物本身变形的观测。基础的沉陷是指建筑物基础的均匀沉陷与非均匀沉陷；建筑物本身变形是指观测建筑物的倾斜与裂缝；对于高层及高耸建筑物，还必须进行动态变形观测；对于各种工业设备、工艺设施、导轨等，主要进行水平位移和垂直位移观测。

对于基坑，主要是进行围护墙顶部水平位移、立柱竖向位移、支撑轴力、坑底隆起（回弹）、围护墙侧向土压力、孔隙水压力、地下水位、周边建筑物沉降以及周边管线等观测。

除此之外，还应对工程项目的地面影响区域进行地表沉降观测，以掌握其沉降与回升的规律，进而可采取有针对性的防护措施。因为在工程建设的影响范围内，若发生较严重的地表沉降现象，可能会造成地下管线的破坏，甚至危及工程项目的安全。

三、工程变形监测的特点、目的和意义

变形监测的最大特点是需进行周期性观测。所谓周期性观测就是多次地重复观测，第一次称初期观测或零周期观测。每一周期的观测内容及实施过程如监测网形、监测仪器、监测的作业方法以及观测的人员等都要求一致。

工程变形监测的首要目的是要掌握工程变形体的实际性状，为判断其是否安全提供必要的信息。这是因为保证工程建设项目安全，是一个十分重要且很现实的问题。

工程建（构）筑物在施工和运营期间，由于受多种主观和客观因素的影响，会产生变形，变形如若超出了允许的限度，就会影响建（构）筑物的正常使用，严重时还会危及工程主体的安全，并带来巨大的经济损失。从实用上来看，变形监测工作可以保障工程安全，监测各种工程建筑物、机器设备以及与工程建设有关的地质构造的变形，及时发现异常变化，并对监测对象的稳定性、安全度作出判断，以便采取相应的处理措施，防止事故发生。所以，为了防止和减小变形对工程建设造成损失，必须进行工程变形监测，同时为进一步进行变形分析和工程安全预报提供基础数据。

第二节 基坑监测

一、概述

为保证工程安全顺利地进行，在基坑开挖及结构构筑期间必须进行严密的施工监测，因为监测数据可以称为工程的"体温表"，不论是安全还是隐患状态都会在数据上有所反映。从某种意义上施工监测也可以说是一次1：1的岩土工程原型试验，所取得的数据是基坑支护结构和周围地层在施工过程中的真实反映，是各种复杂因素影响下的综合体现。开挖深度超过5m或开挖深度未超过5m但现场地质情况和周围环境较复杂的基坑工程均应实施基坑工程监测。

（一）监测目的

基坑工程监测的主要目的如下：

（1）使参建各方能够完全客观真实地把握工程质量。

（2）监测基坑工程的变化，确保基坑工程和相邻建筑物的安全。

（3）做好信息化施工。

（4）信息反馈优化设计，指导基坑开挖和支护结构的施工。

（5）用反分析法修正计算参数和理论公式，指导设计。

（二）监测原则

基坑工程监测是一项涉及多门学科的工作，其技术要求较高，基本原则如下：

（1）监测数据必须是可靠真实的，数据的可靠性由测试元件安装或埋设的可靠性、监测仪器的精度以及监测人员的素质来保证。监测数据的真实性要求所有数据必须以原始记录为依据，任何人不得篡改、删除原始记录。

（2）监测数据必须是及时的，监测数据需在现场及时计算处理，发现有问题时可及时复测，做到当天测、当天反馈。

（3）埋设于土层或结构中的监测元件应尽量减少对结构正常受力的影响，埋设监测元件时应注意与岩土介质的匹配。

（4）对所有监测项目，应按照工程具体情况预先设定预警值和报警制度，预警体系包括变形或内力累积值及其变化速率。

（5）监测应整理完整监测记录表、数据报表、形象的图表和曲线，监测结束后整理出监测报告。

（6）监测结束，监测单位应向建设方提供以下资料，并按档案管理规定，组卷归档：

①基坑工程监测方案。

②测点布设、验收记录、阶段性监测报告。

③监测总结报告。

（三）监测方案

监测方案一般包括工程概况、工程设计要点、地质条件、周边环境概况、监测目的、编制依据、监测项目、测点布置、监测人员配置、监测方法及精度、数据整理方法、监测频率、报警值、主要仪器设备、拟提供的监测成果以及监测结果反馈制度、费用预算等。

（四）监测项目

基坑监测的内容分为两大部分，即基坑本体监测和周边环境监测。基坑本体中包括围护桩墙、支撑、锚杆、土钉、坑内立柱、坑内土层、地下水等；周边环境中包括周围地层、地下管线、周边建筑物、周边道路等。基坑工程的监测项目应与基坑工程设计、施工方案相匹配。应针对监测对象的关键部位做到重点观测、项目配套，并形成有效的、完整的监测系统。

根据国家标准《建筑基坑工程监测技术规范》（GB 50497—2009），基坑工程监测项目应根据表10—1进行选择。

表 10-1 建筑基坑工程仪器监测项目表

监测项目＼基坑类别		一级	二级	三级
围护墙（边坡）顶部水平位移		应测	应测	应测
围护墙（边坡）顶部竖向位移		应测	应测	应测
深层水平位移		应测	应测	宜测
立柱竖向位移		应测	宜测	宜测
围护墙内力		宜测	可测	可测
支撑内力		应测	宜测	可测
立柱内力		可测	可测	可测
锚杆内力		应测	宜测	可测
土钉内力		宜测	可测	可测
坑底隆起（回弹）		宜测	可测	可测
围护墙侧向土压力		宜测	可测	可测
孔隙水压力		宜测	可测	可测
地下水位		应测	应测	应测
土体分层竖向位移		宜测	可测	可测
周边地表竖向位移		应测	应测	宜测
周边建筑	竖向位移	应测	应测	应测
	倾斜	应测	宜测	可测
	水平位移	应测	宜测	可测
周边建筑、地表裂缝		应测	应测	应测
周边管线变形		应测	应测	应测

注：基坑类别的划分按照现行国家标准《建筑地基基础工程施工质量验收规范》（GB 50202—2002）执行。

（五）监测频率

基坑工程监测频率的确定应能满足系统反映监测对象所测项目的重要变化过程而又不遗漏其变化时刻的要求。监测工作应从基坑工程施工前开始，直至地下工程完成为止，贯穿于基坑工程和地下工程施工全过程。对有特殊要求的基坑周边环境的监测应根据需要延续至变形趋于稳定后结束。

基坑工程的监测频率不是一成不变的，应根据基坑开挖及地下工程的施工进程、施工工况以及其他外部环境影响因素的变化及时地作出调整。一般在基坑开挖期间，地基土处于卸荷阶段，支护体系处于逐渐加荷状态，应适当加密监测；当基坑开挖完后一段时间，监测值相对稳定时，可适当降低监测频率。当出现异常现象和数据，或临近报警状态时，应提高监测频率甚至连续监测。监测项目的监测频率应综合基坑类别、基坑及地下工程的不同施工阶段以及周边环境、自然条件的变化和当地经验而确定。对于应测项目，在无数据异常和事故征兆的情况下，开挖后现场仪器监测频率可按表10-2确定。

表10-2 现场仪器监测的监测频率

基坑类别	施工进程		基坑设计深度（m）			
			≤5	5～10	10～15	>15
一级	开挖深度（m）	≤5	1次/1d	1次/2d	1次/2d	1次/2d
		5～10	—	1次/1d	1次/1d	1次/1d
		>10	—	—	2次/1d	2次/1d
	底板浇筑后时间（d）	≤7	1次/1d	1次/1d	2次/1d	2次/1d
		7～14	1次/3d	1次/2d	1次/1d	1次/1d
		14～28	1次/5d	1次/3d	1次/2d	1次/2d
		>28	1次/7d	1次/5d	1次/3d	1次/3d
二级	开挖深度（m）	≤5	1次/2d	1次/2d	—	—
		5～10		1次/1d	—	—
	底板浇筑后时间（d）	≤7	1次/2d	1次/2d	—	—
		7～14	1次/3d	1次/3d	—	—
		14～28	1次/7d	1次/5d	—	—
		>28	1次/10d	1次/10d	—	—

注：1. 有支撑的支护结构各道支撑开始拆除到拆除完成后3d内监测频率应为1次/1d；

2. 基坑工程施工至开挖前的监测频率视具体情况确定；

3. 当基坑类别为三级时，监测频率可视具体情况适当降低；

4. 宜测、可测项目的仪器监测频率可视具体情况适当降低。

（六）监测步骤

监测单位工作的程序，应按下列步骤进行：

（1）接受委托；

（2）现场踏勘，收集资料；

（3）制订监测方案，并报委托方及相关单位认可；

（4）展开前期准备工作，设置监测点、校验设备、仪器；

（5）设备、仪器、元件和监测点验收；

（6）现场监测；

（7）监测数据的计算、整理、分析及信息反馈；

（8）提交阶段性监测结果和报告；

（9）现场监测工作结束后，提交完整的监测资料。

（七）现象观测

经验表明，基坑工程每天进行肉眼巡视观察是不可或缺的，与其他监测技术同等重要。巡视内容包括支护桩墙、支撑梁、冠梁、腰梁结构及邻近地面、道路、建筑物的裂缝、沉陷发生和发展情况。主要观测项目有：

（1）支护结构成型质量；

（2）冠梁、围檩、支撑有无裂缝出现；

（3）支撑、立柱有无较大变形；

（4）止水帷幕有无开裂、渗漏；

（5）墙后土体有无裂缝、沉陷及滑移；

（6）基坑有无涌土、流砂、管涌；

（7）周边管道有无破损、泄漏情况；

（8）周边建筑有无新增裂缝出现；

（9）周边道路（地面）有无裂缝、沉陷；

（10）邻近基坑及建筑的施工变化情况；

（11）开挖后暴露的土质情况与岩土勘察报告有无差异；

（12）基坑开挖分段长度、分层厚度及支锚设置是否与设计要求一致；

（13）场地地表水、地下水排放状况是否正常，基坑降水、回灌设施是否运转正常；

（14）基坑周边地面有无超载。

二、监测方法

（一）墙顶位移（桩顶位移、坡顶位移）

墙顶水平位移和竖向位移是基坑工程中最直接的监测内容，通过监测墙顶位移，对反馈施工工序，并决定是否采用辅助措施，以确保支护结构和周围环境安全具有重要意义。同时，墙顶位移也是墙体测斜数据计算的起始依据。

对于围护墙顶水平位移，测特定方向时可采用视准线法、小角度法、投点法等；测定监测点任意方向的水平位移时，可视监测点的分布情况，采用前方交会法、后方交会法、极坐标法等；当测点与基准点无法通视或距离较远时，可采用GPS测量法或三角、三边、边角测量与基准线法相结合的综合测量方法。墙顶竖向位移监测可采用几何水准或液体静力水准等方法，各监测点与水准基准点或工作基点应组成闭合环路或附合水准路线。

墙顶位移监测基准点的埋设应符合国家现行标准《建筑变形测量规范》（JGJ 8—2007）的有关规定，设置有强制对中的观测墩，并采用精密的光学对中装置，对中误差不大于0.5mm。观测点应设置在基坑边坡混凝土护顶或围护墙顶（冠梁）上，安装时采用铆钉枪打入铝钉，亦可钻孔埋深膨胀螺栓，涂上红漆或用环氧树脂胶作为标记，有利于观测点的保护和提高观测精度。

墙顶位移监测点应沿基坑周边布置，监测点水平间距每隔10～15m布设一点。一般基坑每边的中部、阳角处变形较大，所以中部、阳角处宜设测点。为便于监测，水平位移观测点宜同时作为垂直位移的观测点（如图10-1所示）。测站点宜布置在基坑围护结构的直角上。

在架设支撑或锚杆之前，位移变化较快，在结构底板浇筑之后，位移趋于稳定。支护结构顶部发生水平位移过大时，主要是由于超挖和支撑不及时导致的，严重者将导致支护结构顶部位移过大，坑外地表数十米范围将会开裂，影响周围环境的安全。

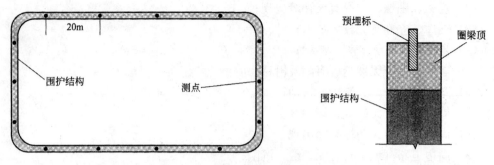

图 10-1 墙顶位移点的布设

采用视准线法测量时，常沿欲测量的基坑边线设置一条视准线（如图 10-2 所示），在该线的两端设置工作基点 A、B。在基线上沿基坑边线按照需要设置若干测点，基坑有支撑时，测点宜设置在两端支撑的跨中。

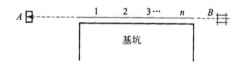

图 10-2 视准线法测墙顶位移

围护墙顶水平位移监测贯穿基坑开挖到主体结构施工到 ±0.000m 标高的全过程，监测频率为：

（1）从基坑开始开挖到浇筑完主体结构底板，每天监测 1 次；

（2）浇筑完主体结构底板到主体结构施工到 ±0.000m 标高，每周监测 2～3 次；

（3）各道支撑拆除后的 3 天至一周，每天监测 1 次。

（二）围护（土体）水平位移

围护桩墙或周围土体深层水平位移的监测是确定基坑围护体系变形和受力的最重要的观测手段，通常采用测斜仪观测。

测斜仪的工作原理是利用重力摆锤始终保持铅直方向的性质，测得仪器中轴线与摆锤垂直线的倾角，倾角的变化导致电信号变化，经转化输出并在仪器上显示，从而可以知道被测构筑物的位移变化值（如图 10-3 所示）。

测斜仪由测斜管、测斜探头、数字式测读仪三部分组成。

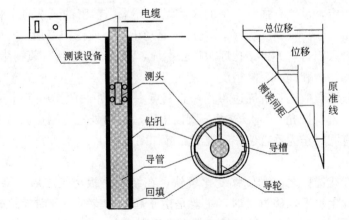

图 10-3 测斜仪原理图

水平位移可由测得的倾角 θ 用下式表示

$$\delta_i = L_i \sin\theta_i$$

式中 $\quad\delta_i$——第 i 量测段的水平偏差值（mm）；

$\qquad L_i$——第 i 量测段的长度，通常取为 0.5m、1.0m 的整数倍（m）；

$\qquad\theta_i$——第 i 主量测段的倾角值（°）。

1. 测斜管埋设

（1）测斜管埋设方式主要有钻孔埋设、绑扎埋设两种，如图 10-4 所示。一般测围护桩墙挠曲时，采用绑扎埋设和预制埋设，测土体深层位移时，采用钻孔埋设。测斜管埋好后，应停留一段时间，使测斜管与土体或结构连为一整体。

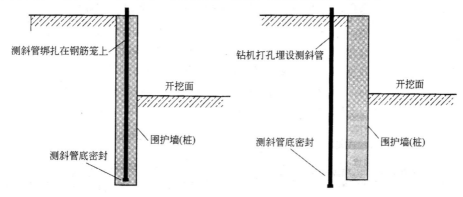

图 10-4 测斜管埋设示意图

（2）测斜仪宜采用能连续进行多点测量的滑动式仪器。

（3）测斜监测点一般布置在基坑平面上挠曲计算值最大的位置，监测点水平间距为 20～50m，每边监测点数目不应少于 1 个。为了真实地反映围护墙的挠曲状况和地层位移情况，应保证测斜管的埋设深度：设置在围护墙内的测斜管深度不宜小于围护墙的入土深度；设置在土体内的测斜管深度不宜小于基坑开挖深度的 1.5 倍，并大于围护墙入土深度。

（4）将测斜管吊入孔或槽内时，应使十字形槽口对准观测的水平位移方向。连接测斜管时应对准导槽，使之保持在一直线上。管底端应装底盖，每个接头及底盖处应密封。

2. 围护（土体）水平位移监测

（1）量测时，将测斜仪插入测斜管内，并沿管内导槽缓慢下滑，按取定的间距 L 逐段测定各位置处管道与铅直线的相对倾角，假设桩墙（土体）与测斜管挠曲协调，就能得到被测体的深层水平位移，只要配备足够多的量测点（通常间隔 0.5m），所绘制的曲线几乎是连续光滑的。

（2）基坑开挖期间应 2～3d 观测一次，位移速率或位移量大时应每天 1～2 次。

（3）当基坑壁的位移速率或位移量迅速增大或出现其他异常时，应在做好观测本身安全的同时，增加次数。

3. 基坑壁侧向位移观测应提交的图表

（1）基坑壁位移观测点布置图；

（2）基坑壁位移观测成果表；

（3）基坑壁位移曲线图。

（三）立柱竖向位移

在软土地区或对周围环境要求比较高的基坑大部分采用内支撑，支撑跨度较大时，一般都架设立柱桩。立柱的竖向位移（沉降或隆起）对支撑轴力的影响很大，有工程实践表明，立柱竖向位移 2~3cm，支撑轴力会变化约 1 倍。因为立柱竖向位移的不均匀会引起支撑体系各点在垂直面上与平面上的差异位移，最终引起支撑产生较大的次应力（这部分力在支撑结构设计时一般没有考虑）。若立柱间或立柱与围护墙间有较大的沉降差，就会导致支撑体系偏心受压甚至失稳，从而引发工程事故，如图 10－5 所示。立柱竖向位移的监测特别重要，因此对于支撑体系应加强立柱的位移监测。

立柱监测点应布置在立柱受力、变形较大和容易发生差异沉降的部位，例如基坑中部、多根支撑交汇处、地质条件复杂处，如图 10－6 所示。逆作法施工时，承担上部结构的立柱应加强监测。立柱监测点不应少于立柱总根数的 5%，逆作法施工的基坑不应少于 10%，且均不应少于 3 根。

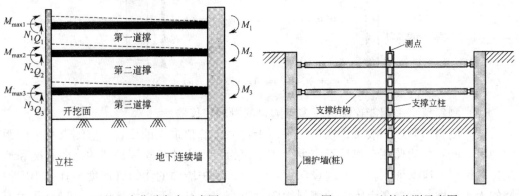

图 10－5　立柱竖向位移危害示意图　　　　图 10－6　立柱监测示意图

在影响立柱竖向位移的所有因素中，基坑坑底隆起与竖向荷载是最主要的两个方面。基坑内土方开挖的直接作用引起土层的隆起变形，坑底隆起引起立柱桩的上浮；而竖向荷载主要引起立柱桩的下沉。有时设计虽已考虑竖向荷载的作用，但立柱桩仍有向上位移，原因是施工过程中基坑的情况比较复杂，所采用的竖向荷载值及地质土层情况的实际变异性较大。当基坑开挖后，坑底应力释放，坑内土体回弹，桩身上部承受向上的摩擦力作用，立柱桩被抬升；而基坑深层土体阻止桩的上抬，对桩产生向下的摩擦阻力阻止桩上抬。桩的上抬也促使桩端土体应力释放，桩端土体也产生隆起，桩也随之上抬，但上部结构的不断加荷以及变异性较大的施工荷载会引起立柱的沉降，可见立柱竖向位移的机理比较复杂。因此，要通过数值计算预测立柱桩最终是抬升还是沉降都比较困难，至于定量计算最终位移就更加困难了，只能通过监测实时控制与调整。

为了减少立柱竖向位移带来的危害，应使立柱与支撑之间以及支撑与基坑围护结构之间形成刚性较大的整体，共同协调不均匀变形；同时桩土界面的摩擦阻力会直接影响立柱桩的抬升，因此可通过降低立柱桩上部的摩擦阻力来减小基坑开挖对立柱抬升的影响。

（四）坑底隆起（回弹）

基坑开挖时会产生隆起，隆起分正常隆起和非正常隆起。一般由于基坑开挖卸载，会造成基坑隆起，该隆起既有弹性部分，也有塑性部分，属于正常隆起。而如果坑底存在承压水层，并且上覆隔水层重量不能抵抗承水水头压力时，会出现坑底过大隆起，一般中部隆起最大；如果围护结构插入深度不足，也会造成坑底隆起，这两种隆起是基坑失稳的前兆，是非正常隆起，是施工中应该避免的。

基坑回弹观测，应测定深埋大型基础在基坑开挖后，由于卸除地基土自重而引起的基坑内外影响范围内相对于开挖前的回弹量。

1. 回弹观测点位的布设

回弹观测点位的布设应根据基坑形状、大小、深度及地质条件确定，用适当的点数测出所需纵横断面的回弹量。可利用回弹变形的近似对称特性，按下列规定布点。

（1）对于矩形基坑，应在基坑中央及纵（长边）横（短边）轴线上布设，纵向每8～10m布一点，横向每3～4m布一点。对其他形状不规则的基坑，可与设计人员商定。

（2）对基坑外的观测点，应埋设常用的普通水准点标石。观测点应在所选坑内方向线的延长线上距基坑深度1.5～2.0倍距离内布置。当所选点位遇到地下管道或其他物体时，可将观测点移至与之对应方向线的空位置上。

（3）应在基坑外相对稳定且不受施工影响的地点选设工作基点及为寻找标志用的定位点。

2. 回弹标志的埋设

回弹监测标埋设方法如下：

（1）钻孔至基坑设计标高以下20cm，将回弹标旋入钻杆下端，顺着钻孔深深放至孔底，并压入孔底土中40～50cm，即将回弹标尾部压入土中。旋开钻杆，使回弹标脱离钻杆，提起钻杆。

（2）放入辅助测杆，用辅助测杆上的测头进行水准测量，确定回弹标顶面标高。

（3）监测完毕后，将辅助测杆、保护管（套管）提出地面，用砂或素土将钻孔回填。

3. 回弹观测

（1）回弹观测精度可按相关规定，以给定或预估的最大回弹量为变形允许值进行估算后确定。但最弱观测点相对邻近工作基点的高差中误差，不应大于±1.0mm。

（2）回弹观测不应少于三次，具体安排是：第一次在基坑开挖之前测读出初读数，第二次在基坑挖到设计标高后再测读一次，第三次在浇灌基础底板混凝土之前再监测一次。当需要测定分段卸荷回弹时，应按分段卸荷时间增加观测次数。当基坑挖完至基础施工的间隔时间较长时，亦应适当增加观测次数。

（3）基坑开挖前的回弹观测，可采用水准测量配以铅垂钢尺读数的钢尺法；较浅基坑的观测亦可采用水准测量配辅助杆垫高水准尺读数的辅助杆法。

依据这些监测点绘出的隆起（回弹）断面图可以基本反映出坑底的变形变化规律。坑底隆起的测量原理及典型隆起曲线如图10-7所示。

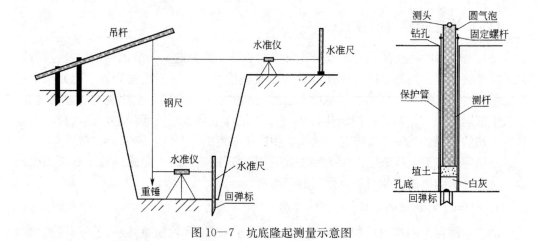

图 10—7 坑底隆起测量示意图

三、监测项目的预警值

基坑工程施工监测的预警值就是设定一个定量化指标系统,在其容许的范围之内认为工程是安全的,并对周围环境不产生有害影响,否则认为工程是非稳定或危险的,并将对周围环境产生有害影响。建立合理的基坑工程监测的预警值是一项十分复杂的研究课题,工程的重要性越高,其预警值的建立越困难。预警值的确定应根据下列原则:

(1) 满足现行的相关规范、规程的要求,大多是位移或变形控制值;

(2) 对于围护结构和支撑内力、锚杆拉力等,不超过设计计算预估值;

(3) 根据各保护对象的主管部门提出的要求来确定;

(4) 在满足监测和环境安全的前提下,综合考虑工程质量、施工进度、技术措施和经济等因素。

确定预警值时,还要综合考虑基坑的规模、工程地质和水文地质条件、周围环境的重要性程度以及基坑的施工方案等因素。确定预警值主要参照现行的相关规范和规程的规定值、经验类比值以及设计预估值这三个方面的数据。随着基坑工程经验的积累和增多,各地区的工程管理部门陆续以地区规范、规程等形式对基坑工程预警值作了规定,其中大多是最大允许位移或变形值。确定变形控制标准时,应考虑变形的时空效应,并控制监测值的变化速率,一级工程宜控制在 2mm/d 之内。当变化速率突然增加或连续保持高速率时,应及时分析原因,以采取相应对策。

相邻房屋的安全与正常使用准则应参照国家或地区的房屋监测标准确定。地下管线的允许沉降和水平位移量值由管线主管单位根据管线的性质和使用情况确定。

基坑和周围环境的位移和变化值是为了基坑安全和对周围环境不产生有害影响,需要在设计和监测时严格控制的,而围护结构和支撑的内力、锚杆拉力等,则是在满足以上基坑和周围环境的位移和变形控制值的前提下由设计计算得到的,因此,围护结构和支撑内力、锚杆拉力等应以设计预估值为确定预警值的依据,一般将预警值确定为设计允许最大值的 80%。

经验类比值是根据大量工程实际经验积累而确定的预警值,如下一些经验预警值可以作为参考:

（1）煤气管道的沉降和水平位移均不得超过 1.0mm，每天发展不得超过 2mm；

（2）自来水管道沉降和水平位移均不得超过 30mm，每天发展不得超过 5mm；

（3）基坑内降水或基坑开挖引起的基坑外水位下降不得超过 1000mm，每天发展不得超过 500mm；

（4）基坑开挖中引起的立柱桩隆起或沉降不得超过 10mm，每天发展不得超过 2mm。

位移-时间曲线也是判断基坑工程稳定性的重要依据，施工监测得到的位移-时间曲线可能呈现出三种形态。对于基坑工程施工中测得的位移-时间曲线，如果始终保持变形加速度小于 0，则该工程是稳定的；如果位移曲线随即出现变形加速度等于 0 的情况，亦即变形速度不再继续下降，则说明工程进入"定常蠕变"状态，须发出警告，并采取措施及时补强围护和支撑系统；一旦位移出现变形加速度大于 0 的情况，则表示已进入危险状态，须立即停工，进行加固。此外，对于围护墙侧向位移曲线和弯矩曲线上发生明显转折点或突变点，也应引起足够的重视。

在施工险情预报中，应同时考虑各项监测内容的量值和变化速度及其相应的实际变化曲线，结合观察到的结构、地层和周围环境状况等综合因素作出预报。从理论上说，设计合理的、可靠的基坑工程，在每一工况的挖土结束后，应该是一切表征基坑工程结构、地层和周围环境力学形态的物流量随时间变化而渐趋稳定；反之，如果测得表征基坑工程结构、地层和周围环境力学形态特点的某一种或某几种物理量随时间变化不是渐趋稳定，则可以断言该工程不稳定，必须修改设计参数、调整施工工艺。

第三节　建筑物的沉降观测

建筑物沉降观测是根据水准基点周期性测定建筑物上的沉降观测点的高程，计算沉降量的工作。通常对建筑物的观测应能反映出 1~2mm 的沉降量。

一、水准点和观测点的布设

1. 水准点的布设

水准点是沉降观测的基准，所以水准点一定要有足够的稳定性。水准点的形式和埋设要求与永久性水准点相同。

在布设水准点时，应满足下列要求：

（1）为了对水准点进行互相校核，防止由于水准点的高程产生变化造成差错，水准点的数目应不少于 3 个，以组成水准网。

（2）水准点应埋设在建（构）筑物基础压力影响范围及受震动影响范围以外，不受施工影响的安全地点。

（3）水准点应接近观测点，其距离不应大于 100m，以保证沉降观测的精度。

（4）离铁路、公路、地下管线和滑坡地带至少 5m。

（5）为防止冰冻影响，水准点埋设深度至少应在冰冻线以下 0.5m。

（6）设在墙上的水准点应埋在永久性建筑物上，且离地面的高度约为 0.5m。

2. 观测点的布设

进行沉降观测的建筑物上应埋设沉降观测点。观测点的数量和位置应能全面反映建筑物的沉降情况，这与建筑物或设备基础的结构、大小、荷载和地质条件有关。这项工作应由设计单位或施工技术部门负责确定。在民用建筑中，一般沿着建筑物的四周每隔 10～12m 布置一个观测点，新、旧建筑物或高、低建筑物交接处的两侧，在房屋转角、沉降缝、抗震缝或伸缩缝的两侧、基础形式改变处及地质条件改变处也应布设观测点。当房屋宽度大于 15m 时，还应在房屋内部纵轴线上和楼梯间布设观测点。一般民用建筑沉降观测点设置在外墙勒脚处。工业厂房的观测点应布设在承重墙、厂房转角、柱子、伸缩缝两侧、设备基础。高大圆形的烟囱、水塔、电视塔、高炉、油罐等构筑物，可在其基础的对称轴线上布设观测点。

观测点的埋设形式如图 10－8 和图 10－9 所示。图 10－8（a）、（b）分别为承重墙和钢筋混凝土柱上的观测点；图 10－9 为设备基础上的观测点。

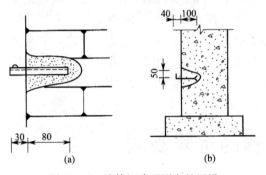

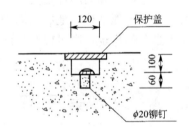

图 10－8　墙体沉降观测点的埋设　　　　图 10－9　设备基础沉降观测点的埋设

二、沉降观测方法

1. 观测周期

沉降观测的时间和次数，应根据工程性质、工程进度、地基土质情况及基础荷重增加情况等决定。

一般待观测点埋设稳固后，即应进行第一次观测，施工期间在增加较大荷载之后（如浇灌基础、回填土、建筑物每升高一层、安装柱子和屋架、屋面铺设、设备安装、设备运转、烟囱每增加 15m 左右等）均应观测。如果施工期间中途停工时间较长，应在停工时和复工前进行观测。当基础附近地面荷载突然增加，周围大量积水或暴雨后，或周围大量挖方等，也应观测。在发生大量沉降、不均匀沉降或裂缝时，应立即进行每天或几天一次的连续观测。竣工后，应根据沉降量的大小及速度进行观测。开始时每隔 1～2 个月观测一次，以每次沉降量在 5～10mm 为限，以后随沉降速度的减缓，可延长到 2～3 个月观测一次，直到沉降量稳定在每 100d 不超过 1mm 时，即认为沉降稳定，方可停止观测。

高层建筑沉降观测的时间和次数，应根据高层建筑的打桩数量和深度、地基土质情况、工程进度等决定。高层建筑的沉降观测应从基础施工开始一直进行观测。一般打桩期间每天观测一次。基础施工由于采用井点降水和挖土的影响，施工地区及四周的地面会产生下沉，邻近建筑物受其影响同时下沉，将影响邻近建筑物的正常使用。为此，要在邻近建筑物上埋设沉降观测点等。竣工后沉降观测第一年应每月一次，第二年每二个月一次，第三年每半年一次，第四年开始每年观测一次，直至稳定为止。如在软土层地基建造高层，应进行长期观测。

2. 观测方法

对于高层建筑物的沉降观测，应采用 DS_1 精密水准仪，用 II 等水准测量方法往返观测，其误差不应超过 $\pm 1\sqrt{n}$ mm（n 为测站数），或 $\pm 4\sqrt{L}$ mm（L 为千米数）。观测应在成像清晰、稳定的时候进行。沉降观测点首次观测的高程值是以后各次观测用以比较的依据，如初测精度不够或存在错误，不仅无法补测，而且会造成沉降工作中的矛盾现象，因此必须提高初测精度。每个沉降观测点首次高程，应在同期进行两次观测后决定。为了保证观测精度，观测时视线长度一般不应超过 50m，前后视距要尽量相等，可用皮尺丈量。观测时先后视水准点，再依次前视各观测点，最后应再次后视水准点，前后两个后视读数之差不应超过 ± 1mm。

对一般厂房的基础和多层建筑物的沉降观测，水准点往返观测的高差偏差不应超过 $\pm 2\sqrt{n}$ mm，前后两个同一后视点的读数之差不得超过 ± 2mm。

沉降观测是一项较长期的连续观测工作，为了保证观测成果的正确性，应尽可能做到四定：

(1) 固定观测人员；

(2) 使用固定的水准仪和水准尺（前、后视用同一根水准尺）；

(3) 使用固定的水准点；

(4) 按规定的日期、方法及既定的路线、测站进行观测。

建筑物沉降监测，监测点本次高程减前次高程的差值为本次沉降量，本次高程减初始高程的差值为累计沉降量。

三、沉降观测的成果整理

1. 整理原始记录

每次观测结束后，应检查记录中的数据和计算是否正确，精度是否合格，如果误差超限应重新观测。然后调整闭合差，推算各观测点的高程，列入成果表中。

2. 计算沉降量

根据各观测点本次所观测高程与上次所观测高程之差，计算各观测点本次沉降量和累计沉降量，并将观测日期和荷载情况记入观测成果表中（见表10-3）。

3. 绘制沉降曲线

为了更清楚地表示沉降量、荷载、时间三者之间的关系，还要画出各观测点的时间与沉降量关系曲线图以及时间与荷载关系曲线图，如图10-10所示。

表 10—3　沉降观测成果表

观测日期 (年月日)	荷载情况 (t/m²)	观测点1 高程(m)	观测点1 本次下沉(mm)	观测点1 累计下沉(mm)	观测点2 高程(m)	观测点2 本次下沉(mm)	观测点2 累计下沉(mm)	观测点3 高程(m)	观测点3 本次下沉(mm)	观测点3 累计下沉(mm)	观测点4 高程(m)	观测点4 本次下沉(mm)	观测点4 累计下沉(mm)	观测点5 高程(m)	观测点5 本次下沉(mm)	观测点5 累计下沉(mm)	观测点6 高程(m)	观测点6 本次下沉(mm)	观测点6 累计下沉(mm)	工程施工进展情况 荷重情况(t/m²)
2012.4.20	4.5	50.157	±0	±0	50.154	±0	±0	50.155	±0	±0	50.155	±0	±0	50.156	±0	±0	50.154	±0	±0	
5.5	5.5	50.155	−2	−2	50.153	−1	−1	50.153	−2	−2	50.154	−1	−1	50.155	−1	−1	50.152	−2	−2	
5.20	7.0	50.152	−3	−5	50.150	−3	−4	50.151	−2	−4	50.153	−1	−2	50.151	−4	−5	50.148	−4	−6	
6.5	9.5	50.148	−4	−9	50.148	−2	−6	50.147	−4	−8	50.150	−3	−5	50.148	−3	−8	50.146	−2	−8	
6.20	10.5	50.145	−3	−12	50.146	−2	−8	50.143	−4	−12	50.148	−2	−7	50.146	−2	−10	50.144	−2	−10	
7.20	10.5	50.143	−2	−14	50.145	−1	−9	50.141	−2	−14	50.147	−1	−8	50.145	−1	−11	50.142	−2	−12	
8.20	10.5	50.142	−1	−15	50.144	−1	−10	50.140	−1	−15	50.145	−2	−10	50.144	−1	−12	50.140	−2	−14	
9.20	10.5	50.140	−2	−17	50.142	−2	−12	50.138	−2	−17	50.143	−2	−12	50.142	−2	−14	50.139	−1	−15	
10.20	10.5	50.139	−1	−18	50.140	−2	−14	50.137	−1	−18	50.142	−1	−13	50.140	−2	−16	50.137	−2	−17	
2013.1.20	10.5	50.137	−2	−20	50.139	−1	−15	50.137	±0	−18	50.142	±0	−13	50.139	−1	−17	50.136	−1	−18	
4.20	10.5	50.136	−1	−21	50.139	±0	−15	50.136	−1	−19	50.141	−1	−14	50.138	−1	−18	50.136	±0	−18	
7.20	10.5	50.135	−1	−22	50.138	+1	−16	50.135	−1	−20	50.140	−1	−15	50.137	−1	−19	50.136	±0	−18	
10.20	10.5	50.135	±0	−22	50.138	±0	−16	50.134	−1	−21	50.140	±0	−15	50.136	−1	−20	50.136	±0	−18	
2013.1.20	10.5	50.135	±0	−22	50.138	±0	−16	50.134	±0	−21	50.140	±0	−15	50.136	±0	−20	50.136	±0	−18	

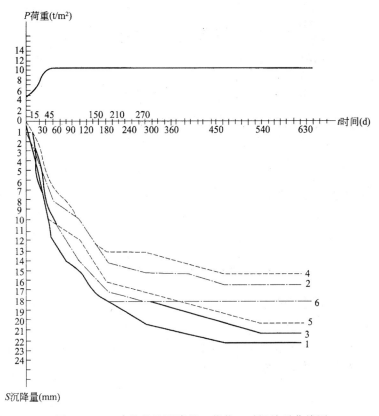

图 10—10　建筑物的沉降量、荷载、时间关系曲线图

时间与沉降量的关系曲线是以沉降量 S 为纵轴，时间 t 为横轴，根据每次观测日期和相应的沉降量按比例画出各点位置，然后将各点依次连接起来，并在曲线一端注明观测点号码。

时间与荷载的关系曲线是以荷载重量 P 为纵轴，时间 t 为横轴，根据每次观测日期和相应的荷载画出各点，然后将各点依次连接起来。

4. 沉降观测应提交的资料

（1）沉降观测（水准测量）记录手簿；

（2）沉降观测成果表；

（3）观测点位置图；

（4）沉降量、地基荷载与延续时间三者的关系曲线图；

（5）编写沉降观测分析报告。

四、沉降观测中常遇到的问题及其处理

1. 曲线在首次观测后即发生回升现象

在第二次观测时即发现曲线上升，至第三次后，曲线又逐渐下降。发生此种现象，一般都是由于首次观测成果存在较大误差所引起的。此时，应将第一次观测成果作废，而采用第二次观测成果作为首测成果。

2. 曲线在中间某点突然回升

发生此种现象的原因，多半是因为水准基点或沉降观测点被碰所致，如水准基点被压低，或沉降观测点被撬高，此时，应仔细检查水准基点和沉降观测点的外形有无损伤。如果众多沉降观测点出现此种现象，则水准基点被压低的可能性很大，此时可改用其他水准点作为水准基点来继续观测，并再埋设新水准点，应保证水准点个数不少于三个；如果只有一个沉降观测点出现此种现象，则多半是该点被撬高，如果观测点被撬后已活动，则需另行埋设新点，若点位尚牢固，则可继续使用，对于该点的沉降计算，则应进行合理处理。

3. 曲线自某点起渐渐回升

产生此种现象一般是由于水准基点下沉所致。此时，应根据水准点之间的高差来判断出最稳定的水准点，以此作为新水准基点，将原来下沉的水准基点废除。另外，埋在裙楼上的沉降观测点，由于受主楼的影响，有可能会出现属于正常的渐渐回升现象。

4. 曲线的波浪起伏现象

曲线在后期呈现微小波浪起伏现象，其原因是测量误差所造成的。曲线在前期波浪起伏之所以不突出，是因为下沉量大于测量误差之故；但到后期，由于建筑物下沉极微小或已接近稳定，因此在曲线上就出现测量误差比较突出的现象。此时，可将波浪曲线改成为水平线，并适当地延长观测的间隔时间。

第四节　建筑物的倾斜观测

建筑物产生倾斜的原因主要是地基承载力的不均匀、建筑物体型复杂形成不同荷载及受外力风荷、地震等影响引起基础的不均匀沉降。

测定建筑物倾斜度随时间而变化的工作叫倾斜观测。

建筑物倾斜观测是利用水准仪、经纬仪、垂球或其他专用仪器来测量建筑物的倾斜度 α。

一、建筑物倾斜监测点的布设

建筑物倾斜监测点的布设应满足下列要求：
（1）监测点通常布置在建筑物角点、变形缝或抗震缝两侧的承重墙或柱上；
（2）监测点应沿主体顶部、底部对应布设，上、下监测点布置在同一竖直线上。

二、建筑物的倾斜观测方法

1. 水准仪观测法

建筑物的倾斜观测可采用精密水准测量的方法，如图 10-11，定期测出基础两端

点的不均匀沉降量 Δh，再根据两点间的距离 L，即可算出基础的倾斜度 α：

$$\alpha = \frac{\Delta h}{L} \qquad (10-1)$$

如果知道建筑物的高度 H，则可推算出建筑物顶部的倾斜位移值 δ：

$$\delta = \alpha H = \frac{\Delta h}{L} H \qquad (10-2)$$

2. 经纬仪观测法

利用经纬仪测量出建筑物顶部的倾斜位移值 δ，再根据 $(10-2)$ 式可计算出建筑物的倾斜度 α：

$$\alpha = \frac{\delta}{H} \qquad (10-3)$$

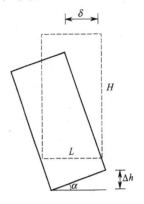

图 10—11 基础倾斜观测

（1）一般建筑物的倾斜观测。

对建筑物的倾斜观测应取互相垂直的两个墙面，同时观测其倾斜度。如图 10—12 所示，首先在建筑物的顶部墙上设置观测标志点 M，将经纬仪安置在离建筑物的距离大于其高度的 1.5 倍处的固定测站上，瞄准上部观测点 M，用盘左、盘右分中法向下投点得 N 点，用同样方法，在与原观测方向垂直的另一方向设置上下两个观测点 P、Q。相隔一定时间再观测，分别瞄准上部观测点 M 与 P 向下投点得 N' 与 Q'，如 N' 与 N、Q' 与 Q 不重合，说明建筑物产生倾斜。用尺量得 $NN'=a$、$QQ'=b$。

则建筑物的总倾斜值为 $$c = \sqrt{a^2 + b^2} \qquad (10-4)$$

建筑物的总倾斜度为 $$i = \frac{c}{H} \qquad (10-5)$$

建筑物的倾斜方向 $$\theta = \tan^{-1} \frac{b}{a} \qquad (10-6)$$

（2）圆形建筑物的倾斜观测

对圆形建筑物和构筑物（如电视塔、烟囱、水塔等）的倾斜观测，是在相互垂直的两个方向上测定其顶部中心对底部中心的偏心距。

如图 10—13 所示，在与烟囱底部所选定的方向轴线垂直处，平稳地安置一根大木枋，距烟囱底部大于烟囱高度 1.5 倍处安置经纬仪，用望远镜分别将烟囱顶部边缘两点 A、A' 及底部边缘 B、B' 投到木枋上定出 a、a' 点及 b、b' 点，可求得 aa' 的中点 a'' 及 bb'' 的中点 b''，则横向倾斜值为 $\delta_x = a''b''$，同法可测得纵向倾斜值为 δ_y。

烟囱的总倾斜值为 $$\delta = \sqrt{\delta_x^2 + \delta_y^2} \qquad (10-7)$$

烟囱的倾斜度为 $$i = \frac{\delta}{H} \qquad (10-8)$$

烟囱的倾斜方向为 $$\alpha = \tan^{-1} \tan^{-1} \frac{\delta_y}{\delta_x} \qquad (10-9)$$

3. 悬挂垂球法

此法是测量建筑物上部倾斜的最简单方法，适合于内部有垂直通道的建筑物。从上部挂下垂球，根据上下应在同一位置上的点，直接测定倾斜位置值 δ。再根据公式 $(10-3)$ 计算倾斜度 α。

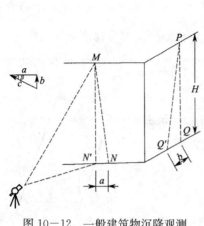

图 10—12 一般建筑物沉降观测

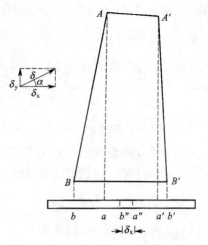

图 10—13 圆形建筑物沉降观测

第五节 建筑物的裂缝、位移与挠度观测

一、建筑物的裂缝观测

测定建筑物某一部位裂缝变化状况的工作叫裂缝观测。

当建筑物发生裂缝时，除了要增加沉降观测和倾斜观测次数外，应立即进行裂缝变化的观测。同时，要根据沉降观测、倾斜观测和裂缝观测的资料研究和查明变形的特性及原因，以判定该建筑物是否安全。

裂缝观测，应在有代表性的裂缝两侧各设置一个固定观测标志，然后定期量取两标志的间距，即为裂缝变化的尺寸（包括长度、宽度和深度）。裂缝监测点应选择有代表性的裂缝进行布置，在基坑施工期间，当发现新裂缝或原有裂缝有增大趋势时，要及时增设监测点。每一条裂缝的测点至少设 2 组，裂缝的最宽处及裂缝末端宜设置测点。

常用方法有以下几种：

1. 石膏板标志

如图 10—14 所示，用厚 10mm，宽 50～80mm 的石膏板覆盖固定在裂缝的两侧。当裂缝继续开展与延伸时，裂缝上的标志即石膏板也随之开裂，从而观测裂缝继续发展的情况。在裂缝发生和发展期，应每天观测一次，当发展缓慢后，可适当减少观测。建筑物裂缝观测采用直接量测方法，通过游标卡尺进行裂缝宽度测读。对裂缝深度量测，可采用超声波观测。

2. 镀锌薄钢板

如图 10—15 所示，用两块镀锌薄钢板，一片为 15cm×15cm 的正方形，固定在裂缝的一侧，并使其一边和裂缝的边缘对齐，另一片为 5cm×20cm，固定在裂缝的另一侧，并使其中一部分紧贴在正方形的白铁皮上。当两块白铁片固定好后，在其表面涂上红漆。如果裂缝继续发展，两块白铁片将被拉开，露出正方形白铁片上原被覆盖没有涂红漆的部分，其宽度即为裂缝加大的宽度，可用钢卷尺量取。

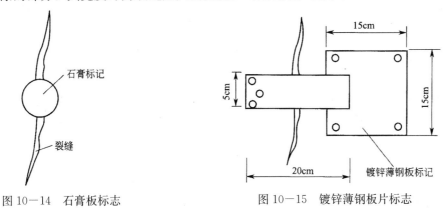

图 10—14　石膏板标志　　　　　　　图 10—15　镀锌薄钢板片标志

3. 钢筋头标志

如图 10—16，将长约 100mm，直径约 10mm 的钢筋头插入，并使其露出墙外约 20mm，用水泥砂浆填灌牢固。两钢筋头标志间距离不得小于 150mm。待水泥砂浆凝固后，用游标卡尺量出两金属棒之间的距离，并记录下来。以后若裂缝继续发展，则金属棒的间距也就不断加大。定期测量两棒的间距，并进行比较，即可掌握裂缝发展情况。

4. 摄影测量

对重要部位的裂缝以及大面积的多条裂缝，可在固定距离及高度设站，进行近景摄影测量。通过对不同时期摄影照片的量测，可以确定裂缝变化的方向及尺寸。

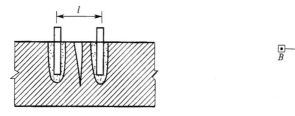

图 10—16　钢筋头标志

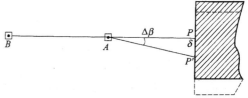

图 10—17　基准线法位移观测

二、建筑物的位移观测

测定建筑物（基础以上部分）在平面上随时间而移动的大小及方向的工作叫位移观测。位移观测首先要在与建筑物位移方向相垂直的方向上建立一条基准线，并埋设测量控制点，再在建筑物上埋设位移观测点，要求观测点位于基准线方向上。

1. 基准线法

如图 10—17 所示，A、B 为基线控制点，P 为观测点，当建筑物未产生位移时，P 点应位于基准线 AB 方向上。过一定时间观测，安置经纬仪于 A 点，采用盘左、盘右分中法投点得 P'，P' 与 P 点不重合，说明建筑物已产生位移，可在建筑物上直接量出

位移量 $\delta = PP'$。

也可采用视准线小角法，用经纬仪精确测出观测点 P 与基准线 AB 的角度变化值 $\Delta\beta$，其位移量可按下式计算：

$$\delta = D_{AP} \frac{\Delta\beta''}{\rho''} \qquad (10-10)$$

式中，D_{AP} 为 A、P 两点间的水平距离。

2. 角度前方交会法

利用前方交会法对观测点进行角度观测，计算观测点的坐标，由两期之间的坐标差计算该点的水平位移。

三、建筑物的挠度观测

测定建筑物构件受力后产生弯曲变形的工作叫挠度观测。

对于平置的构件，应在两端及中间至少设置 A、B、C 三个沉降点，进行沉降观测，测得某间段内这三点的沉降量分别为 h_a、h_b 和 h_c（如图 $10-18$ 所示），则此构件的挠度为：

$$f = \frac{h_a + h_c - 2h_b}{2D_{AC}} \qquad (10-11)$$

对于直立的构件，至少要设置上、中、下三个位移观测点进行位移观测，利用三点的位移量可算出挠度。如图 $10-19$ 所示，为一直立构件，其采用正垂线法进行挠度观测，以建筑物顶部悬挂一根铅垂线，直通至底部，在铅垂线的不同高程上设置测点，借助坐标仪表量测出各点与铅垂线最低点之间的相对位移。任意点 W 的挠度 S_W 按下式计算：

$$S_W = S_0 - \overline{S}_W$$

式中　S_0——铅垂线最低点与顶点之间的相对位移；

　　　$\overline{S}_W$——任一测点 W 与顶点之间的相对位移。

对高层建筑物的主体挠度观测时，可采用垂线法，测出各点相对于铅垂线的偏离值。利用多点观测值可以画出构件的挠度曲线。

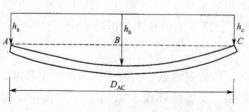

图 $10-18$　建筑物挠度观测

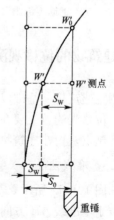

图 $10-19$　直立构件挠度监测

第六节　建筑场地滑坡观测

滑坡是指场地由于地层结构、河流冲刷、地下水活动、人工切坡及各种振动等因素的影响，致使部分或全部土地在重力作用下，沿着地层软弱面整体向下滑动的不良地质现象。

（一）建筑场地滑坡观测的目的

滑坡观测的目的是测绘滑体的周界、定期测量滑动量、主滑动线的方向和速度，以为监测建筑物的安全提供资料。

（二）建筑场地滑坡观测的内容

建筑场地滑坡观测，应测定滑坡的周界、面积、滑动量、滑移方向、主滑线以及滑动速度，并视需要进行滑坡预报。

（三）建筑场地滑坡观测点位的布设

滑坡观测点位的布置：滑坡面上的观测点应均匀布设；滑动量较大和滑动速度较快的部位，应适当多应及时增加观测次数。在发现有大滑动可能时，应立即缩短观测周期，必要时，每天观测一次或两次。

（四）建筑场地滑坡预报

滑坡预报应采用现场严密监视和资料综合分析相结合的方法进行。每次观测后，应及时整理绘制出各观测点的滑动曲线。当利用回归方程发现有异常观测值，或利用位移对数和时间关系曲线判断有拐点时，应在加强观测的同时，密切注意观察滑前征兆，并结合工程地质、水文地质、地震和气象等方面资料，全面分析，作出滑坡预报，及时报警以采取应急措施。

（五）提交成果

（1）滑坡观测系统点位布置图；
（2）观测成果表；
（3）观测点位移与沉降综合曲线图（图10－20）。

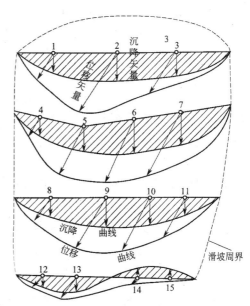

图 10－20　某滑坡观测点位移与沉降综合曲线图

注：观测点平面位置比例尺为 1：500，
位移与沉降矢量比例尺为 1：10。

第七节　GPS定位技术在工程监测中的应用

一、GPS定位技术在工程监测中的应用概述

工程变形监测的对象主要是桥梁、水库大坝、公路、边坡、高层建（构）筑物等。工程变形监测的内容主要是各工程实体基础沉陷、基坑位移以及工程建（构）筑物主体的沉降、水平位移、倾斜及裂缝、工程构件的挠度等。工程变形监测工作的特点是被监测体的几何尺寸巨大，监测环境复杂，监测精度及所采用的监测技术方法要求高。常规的地面监测技术主要是应用精密水准测量的方法来进行沉降观测；应用三角测量、导线测量、角度交会测量等方法来进行水平位移、倾斜、挠度及裂缝等观测。

常规的地面变形监测方法，虽然具有测量精度高、资料可靠等优点，但由于相应的监测工作量大，受外界环境等的影响大，且要求变形监测点与监测基准点相互通视，因而监测的效率相对较低，监测费用相对较高，这一切均使得传统的监测方法在工程监测中的应用存在一定的局限性，加之现今各种大型建筑物的兴建，高标准、高要求的水利大坝工程的纷纷上马，在对这些大型的工程实体进行快速、实时监测方面，传统的变形测量方法已显得越来越力不从心。随着科学技术的进步和对变形监测的要求的不断提高，变形监测技术得以不断地向前发展。全球定位系统（Global Positioning System，GPS）作为20世纪的一项高新技术，由于具有高效、定位速度快、全天候、自动化、测站之间无须通视、可同时测定点的三维坐标及精度高等特点，对经典大地测量以及地球动力学研究的诸多方面产生了极其深刻的影响，在工程变形监测中的应用也已成为可能。

工程变形监测通常要求达到毫米级甚至亚毫米级精度。随着高采样率GPS接收系统的不断出现，以及GPS数据处理方法的改进和完善，后处理软件性能的不断提高，GPS已可用于工程变形监测。目前，GPS技术已大量应用于大坝变形监测、滑坡监测、桥梁监测、高层建筑物的变形和基坑沉陷监测中。

二、GPS在滑坡外观变形监测中的应用

（一）滑坡外观变形13PS监测网的实施

GPS用于滑坡外观变形监测，其监测控制网应采用二级布网方式。测区的首级控制网用GPS控制网进行布设，以建立监测的基准网，其二级网为滑坡体的监测单体网——变形监测点。下面是滑坡外观变形GPS监测的建网要求。

1. GPS基准网的建立

GPS基准网布设应根据滑坡体的具体地形、地质情况而定。GPS基准点宜布设在滑坡体周围（与监测点的距离最好在3km以内）地质条件良好、稳定，且易于长期保

存的地方。每一个监测滑坡体应布设 2～3 个基准点，相邻的滑坡体间布设的基准点可以共用，某一地段的基准点应连成一体，构成基准网点。整个监测区可按地段测设几个 GPS 基准网点，但它们应能与就近的高等级 GPS 点（A、B 级控制网点）联测，以利于分析基准网点的可靠性及稳定性等情况。就基准网点基线向量的中误差而言，当基线长度 $D<3km$ 时，基线分量绝对精度应不大于 3mm。

2. 监测单体网——监测点的布设

视每一滑坡体的地质条件、特征及稳定状态，在 1～2 条监测剖面线上，布设 4～8 个监测点，由于 GPS 观测无须监测点间相互通视，所以监测点位完全可按监测滑坡的需要选定（但应满足 GPS 观测的基本条件）。观测时，每个监测点都应与其周围基准点（2～3 个）直接联测。

（二）滑坡外观变形 GPS 监测方法

1. 全天候实时监测方法

对于建在滑坡体上的城区、厂房，为了实时了解其变化状态，以便及时采取措施，保证人民生命与财产的安全，可采用全天候实时监测方法——GPS 自动化监测系统。

（1）GPS 自动化监测系统组成

滑坡实时监测系统由两个基点、若干个监测点组成，基准点至监测点的距离在 3km 左右，最好在 2km 范围以内。在基准点与监测点上都安置 GPS 接收机和数据传输设备，实时把观测数据传至控制中心（控制中心可设在测区某一楼房内，也可以设在某一城市），在控制中心计算机上，可实时了解这些监测点的三维变形。

（2）系统的精度

实时监测系统的精度可按设计及监测要求设定，最高监测精度可达亚毫米级。

（3）系统响应速度

从控制中心敲计算机键盘开始，10min 内可以了解 5～10 个监测点的实时变化情况。

2. 定期监测方法

定期监测方法是最常用的方法，按监测对象及要求不同可分为静态测量法、快速静态测量法和动态测量法三种。

（1）静态测量法

静态测量法，就是将超过三台以上的 GPS 接收机同时安置在观测点上，同步观测一定时段，一般为 1～2h，用边连接方法构网，然后利用 GPS 后处理软件解算基线，经严密平差计算求定各观测点的三维坐标。

GPS 基准网，应采用静态测量方法，这种方法定位精度高，适用于长边观测，其测边相对精度可达 $10^{-9}m$，也可用于滑坡体监测点的观测。

（2）快速静态测量法

这种方法尤其适用于对变形监测点的观测。其工作原理是把两台 GPS 接收机安置在基准点上，固定不动以进行连续观测，另 1～4 台 GPS 接收机在各监测点上移动，每次观测 5～10min（采样间隔为 2s），整体观测完后用 GPS 后处理软件进行数据处理，解算出各监测点的三维坐标，然后根据各次观测解算出的三维坐标变化来分析监测点变形。要求基准点至各监测点的距离均应在 3km 范围之内，其监测精度为水平位移±（3～5）mm，垂直位移±（5～8）mm。若距离大于 3km，水平精度为 $5 + D \times 10^{-6}$（mm），垂直精度为 $8 + D \times 10^{-6}$（mm）。

（3）动态测量法

①动态测量法。把一台 GPS 接收机安置在一个基准点上，另一台 GPS 接收机先在另一基准点建站并且保证观测 5min（采样时间间隔为 1s），然后在保持对所接收卫星连续跟踪而不失锁的情况下，对监测滑坡体的各监测点轮流建站观测，每站需停留观测 2～10min。最后用 GPS 后处理软件进行数据处理，解算出各监测点的三维坐标，其观测精度可达 1～2cm。

②实时动态测量法。实时动态测量法又叫 RTK 法（Real Time Kinematic），是以载波相位观测为基础的实时差分 GPS 测量技术。其原理是在基准站上安置一台 GPS 接收机，对所有可见 GPS 卫星进行连续观测，并将观测数据通过无线电传输设备，实时地发送给在各监测点上进行移动观测（1～3s）的 GPS 接收机，移动 GPS 接收机在接收 GPS 信号的同时，通过无线电接收设备接收基准站的观测数据，再根据差分定位原理，实时计算出监测点的三维坐标及精度，精度可达 2～5cm。如果距离近，基准点与监测点有 5 颗以上 GPS 卫星，精度可达 1～2cm。

（三）GPS 滑坡监测的数据处理

滑坡监测的 GPS 基线较短，精度要求较高，因此，需在监测点埋设具有强制对中设备的混凝土观测墩，利用双频 GPS 接收机选择良好的观测时段进行周期性观测。在观测过程中应充分利用有效时间，观测采样以 10s 为一历元，通常应延长观测时间，每一观测时段的观测时间都应在 1h 以上。为了使观测结果更合理，可考虑在不同的时日进行重复观测，最好用不同的卫星。

GPS 高精度变形监测网的基线解算和平差计算，目前一般是采用瑞士 Bernese 大学研制开发的 Bernese 软件或美国麻省理工学院研制开发的 GAMIT/GLOBK 软件和 IGS 精密星历。国内目前较有影响的 GPS 平差软件有原武汉测绘科技大学研制的 GPS-ADJ 系列平差处理软件和同济大学的 TGPPS 静态定位后处理软件。这两种软件主要用于完成经过商用 GPS 基线处理软件处理以后的二维和三维 GPS 网的平差。

在 GPS 滑坡监测中，为了得到监测网中每一时段的精确基线解，根据滑坡监测作业的特点，在进行 GPS 监测数据后处理时，主要应考虑以下因素：

（1）卫星钟差的模型改正使用广播星历中的钟差参数。

（2）根据由伪距观测值计算出的接收机钟差进行钟差的模型改正。

（3）电离层折射影响用模型改正，并通过双差观测值来削弱。

（4）对流层折射根据标准大气模型用 Sastamoinen 模型改正，其偏差采用随机过程来模拟。

（5）卫星截止高度角为 15°，数据采样率均为 10s。

（6）周跳的修复。为了能正确修复周跳，根据滑坡区短基线的特点，采用 L1、L2 双差拟合方法自动修正周跳。解算的成果质量证明，此方法能较好地修复周跳。对未修复的周跳，通过附加参数进行处理。

（7）基准点坐标的确定。为避免起始点坐标偏差的影响，在每期基线解算中，起始点的坐标均取相同值。GPS 监测网各期观测，基线解算所用起算点的坐标一般应选择基准设计中起算点的坐标，起算点最好是具有高精度的 WCS－1984 年坐标，以提高基线解算精度。值得注意的是基线解算时选择起算点的坐标后，首先应当解算与已知起算点相连的同步时段的各条基线，然后依次解算与此相连的另一同步时段的各基线。也就是说，整个 GPS 网基线解算统一在同一基准之下，然后进行 GPS 网观测质量的检核，各闭合环合乎限差规定后，进行下一步的数据处理，即 GPS 网平差。

三、GPS 用于高层建筑物的监测

高层建筑物动态特征的监测对其安全运营、维护及设计至关重要，尤其要实时或准实时监测高层建筑物受地震、台风等外界因素作用下的动态特征，如高层建筑物摆动的幅度（相对位移）和频率。传统的高层建筑物的变形监测方法（采用加速度传感器、全站仪和激光准直等）因受其能力所限，在连续性、实时性和自动化程度等方面已不能满足大型建（构）筑物动态监测的要求。

近年来，随着 GPS 硬件和软件技术的发展。特别是高采样频率如 10Hz 甚至 20HzGPS 接收机的出现，以及 GPS 数据处理方法的改进和完善等，为 GPS 技术应用于实时或准实时监测高层建筑物的动态特征提供了可能。目前，GPS 定位技术在这一领域的应用研究已成为热点之一，以高层建筑物动态特征的监测为例，设计了振动实验以模拟高层建筑物受地震和台风等外界因素作用下的动态特征，并采用动态 GPS 技术对此进行监测。实验数据的频谱分析结果表明，利用 GPS 观测数据可以精确地鉴别出高层建筑物的低频动态特征，并指出了随着 GPS 接收机采样频率的提高，动态 GPS 技术可以监测高层建筑物更高频率的动态特征，最终建立具有 GPS 数据采集、数据传输、数据处理与分析、预警等功能的高层建筑物动态变形自动化监测与预警系统。

由工程监测实践可知，采用 GPS 技术对高层建筑物进行动态变形观测是可行的，并且其观测数据可以用于高层建筑结构的施工定位修正。就现今高层建筑的监测来说，可以采用连续观测方式，分析建筑物在施工期间受不同强度的风作用的动态变形规律（至少可以得到建筑物的最小位移和最大位移，也可以得到纠正时间），根据数据处理结果提供的建筑物施工位移，从而指导纠偏工作。由于建筑物的风振属于随机振动，利用 GPS 技术进行建筑物动态变形观测所获数据，研究建筑物随机振动的规律性，既能为高层建筑的施工纠偏提供可靠的科学依据，又能为优化高层建筑设计提供新的技术手段。

☞ **思考题与习题**

1. 简述工程变形监测的定义及任务。
2. 基坑监测的目的、原则与步骤是什么？
3. 围护墙顶的水平位移及墙顶竖向位移监测分别采用什么方法？

4. 基坑围护墙顶水平位移监测频率如何?

5. 试述基坑回弹观测的方法。

6. 试述建筑物的沉降观测方法。

7. 烟囱经检测其顶部中心在两个互相垂直的方向上各偏离底部中心 48mm 及 65mm，烟囱的高度为 80m，试求烟囱的总倾斜度及其倾斜方向的倾角?

8. 试述建筑物的滑坡观测方法。

第十一章　管道与道路施工测量

☞ **教学要求**

通过本章学习，要求掌握测量仪器在管道工程、道路工程施工中的具体应用方法；掌握管道、道路中线及圆曲线的测设方法；掌握管道施工及道路施工中基本的测设程序及工作方法。

第一节　管道施工测量

在城镇建设中要敷设给水、排水、煤气、电力、电信、热力、输油等各种管道。

管道施工测量多属地下构筑物，在较大的城镇街道及厂矿地区，管道间上下穿插，纵横交错。在测量或施工中如果出现差错，往往会造成很大损失。所以，测量工作必须采用城镇或厂矿的统一坐标和高程系统，按照"从整体到局部，先控制后碎部"的工作程序和步步有校核的工作方法进行，为施工提供可靠的测量资料和标志。

管道施工测量的主要任务是根据工程进度要求，为施工测设各种标志，使施工技术人员便于随时掌握中线方向及高程位置。施工测量的主要内容为施工前的测量工作和施工过程中的测量工作。

一、施工前的测量工作

1. 熟悉图纸和现场情况

应熟悉施工图纸、精度要求、现场情况，找出各主点桩、里程桩和水准点位置并加以检测。拟定测设方法，计算并校核有关测设数据，注意对设计图纸的校核。

2. 恢复中线和施工控制桩的测设

在施工时中桩要被挖掉，为了在施工时控制中线位置，应在不受施工干扰、引测方便、易于保存桩位的地方测设施工控制桩。施工控制桩分中线控制桩和位置控制桩。

（1）中线控制桩的测设。

一般是在中线的延长线上设置中线控制桩并做好标记，如图 11－1 所示。

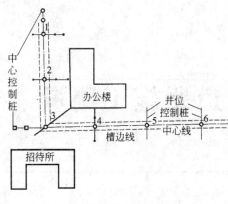

图 11-1 中线控制桩的测设

（2）附属构筑物（如检查井）位置控制桩的测设。

一般是在垂直于中线方向上钉两个木桩。控制桩要钉在槽口外 0.5m 左右，与中线的距离最好是整米数。恢复构筑物时，将两桩用小线连起，则小线与中线的交点即为其中心位置。

当管道直线较长时，可在中线一侧测设一条与其平行的轴线，利用该轴线表示恢复中线和构筑物的位置。

3. 加密水准点

为了在施工中引测高程方便，应在原有水准点之间每 100～150m 增设临时施工水准点。精度要求应符合工程性质和有关规范的规定。

4. 槽口放线

槽口放线的任务是根据设计埋深要求和土质情况、管径大小等计算出开槽宽度，并在地面上定出槽边线位置，作为开槽边界的依据。

（1）当地面平坦时，如图 11-2（a），槽口宽度 B 的计算方法为：

$$B=b+2mh \tag{11-1}$$

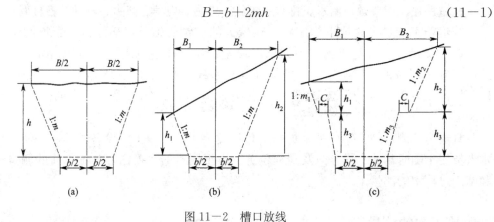

图 11-2 槽口放线

（2）当地面坡度较大，管槽深在 2.5m 以内时，中线两侧槽口宽度不相等，如图 11-2（b）。槽口宽度 B 的计算公式为：

$$\left.\begin{array}{l}B_1=b/2+mh_1\\B_2=b/2+mh_2\end{array}\right\} \tag{11-2}$$

（3）当槽深在 2.5m 以上时，如图 11-2（c）。槽口宽度 B 的计算公式为：

$$\left.\begin{array}{l}B_1=b/2+m_1h_1+m_3h_3+C\\B_2=b/2+m_2h_2+m_3h_3+C\end{array}\right\} \tag{11-3}$$

以上三式中 b ——管槽开挖宽度；

m_i ——槽壁坡度系数（由设计或规范给定）；

h_i——管槽左或右侧开挖深度；

B_i——中线左或右侧槽开挖宽度；

i ——1，2，3；

C ——槽肩宽度。

二、施工过程中的测量工作

管道施工过程中的测量工作，主要是控制管道中线和高程，一般采用坡度板法。

1. 埋设坡度板

坡度板应根据工程进度要求及时埋设，其间距一般为 $10\sim15m$，如遇检查井、支线等构筑物时应增设坡度板。当槽深在 2.5m 以上时，应待挖至距槽底 2.0m 左右时，再在槽内埋设坡度板。坡度板要埋设牢固，不得露出地面，应使其顶面近于水平。用机械开挖时，坡度板应在机械挖完土方后及时埋设（图 11—3）。

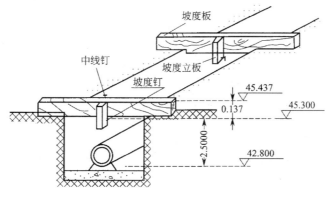

图 11—3 埋设坡度板

2. 测设中线钉

坡度板埋好后，将经纬仪安置在中线控制桩上，将管道中心线投测在坡度板上并钉中线钉，中线钉的连线即为管道中线，挂垂线可将中线投测到槽底定出管道平面位置。

3. 测设坡度钉

为了使控制管道符合设计要求，在各坡度板上中线钉的一侧钉一坡度立板，在坡度立板侧面钉一个无头钉或扁头钉（称为坡度钉），使各坡度钉的连线平行管道设计坡度线，并距管底设计高程为一整分米数（称为下反数）。利用这条线来控制管道的坡度、高程和管槽深度。

为此按下式计算出每一坡度板顶向上或向下量的调整数，使下反数为预先确定的一个整数。

$$调整数＝预先确定的下反数－（板顶高程－管底设计高程） \tag{11—4}$$

调整数为负值时，坡度板顶向下量；反之则向上量。

例如，根据水准点，用水准仪测得 0＋000 坡度板中心线处的板顶高程为

45.437m，管底的设计高程为 42.800m，那么，从板顶往下量 45.437m－42.800m＝2.637m，即为管底高程，如图 11－3 所示。现根据各坡度板的板顶高程和管底高程情况，选定一个统一的整分米数 2.5m 作为下反数，见表 11－1，只要从板顶向下量0.137m，并用小钉在坡度立板上标明这一点的位置，则由这一点向下量 2.5m 即为管底高程。坡度钉钉好后，应该对坡度钉高程进行检测。

用同样方法在这一段管线的其他各坡度板上也定出下反数为 2.5m 的高程点，这些点的连线则与管底的坡度线平行。

表 11－1 坡度钉测设手簿

板号	距离	坡度	管底高程	板顶高程	板顶—管底高差	下反数	调整数	坡度钉高程
1	2	3	4	5	6	7	8	9
0＋000			42.800	45.437	2.637		－0.137	45.300
0＋010	10		42.770	45.383	2.613		－0.113	45.270
0＋020	10		42.740	45.364	2.624		－0.124	45.240
0＋030	10	－3‰	42.710	45.315	2.605	2.500	－0.105	45.210
0＋040	10		42.680	45.310	2.630		－0.130	45.180
0＋050	10		42.650	45.246	2.596		－0.096	45.150

三、架空管道的施工测量

1. 管架基础施工测量

架空管道基础各工序的施工测量方法与厂房基础相同，不同点主要是架空管道有支架（或立杆）及其相应基础的测量工作。管架基础控制桩应根据中心桩测定。

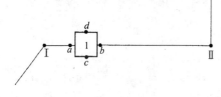

图 11－4 管架基础施工测量

管线上每个支架的中心桩在开挖基础时将被挖掉，需将其位置引测到互相垂直的四个控制桩上，如图 11－4 所示。引测时，将经纬仪安置在主点上，在Ⅰ Ⅱ方向上钉出 a、b 两控制桩，然后将经纬仪安置在支架中心点 1，在垂直于管线方向上标定 c、d 两控制桩。根据控制桩可恢复支架中心 1 的位置及确定开挖边线，进行基础施工。

2. 支架安装测量

架空管道系安装在钢筋混凝土支架或钢支架上。安装管道支架时，应配合施工进行柱子垂直校正等测量工作，其测量方法、精度要求均与厂房柱子安装测量相同。管道安装前，应在支架上测设中心线和标高。中心线投点和标高测量容许误差均不得超过±3mm。

四、顶管施工测量

在管道穿越铁路、公路、河流或建筑物时，由于不能或不允许开槽施工，常采用顶管施工方法。另外，为了克服雨期和严冬对施工的影响，减轻劳动强度和改善劳动条件等，也常采用顶管方法施工。顶管施工技术随着机械化程度的提高而不断广泛采用，是管道施工中的一项新技术。

顶管施工时，应在放顶管的两端先挖好工作坑，在工作坑内安装导轨（铁轨或方木），并将管材放置在导轨上，用顶镐将管材沿管线方向顶进土中，然后将管内土方挖出来。顶管施工测量的主要任务是控制好顶管中线方向、高程和坡度。

1. 顶管测量的准备工作

（1）中线桩的测设。中线桩是工作坑放线和测设坡度板中线钉的依据。测设时应根据设计图纸的要求，根据管道中线控制桩，用经纬仪将顶管中线桩分别引测到工作坑的前后，并钉以大铁钉或木桩，以标定顶管的中线位置（图 11-5）。中线桩钉好后，即可根据它定出工作坑的开挖边界，工作坑的底部尺寸一般为 4m×6m。

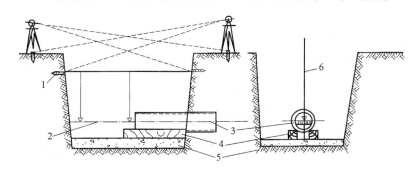

图 11-5 中线桩测设
1—中线控制桩；2—顶管中心线；3—木尺；4—导轨；5—垫层；6—中心钉

（2）临时水准点的测设。为了使控制管道按设计高程和坡度顶进，应在工作坑内设置临时水准点。一般在坑内顶进起点的一侧钉设一大木桩，使桩顶或桩一侧的小钉的高程与顶管起点管内底设计高程相同。

（3）导轨的安装。导轨一般安装在土基础或混凝土基础上。基础面的高程及纵坡都应当符合设计要求（中线处高程应稍低，以利于排水和防止管壁摩擦）。根据导轨宽度安装导轨，根据顶管中线桩及临时水准点检查中心线及高程，检查无误后，将导轨固定。

2. 顶进过程中的测量工作

（1）中线测量。如图 11-6 所示，通过顶管的两个中线桩拉一条细线，并在细线上挂两个垂球，然后贴靠两垂球线再拉紧一水平细线，这根水平细线即标明了顶管的中线方向。为了保证中线测量的精度，两垂球间的距离尽可能远些。这时在管内前端放一水平尺，其上有刻划和中心钉，尺寸略小于或等于管径。顶管时用水准器将尺找平。通过拉入管内的小线与水平尺上的中心钉比较，可知管中心是否有偏差，尺上中心钉偏向哪一侧，就说明管道也偏向哪个方向。为了及时发现顶进时中线是否有偏差，中线测量以每顶进 0.5～1.0m 量一次为宜。其偏差值可直接在水平尺上读出，若左右偏差超过 1.5cm，则需要进行中线校正。

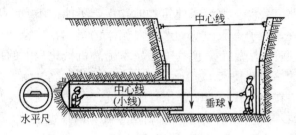

图 11-6　中线测量

这种方法在短距离顶管是可行的，当距离超过 50cm 时，可采用激光经纬仪和激光水准仪进行导向，从而可保证施工质量，加快施工进度，如图 11-7 所示。

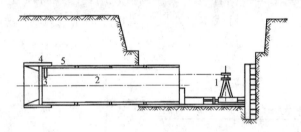

图 11-7　激光测量

1—激光经纬仪；2—激光束；3—激光接收靶；4—刃角；5—管子

（2）高程测量。如图 11-8 所示，将水准仪安置在工作坑内，后视临时水准点，前视顶管内待测点，在管内使用一根小于管径的标尺，即可测得待测点的高程。将测得的管底高程与管底设计高程进行比较，即可知道校正顶管坡度的数值。但为工作方便，一般以工作坑内水准点为依据，设计纵坡用比高法检验。例如管道的设计坡度为 5‰，每顶进 1.0m，高程就应升高 5mm，该点的水准尺上读数就应小 5mm。

顶管施工测量记录格式见表 11-2，其反映了顶进过程中的中线与高程情况，是分析施工质量的重要依据。根据规范规定施工时应达到以下几点要求：

①高程偏差：高不得超过设计高程 10mm，低不得超过设计高程 20mm。

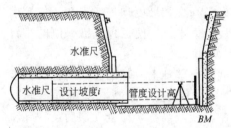

图 11-8　高程测量

②中线偏差：左右不得超过设计中线 30mm。

③管子错口：一般不得超过 10mm，对顶时不得超过 30mm。

④测量工作应及时、准确，当第一节管就位于导轨上后，即可进行校测，符合要求后开始进行顶进。一般在工具管刚进入土层时，应加密测量次数。常规做法每顶进 100cm 测量不少于 1 次，每次测量都应以测量管子的前端位置为准。

表 11-2　顶管施工测量记录

井号	里程	中心偏差 (m)	水准点尺上读数 (m)	该点尺上应读数 (m)	该点尺上实读数 (m)	高程误差 (m)	备注
8号	0+180.0	0.000	0.742	0.736	0.735	-0.001	水准点高程为：12.558m
	0+180.5	左 0.004	0.864	0.856	0.853	-0.003	$I=+5‰$
	0+181.0	右 0.005	0.796	0.758	0.760	+0.002	0+管底高程为：12.564m
	...	...	...	...	...	...	
	0+200.0	右 0.006	0.814	0.869	0.863	-0.006	

第二节　道路施工测量

　　道路工程是一种带状的空间三维结构物。道路工程分为城市道路（包括高架道路）、联系城市之间公路（包括高速公路）、工矿企业的专用道路以及为农业产生服务的农村道路，这些道路一起组成全国道路网。

　　道路工程由路基、路面、桥涵、隧道、附属工程（如停车场）、安全设施（如护栏）和各种标志组成。

　　道路施工测量包括路线勘测设计测量和道路施工测量两大部分。

　　道路施工测量的任务是将道路的设计位置按照设计与施工要求测设到实地上，为施工提供依据。它又分为道路施工前的测量工作和施工过程中的测量工作。

　　道路施工测量的基本内容是在道路施工前和道路施工中，恢复中线，测设边坡以及桥涵、隧道等位置和高程标志，以保证工程按图施工。当工程逐项结束后，还应进行竣工验收测量，以检查施工成果是否符合施工设计要求，并为工程竣工后的使用、养护提供必要的资料。

一、圆曲线的主点测设

　　当线路由一个方向转到另一个方向时，为了行车安全，必须用曲线连接，该曲线称为平曲线，平曲线中最常用的两种曲线是圆曲线和缓和曲线。

　　圆曲线是具有一定曲率半径的圆弧，它由三个重要点位即直圆点（ZY）（曲线起点）、曲线中点（QZ）、圆直点（YZ）（曲线终点）控制着曲线的方向，这三点称为圆曲线的三主点，如图 11-9 所示，转角 I 根据所测左角（$\beta_左$）（或右角）计算，曲线半

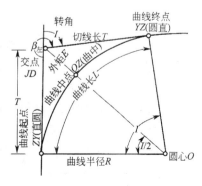

图 11-9　圆曲线测设元素

径 R 根据地形条件和工程要求选定。根据 I 和 R 可以计算其他测设元素。

圆曲线的测设分两部分进行：先测设三主点，然后测设曲线上每隔一定距离的里程桩（称辅点）。

1. 圆曲线测设元素的计算

如图 11—9 所示，可得圆曲线测设的元素如下：

$$\left.\begin{array}{ll} \text{切线长 } T & T=R\tan\dfrac{1}{2} \\[2ex] \text{曲线长 } L & L=\dfrac{\pi}{180°}\times RI \\[2ex] \text{外矢距 } E & E=R\left(\sec\dfrac{1}{2}-1\right) \\[2ex] \text{切曲差 } D & D=2T-L \end{array}\right\} \qquad (11-5)$$

式中，I 为线路转折角；R 为圆曲线半径，T、L、E、D 为圆曲线测设元素，其值可由计算器算出，亦可查《公路曲线测设用表》。

2. 圆曲线主点桩号的计算

根据交点的桩号和圆曲线元素可推出：

$$\left.\begin{array}{l} ZY\text{桩号}=JD\text{桩号}-\text{切线长 } T \\[1.5ex] YZ\text{桩号}=ZY\text{桩号}+\text{曲线长 } L \\[1.5ex] QZ\text{桩号}=YZ\text{桩号}-\dfrac{L}{2} \end{array}\right\} \qquad (11-6)$$

$$\text{校核：} JD\text{桩号}=QZ\text{桩号}+\dfrac{D}{2} \qquad (11-7)$$

【例 11—1】 某线路交点 JD 桩号为 $K1+385.50$，测得右转角 $I=42°25'$，圆曲线半径 $R=120\text{m}$。求圆曲线元素及主点桩号。

【解】 由式 (11—5) 得：

$$T=R\tan\frac{I}{2}=120\times\tan\left(\frac{42°25'}{2}\right)=46.56\text{m}$$

$$L=RI\times\frac{\pi}{180°}=120\times42°25'\times\frac{\pi}{180°}=88.84\text{m}$$

$$E=R\left(\sec\frac{I}{2}-1\right)=120\times\left(\sec\frac{42°25'}{2}-1\right)=8.72\text{m}$$

$$D=2T-L=4.28\text{m}$$

由式 (11—6) 得：

JD 桩号	$K1+385.5$
$-T$	46.56
ZY 桩号	$K1+338.94$
$+L$	88.84

YZ 桩号	K1+427.78
$-L/2$	44.42

QZ 桩号	K1+383.36

再按式（12—6）校核：

QZ 桩号	K1+383.36
$+D/2$	2.14

JD 桩号	K1+385.50

校核无误

3. 圆曲线主点的测设

（1）在交点处安置经纬仪，照准后一方向线的交点或转点并设置水平度盘为 $0°00′00″$，从 JD 点沿线方向量取切线长度得 ZY 点，并打桩标钉其点位，立即检查 ZY 至最近的里程桩的距离，若该距离与两桩号之差相等或相差在允许范围内，则认为 ZY 点位正确，否则应查明原因并纠正。再将经纬仪转向路线另一方向，同法求得 YZ 点。

（2）转动经纬仪照准部，拨角 $(180°-I)/2$，在其视线上量 E 值即得 QZ 点，如图 11—10 所示。

（3）检查三主点相对位置的准确性：将经纬仪安置在 ZY 上，用测回法分别测出 β_1、β_2 角值，若 $\beta_1-I/4$、$\beta_1-I/2$ 在允许范围内，则认为三主点测设位置正确，即可继续圆曲线的详细测设。

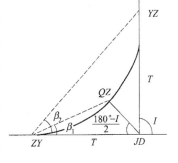

图 11—10　量取 QZ 点

二、圆曲线的详细测设

当曲线长小于 40m 时，测设曲线的三个主点已能满足路线线形的要求。如果曲线较长或地形变化较大时，为了满足线形和工作的需要，除了测设曲线的三个主点外，还要每隔一定的距离 l，测设一个辅点，进行曲线加密。根据地形情况和曲线半径大小，一般每隔 5m、10m、20m 测设一点，圆曲线的详细测设，就是指测设除圆曲线的主线以外一切曲线桩，包括一定距离的加密桩、百米桩及其他加桩。圆曲线详细测设的方法很多，可视地形条件加以选用，现介绍几种常用的方法。

1. 偏角法

偏角法又称极坐标法。它是根据一个角度和一段距离的极坐标定位原理来设点的，也就是以曲线的起点或终点至曲线上任一点的弦线与切线之间的偏角（即弦切角）和弦长来测定该点的位置的。以 l 表示弧长，c 表示弦长，根据几何原理可知，偏角即弦切角 Δ_i 等于相应弧长 l 所对圆心角 f_i 的一半。则有关数据可按下式计算：

$$\text{圆心角}\qquad \varphi=\frac{l}{R}\times\frac{180°}{\pi}$$

偏　　角 $$\Delta=\frac{1}{2}\times\frac{l}{R}\times\frac{180^\circ}{\pi}=\frac{l}{R}\times\frac{90^\circ}{\pi}$$

弦　　长 $$c=2R\times\sin\frac{\varphi}{2}=2R\times\sin\Delta \qquad (11-8)$$

弧弦差 $$\delta=l-c=\frac{l^3}{24R^2}$$

如果曲线上各辅点间的弧长 l 均相等时，则各辅点的偏角都为第一个辅点的整数倍，即：

$$\Delta_2=2\Delta_1$$
$$\Delta_3=3\Delta_1 \qquad (11-9)$$
$$\Delta_n=n\Delta_1$$

而曲线起点 ZY 至曲中线点的 QZ 的偏角为 $\alpha/4$，曲线起点 ZY 至曲线终点 YZ 的偏角为 $\alpha/2$，可用这两个偏角值作为测设的校核。

在实际测设中，上述一些数据可用电子计算器快速算得，也可依曲线半径 R 和弧长 l 为引数查取"曲线测设用表"获得。

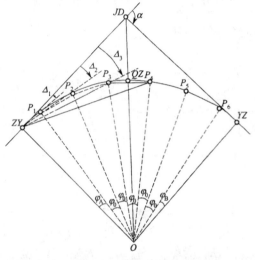

图 11—11　偏角法测设圆曲线

为减少计算工作量，提高测设速度，在偏角法设置曲线时，通常是以整桩号设桩，然而曲线起点、终点的桩号一般都不是整桩号，因此首先要计算出曲线首尾段弧长 l_A、l_B，然后计算或查表得出相应的偏角 Δ_A、Δ_B，其余中间各段弧长均为 l 及其偏角 Δ，均可从表中直接查得。

具体测设步骤如下：

（1）核对在中线测量时已经桩钉的圆曲线的主点 ZY、QZ、YZ，若发现异常，应重新测设主点。

（2）将经纬仪安置于曲线起点 ZY，以水平度盘读数 $0^\circ00'00''$ 瞄准交点 JD，如图 11—11 所示。

（3）松开照准部，置水平度盘读数为 1 点之偏角值为 Δ_1，在此方向上用钢尺从 ZY 点量取弦长 c_1，桩钉 1 点。再松开照准部，置水平度盘读数为 2 点之偏角值 Δ_2，在此方向上用钢尺从 1 点量取弦长 c_2，桩钉 2 点。同法测设其余各点，如图 11—11 所示。

（4）最后应闭合于曲线终点 YZ 以此来校核。若曲线较长，可在各起点 ZY、终点 YZ 测设曲线的一半，并在曲线中点 QZ 进行校核。校核时，如果两者不重合，其闭合差一般不得超过如下规定：

半径方向（路线横向）误差 $\pm0.1\mathrm{m}$

切线方向（路线纵向）误差 $\pm\dfrac{L}{1000}$（L 为曲线长） $\qquad (11-10)$

偏角法是一种测设精度较高、灵活性较大的常用方法，适用于地势起伏、视野开阔的地区。它既可在三个主点上测设曲线，又能在曲线任一点测设曲线，但其缺点是测点有误差的积累，所以宜在由起点、终点两端向中间测设或在曲线中点分别向两端测设。对于小于100m的曲线，由于弦长与相应的弧长相差较大，不宜采用偏角法。

【例11—2】　已知圆曲线 $R=200m$，转角 $\alpha=25°30'$，交点的里程为 $1+314.50m$，起点桩 ZY 桩号为 $1+269.24$，中点桩 QZ 桩号为 $1+313.75$，终点桩 YZ 桩号为 $1+358.26$，试用偏角法进行圆曲线的详细测设，计算出各段弧长采用20m的测设数据。

【解】　由于起点桩号为 $1+269.24$，其前面最近整数里程桩应为 $1+280$，其首段弧长 $L_A=[(1+280)-(1+269.24)]m=10.76m$，而终点桩号为 $1+358.26$，其后面最近整数里程桩为 $1+340$，其尾段弧长 $L_B=[(1+358.26)-(1+340)]m=18.26m$，中间各段弧长为 $L=20m$。应用公式可计算出各段弧长相应的偏角为：

$$\Delta_A=\frac{90°}{\pi}\times\frac{l_A}{R}=\frac{90°}{\pi}\times\frac{10.76}{200}=1°32'29''$$

$$\Delta_B=\frac{90°}{\pi}\times\frac{l_B}{R}=\frac{90°}{\pi}\times\frac{20}{200}=2°36'56''$$

$$\Delta=\frac{90°}{\pi}\times\frac{l}{R}=\frac{90°}{\pi}\times\frac{20}{200}=2°51'53''$$

再应用公式计算出各段弧长所对的弦长为：

$$c_A=2R\sin\Delta=2\times200\times\sin1°32'29''=10.76m$$
$$c_B=2R\sin\Delta_B=2\times200\times\sin2°36'56''=18.25m$$
$$c=2R\sin\Delta=2\times200\times\sin2°51'53''=19.99m$$

为便于测设，将计算成果的各段偏角、弦长及各辅点的桩号列入表11—3。

表11—3　各段弧长测设数据

号点	曲线里程桩号	偏角 Δ_i	长 c_i（m）
起点 ZY	$1+269.24$	$\Delta_{ZY}=0°00'00''$	
1	$1+280$	$\Delta_1=\Delta_A=1°32'29''$	10.76
2	$1+300$	$\Delta_2=\Delta_A+\Delta=4°24'22''$	19.99
3	$1+320$	$\Delta_3=\Delta_A+2\Delta=7°16'15''$	19.99
4	$1+340$	$\Delta_4=\Delta_A+3\Delta=10°08'08''$	19.99
终点 YZ	$1+358.26$	$\Delta_{ZY}=\Delta_A+3\Delta+\Delta_B=12°45'04''$	18.25
计算校核：$\Delta_{ZY}=\alpha/2=(25°30'00'')/2=12°45'00''$误差符合要求			

2. 切线支距法

切线支距法又称直角坐标法。它是根据直角坐标法定位原理，用两个相互垂直的距离（x，y）来确定某一点的位置。也就是以曲线起点 ZY 或终点 YZ 为坐标原点，以切线为 X 轴，以过原点的半径为 Y 轴，根据坐标（X，Y）来设置曲线上各点。

如图11—12所示，P_1、P_2、P_3 点的曲线预设置的辅点，其弧长为 l，所对的圆心角为 f，按照几何关系，可得到各点的坐标值为：

$$x_1=R\sin\varphi_1$$
$$y_1=R-R\cos\varphi_1=R(1-\cos\varphi_1)$$
$$=2R\sin^2\frac{\varphi_1}{2}$$

$$x_2 = R\sin\varphi_2 = R\sin 2\varphi_1 \quad (假设弧长相同)$$

$$y_2 = 2R\sin^2\frac{\varphi_2}{2} = 2R\sin^2\varphi_1$$

同理，可知 x_3，y_3 的坐标值。式中 R 为曲线半径，$\varphi = \dfrac{1}{R} \times \dfrac{180°}{\pi}$ 为圆心角，因此不同的曲线长就有不同的 f 值，同样也就有相应的 x、y 值。

在实际测设中，上述的数据可用电子计算器算得，亦可以半径 R，曲线长 l 为引数，直接查取《曲线测设用表》中《切线支距表》的相应 x、y 值。

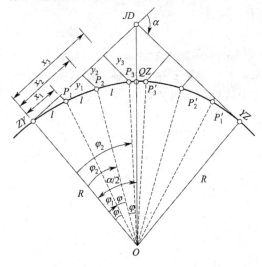

图 11—12 切线支距法测设曲线

测设步骤具体如下：

（1）校对在中线测量时已桩钉的圆曲线的三个主点 ZY、QZ、YZ，若有差错，应重新测设主点。

（2）用钢尺或皮尺从 ZY 开始，沿切线方向量取 x_1、x_2、x_3 等点，并做标记，如图 11—12 所示。

（3）在 x_1、x_2、x_3 等点用十字架（方向架）作垂点，并量出 y_1、y_2、y_3 等点，用测针标记，即得出曲线上 1、2、3 等点。

（4）丈量所定各点的弦长作为校核。若无误，即可固定桩位，注明相应的里程桩。

用切线支距法测设曲线，由于各曲线点是独立测设的，其测角及量边的误差都不累积，所以在支距不太长的情况下，具有精度高、操作较简单的优点，故应用也较广泛，适用于地势平坦，使用量距的地区。但它不能自行闭合、自行校核，所以已测设的曲线点，要实量其相邻两点间的距离，以便校核。

【例 11—3】 已知曲线半径 80m，曲线每隔 10m 桩钉一桩，试求其中 1、2 点的坐标值。

【解】

$$\varphi = \frac{l}{R} \times = \frac{10}{80} \times \frac{180°}{\pi} = 7°09'43''$$

$$x_1 = R\sin\varphi = 80 \times \sin 7°09'43'' = 9.97\text{m}$$

$$y_1 = 2R\sin^2\frac{\varphi}{2} = 2 \times 80 \times \sin\left((\underline{7°09'43''})^2 = 0.62\text{m}\right.$$

$$x_2 = R\sin 2\varphi = 80 \times \sin\left(2 \times 7°09'43''\right) = 17.79\text{m}$$

$$y_2 = 2R\sin^2\varphi = 2 \times 80 \times \left(\sin 7°09'43''\right)^2 = 2.49\text{m}$$

三、道路施工测量

道路施工测量的主要任务是根据工程进度的需要，按照设计要求，及时恢复道路中线测设高程标志，以及细部测设和放线等，作为施工人员掌握道路平面位置和高程的依据，以保证按图施工。其内容有施工前的测量工作和施工过程中的测量工作。

1. 施工前的测量工作

施工前的测量工作的主要内容是熟悉图纸和现场情况、恢复中线、加设施工控制桩、增设施工水准点、纵横断面的加密和复测、工程用地测量等。

（1）熟悉设计图纸和现场情况。道路设计图纸主要有路线平面图，纵、横断面图，标准横断面图和附属构筑物图等。接到施工任务图后，测量人员首先要熟悉道路设计图纸。通过熟悉图纸，在了解设计意图和对工程测量精度要求的基础上，熟悉道路的中线位置和各种附属构筑物的位置，确定有关的施测数据及相互关系。同时要认真校核各部位尺寸，发现问题及时处理，以确保工程质量和进度。

施工现场因机械、车辆、材料堆放等原因，各种测量标志易被碰动或损坏，因此，测量人员要勘察施工现场。熟悉施工现场时，除了解工程及地形的情况外，应在实地找出中线桩、水准点的位置，必要时实测校核，以便及时发现被碰动损坏的桩点，并避免用错点位。

（2）恢复中线。工程设计阶段所测定的中线桩至开始施工时，往往有一部分桩点被碰动或丢失的现象。为保证工程施工中线位置准确可靠，在施工前根据原定线的条件进行复核，并将丢失的交点桩和里程桩等恢复校正好。此项工作往往是由施工单位会同设计、规划勘测部门共同来校正恢复。

对于部分改线地段，则应重新定线并测绘相应的纵、横断面图。恢复中线时，一般应将附属构筑物如涵洞、挡土墙、检修井等的位置一并定出。

（3）加设施工控制桩。经校正恢复的中线位置桩，在施工中往往要被挖掉或掩盖，很难保留。因此，为了在施工中准确控制工程的中线位置，应在施工前根据施工现场的条件和可能，选择不受施工干扰、便于使用、易于保存桩位的地方，测设施工控制桩。其测设方法有平行线法、延长线法和交会法等。

①平行线法。该法是在路线边 1m 以外，以中线桩为准测设两排平行中线的施工控制桩如图 11—13 所示。适用于地势平坦、直线段较长的路线上。控制桩间距一般取 10～20m，用它既能控制中线位置，又能控制高程。

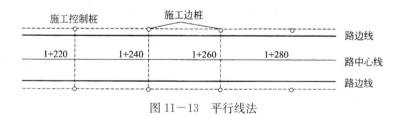

图 11—13　平行线法

②延长线法。该法是在中线延长线上测设方向控制桩，当转角很小时可在中线的垂直方向测设控制桩，如图 11—14 所示。此法适用于地势起伏较大、直线段较短的路段上。

③交会法。该法是在中线的一侧或两侧选择适当位置设置控制桩或选择明显固定地物，如电杆、房屋的墙角等作为控制，如图 11—15 所示。此法适用于地势较开阔、便于距离交会的路段上。

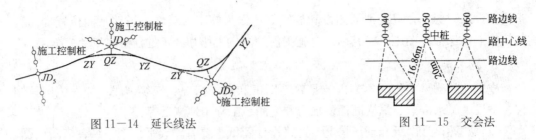

图 11—14 延长线法   图 11—15 交会法

上述三种方法无论在城镇区、郊区或山区的道路施工中均应根据实际情况互相配合使用。但无论使用哪种方法测设施工桩，均要绘出示意图、量距并做好记录，以便查用。

（4）增设施工水准点。为了在施工中引测高程方便，应在原有水准点之间加设临时施工水准点，其间距一般为 100～300m。对加密的施工水准点，应设置在稳固、可靠、使用方便的地方。其引测精度应根据工程性质、要求的不同而不同。引测的方法按照水准测量的方法进行。

（5）纵、横断面的加密与复测。当工程设计定测后至施工前一段时间较长时，线路上可能出现局部变化，如挖土、堆土等，同时为了核实土方工程量，也需核实纵、横断面资料，因此，一般在施工前要对纵、横断面进行加密与复测。

（6）工程用地测量。工程用地是指工程在施工和使用中所占用的土地。工程用地测量的任务是根据设计图上确定的用地界线，按桩号和用地范围，在实地上标定出工程用地边界桩，并绘制工程用地平面图，也可以利用设计平面图圈绘。此外，还应编制用地划界表并附文字说明，作为向当地政府以及有关单位申请征用或租用土地、办理拆迁、补偿的依据。

2. 施工过程中的测量工作

施工过程中的测量工作又俗称施工测量放线，它的主要内容有路基放线、施工边桩的测设、路面放线和道牙与人行道的测量放线等。

（1）路基放线。路基的形式基本上可分为路堤和路堑两种。路堤如图 11—16 所示。路基放线是根据设计横断面图和各桩的填、挖高度，测设出坡脚、坡顶和路中心等，构成路基的轮廓，作为填土或挖土的依据。

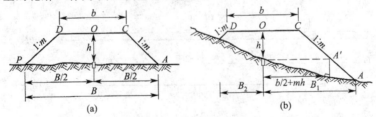

图 11—16 路堤路基放线

①路堤放线。如图 11—16（a）所示为平坦地面路堤放线情况。路基上口 b 和边坡 $1:m$ 均为设计数值，填方高度 h 可从纵断面图上查得，由图中可得出：

$$B=b+2mh \quad 或 \quad B/2=b/2+mh \tag{11—11}$$

式中 B——路基下口宽度，即坡脚 A、P 之距；

$B/2$——路基下口半宽，即坡脚 A、P 的半距。

放线方法是由该断面中心桩沿横断面方向向两侧各量 $B/2$ 后钉桩，即得出坡脚 A 和 P。在中心桩及距中心桩 $b/2$ 处立小木杆（或竹竿），用水准仪在杆上测设出该断面的设计高程线，即得坡顶 C、D 及路中心 O 三点，最后用小线将 A、C、O、D、P 点连起，即得到路基的轮廓。施工时，在相邻断面坡脚的连线上撒出白灰线作为填方的边界。

图 11-16（b）所示为地面坡度较大时路堤放线的情况。由于坡脚 A、P 距中心桩的距离与 A、P 地面高低有关，故不能直接用上述公式算出，通常采用坡度尺定点法和横断面图解法。

坡度尺定点法是先做一个符合设计边坡 $1:m$ 的坡度尺，如图 11-17 所示，当竖向转动坡度尺使直立边平行于垂球线时，其斜边即为设计坡度。

用坡度尺测设坡脚的方法是先用前一方法测出坡顶 C 和 D，然后将坡度尺的顶点 N 分别对在 C 和 D 上，用小线顺着坡度尺斜边延长至地面，即分别得到坡脚 A 和 P。当填方高度 h 较大时，由 C 点测设 A 点有困难，可用前一方法测设出与中桩在同一水平线上的边坡点 A'，再在 A' 点用坡度尺测设出坡脚 A。

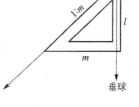

图 11-17　坡度尺

横断面图解法是用比例尺在已设计好的横断面上（俗称已戴好帽子的横断面），量得坡脚距中心的水平距离，即可在实地相应的断面上测设出坡脚位置。

②路堑放线。图 11-18（a）所示为平坦地面上路堑放线情况。其原理与路堤放线基本相同，但计算坡顶宽度 B 时，应考虑排水边沟的宽度 b_0，计算公式如下：

$$B=b+2(b_0+mh) \quad 或 \quad B/2=b/2+b_0+mh \tag{11-12}$$

图 11-18（b）所示为地面坡度较大时的路堑放线情况。其关键是找出坡顶 A 和 P，按前法或横断面图解法找出 P、A（或 $A1$）。当挖深较大时，为方便施工，可制作坡度尺或测设坡度板，作为施工时掌握边坡的依据。

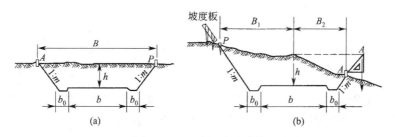

图 11-18　路堑路基放线

③半填半挖的路基放线。在修筑山区道路时，为减少土石方量，路基常采用半填半挖形式，如图 11-19 所示。这种路基放线时，除按上述方法定出填方坡度 A 和挖方坡顶 P 外，还要测设出不填不挖的零点 O'。其测设方法是用水准仪直接在横断面上找出等于路基设计高程的地面点，即为零点 O'。

（2）施工边桩的测设。由于路基的施工致使中线上所设置的各桩被毁掉或填埋，因此，为了简便施工测量工作，可用平行线加设边桩，即在距路面边线为 0.5～1.0m

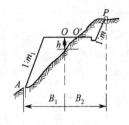

图 11—19 半填半挖
的路基放线

以外，各钉一排平行中线的施工边桩，作为路面施工的依据，用它来控制路面高程和中线位置。

施工边桩一般是以施工前测定的施工控制桩为准测设的，其间距以 10～30m 为宜。当边桩钉置好后，可按测设已知高程点的方法，在边桩测设出该桩的道路中线的设计高程钉，并将中线两侧相邻边桩上的高程钉用小线连起，便得到两条与路面设计高程一致的坡度线。为了防止观测和计算错误，每测完一段应附合到另一水准点上校核。

如施工地段两侧邻近有建筑物时，可不钉边桩，利用建筑物标记里程桩号，并测出高程，计算出各桩号路面设计高的改正数，在实地标注清楚，作为施工的依据。

如果施工现场已有平行中线的施工控制桩，并且间距符合施工要求，则可一桩两用不再另行测设边桩。

（3）路面放线。路面放线的任务是根据路肩上测设的施工边桩的位置和桩顶高程及路拱曲线大样图、路面结构大样图、标准横断面图，测设出侧石的位置并绘出控制路面各结构层路拱的标志，以指导施工。

①侧石边线桩和路面中心桩的测设。如图 11—20 所示，根据两侧的施工边桩，按照控制边桩钉桩的记录和设计路面宽度，推算出边桩距侧石边线和路面中心的距离，然后自边桩沿横断方向分别量出至侧石和道路中心的距离，即可钉出侧石内侧边线桩和道路中心桩。同时可按路面设计亮度尺寸复测侧石至路中心的距离，以便校核。

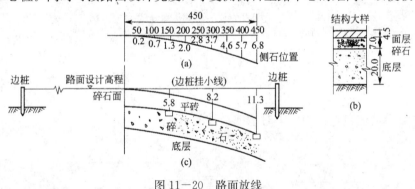

图 11—20 路面放线

②路面放线。

A. 直线型路拱的路面放线。如图 11—21 所示，B 为路面宽度；h 为路拱中心高出路面边缘的高度，称为路拱矢高；其数值 $h = B/2 \times i$；i 为设计路面横向坡度（%）；x 为横距，y 为纵距；O 为原点（路面中心点），其路拱计算公式为：

$$y = x \times i \qquad (11-13)$$

其放线步骤如下：a. 计算中桩填、挖值，即中桩桩顶实测高程与路面各层设计高程之差；b. 计算侧石边桩填、挖值，即边线桩桩顶实测高程与路面各层设计高程之差；c. 根据计算成果，分别在中、边桩上标定并挂线，即得到路面各层的横向坡度线。如果路面较宽可在中间加点。

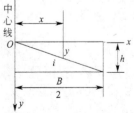

图 11—21 直线型路拱
的路面放线

施工时，为了使用方便，应预先将各桩号断面的填、挖值计算好，以表格形式列出，称为平单，供放线时直接使用。

B. 抛物线型路拱的路面放线。对于路拱较大的柔性路面，其路面横向宜采用抛物线形，如图 11－22 所示。图 11－22 中，B 为路面宽度；h 为路拱矢高，即 $h=B/2\times i$；i 为直线型路拱坡度；x 为横轴，是路拱的路面中心点的切线位置；y 为纵距；O 为原点，是路面中心点。其路拱计算公式为

$$y=\frac{4h}{B^2}\times x^2 \tag{11-14}$$

其放线步骤如下：a. 根据施工需要、精度要求选定横距 x 值，如图 11－22 所示，50cm、100cm、150cm、200cm、250cm、300cm、350cm、400cm、450cm，按路拱公式计算出相应的纵距 y 值 0.2cm、0.7cm、…、5.7cm、6.8cm。b. 在边线桩上定出路面各层中心设计高程，并在路两侧挂线，此线就是各层路面中心高程线。c. 自路中心向左、右量取 x 值，自路中心标高水平线向下量取相应的 y 值，就可得横断面方向路面结构层的高程控制点。

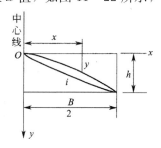

图 11－22　抛物线型路拱的路面放线

施工时，可采用"平砖"法控制路拱形状。即在边桩上依路中心高程挂线后，按路拱曲线大样图所注的尺寸，以及路面结构大样图，在路中心两侧一定距离处，在距路中心 150cm、300cm 和 450cm 处分别向下量 5.8cm、8.2cm、11.3cm，放置平砖，并使乎砖顶面正好处在拱面高度，铺撒碎石时，以平砖为标志就可找出设计的拱形。铺筑其他结构层，重复采用此法放线。

在曲线部分测设侧石和放置平砖时，应根据设计图纸做好内侧路面加宽和外侧路拱超高的放线工作。

关于交叉口和广场的路面施工的放线，要根据设计图纸先加钉方格桩，其桩间距为 5～20m，再在各桩上测设设计高程线，然后依据路面结构层挂线或设"平砖"，以便分块施工。

C. 变方抛物线型路面放线。由于抛物线型路拱的坡度其拱顶部分过于平缓，不利于排水；边缘部分过陡，不利于行车。为改善此种状况，以二次抛物线公式为基础，采用变方抛物线计算，以适应各种宽度。

其路拱计算公式为：

$$y=\frac{2^n\times h}{B^n}\times x^n=\frac{2^{n-1}}{B^{n-1}}\times x^n \tag{11-15}$$

式中　x——横距；

　　　y——纵距；

　　　B——路面宽度；

　　　h——路拱矢高，$h=Bi/2$，

　　　i——设计横坡（%）；

　　　n——抛物线次，根据不同的路宽和设计横坡分别选用 $n=1.25$、1.5、1.75、2.00。

在一般道路设计图纸上均绘有路拱大样图和给定的路拱计算公式。

（4）道牙（侧石）与人行道的测量放线。道牙（侧石）是为了行人和交通安全，将人行道与路面分开的一种设置。人行道一般高出路面8～20cm。

道牙（侧石）的放线，一般和路面放线同时进行，也可与人行道放线同时进行。道牙（侧石）与人行道测量放线方法如下：

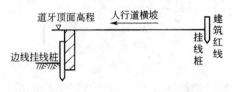

图11-23 道牙与人行道测量放线

①根据边线控制桩，测设出路面边线挂线桩，即道牙的内侧线，如图11-23所示。

②由边线控制桩的高程引测出路面面层设计高程，标注在边线挂线桩上。

③根据设计图纸要求，求出道牙的顶面高程。

④由各桩号分段将道牙顶面高程挂线，安放并砌筑道牙。

⑤以道牙为准，按照人行道铺设宽度设置人行道外缘挂线桩。再根据人行道宽度和设计横坡，推算人行道外缘设计高程，然后用水准测量方法将设计高程引测到人行道外缘挂线桩上，并做出标志。用线绳与道牙连接，即为人行道铺设顶面控制线。

☞ **思考题与习题**

1. 管道施工测量的主要内容有哪些？

2. 管道有哪三主点？主点的测设方法有哪两种？

3. 管道施工测量采用坡度板法时，如何控制管道中线和高程？

4. 根据表11-4中数据，计算出各坡度板处的管底设计高程，再根据选定的下返数计算出各坡度板顶高程调整数。

表11-4 坡度钉测设手簿

板号	距离	坡度	管底高程	板顶高程	板一管高差	下返数	调整数	坡度钉高程
1	2	3	4	5	6	7	8	9
0+000				34.969				
0+020				31.756				
0+040				34.564				
0+060			32.680	34.059		2.100		
0+080		$I=-10\%$		34.148				
0+100				33.655				

5. 顶管施工测量如何控制顶管中线方向、高程和坡度？

6. 什么是圆曲线的主点？圆曲线元素有哪些？如何测设圆曲线的主点？

7. 道路施工测量有哪些主要内容？

8. 已知$JD5$里程桩号为$2+11.28$，转角$\alpha=25°05'$，半径$R=100$m，试求圆曲线主点的桩号，并计算校核，简要说明主点的测设方法。

9. 第8题在钉出主点后，若采用偏角法按整桩20m设桩，试计算各桩的偏角和弦长，并说明桩位的测设方法。

10. 第8题在钉出主点后，曲线整桩距为20m，若采用切线支距法，试计算各桩的坐标，并说明桩位的测设方法。

第十二章　建筑施工测量实训须知

一、测量实训的目的

　　建筑施工测量是一门实践性很强的专业基础课，测量实训是教学环节中不可缺少的环节。只有通过仪器操作、观测、记录、计算、绘图、编写实训报告等，才能验证和巩固好课堂所学的基本理论，掌握仪器操作的基本技能和测量作业的基本方法。培养学生分析问题、解决问题的能力，使学生具有认真、负责、严格、精细、实事求是的科学态度和工作作风。因此，必须对测量实训予以高度重视。

二、测量实训的要求

　　（1）测量实训之前，必须认真阅读本书和复习教材中的相关内容，弄清基本概念和实训目的、要求、方法、步骤和有关注意事项，使实训工作能顺利地按计划完成。

　　（2）按实训书中提出的要求，于实训前准备好所需文具，如铅笔、小刀、计算器、三角板等。

　　（3）实训分小组进行，正组长负责组织和协调实训的各项工作，副组长负责仪器、工具的借领、保管和归还。

　　（4）对实训规定的各项内容，小组内每人均应轮流操作，实训报告应独立完成。

　　（5）实训应在规定时间内进行，不得无故缺席、迟到或早退；实训应在指定地点进行，不得擅自变更地点。

　　（6）必须遵守本实训书中所列的"测量仪器、工具的借用规则"和"测量记录与计算规则"。

　　（7）应认真听取教师的指导，实训的具体操作应按实训指导书的要求、步骤进行。

　　（8）测量实训中出现仪器故障、工具损坏和丢失等情况时，必须及时向指导教师报告，不可随意自行处理。

　　（9）测量实训结束时，应把观测记录和实训报告交实训指导教师审阅，经教师认可后方可收拾和清理仪器、工具，归还实验室。

三、测量仪器、工具的借用规则

测量仪器一般都比较重，对测量仪器的正确使用、精心爱护和科学保养，是测量工作人员必须具备的素质和应该掌握的技能，也是保证测量成果质量、提高工作效率和延长仪器、工具使用寿命的必要条件。测量仪器、工具的借用必须遵守以下规则：

（1）以小组为单位，凭有效证件前往测量仪器室，借领实训书上注明的仪器、工具。

（2）借领时，应确认实物与实训书上所列仪器、工具是否相符，仪器、工具是否完好，仪器背带和提手是否牢固。如有缺损，立即补领或更换。借领时，各组依次由1～2人进入室内，在指定地点清点、检查仪器和工具，然后在登记表上填写班级、组号及日期。借领人签名后将登记表及学生证交给管理人员。

（3）仪器搬运前，应检查仪器箱是否锁好，搬运仪器、工具时，应轻拿轻放，避免剧烈振动和碰撞。

（4）实训过程中，各组应妥善保护仪器、工具，各组间不得任意调换仪器、工具。

（5）实训结束后，应及时清理仪器、工具上的泥土，收装仪器、工具，并送还仪器室检查，取回证件。

（6）爱护测量仪器、工具，若有损坏或遗失，应填写报告单说明情况，并按有关规定给予赔偿。

四、实训报告填写与计算要求

（1）实训记录必须直接填在规定的表格内随测随记，不得转抄。

（2）凡记录表格上规定应填写的项目不得空白。

（3）观测者读数后，记录者应立即回报读数，以防听错、记错。

（4）记录与计算均用2H或3H绘图铅笔记载。字体应端正清晰、数字齐全、数位对齐、字脚靠近底线，字体大小应略大于格子的一半，以便留出空隙改错。

（5）测量记录的数据应写齐规定的位数，规定的位数视要求的不同而不同。对普通测量而言：水准测量和距离测量以米为单位，小数点后记录三位；角度的分和秒取两位记录位数。

表示精度或占位的"0"均不能省略，如水准尺读数 2.45m，应记为 2.450m；角度读数 21°5′6″，应记为 21°05′06″。

（6）禁止擦拭、涂抹与挖补，发现错误应在错误处用横线划去。淘汰某整个部分时可以斜线划去，不得使原数字模糊不清。修改局部（非尾数）错误时，则将局部数字划去，将正确数字写在原数字上方。所有记录的修改和观测成果的淘汰，必须在备注栏注明原因（如测错、记错或超限等）。

（7）观测数据的尾数部分不准更改，应将该部分观测值废去重测。

不准更改的部位：角度测量的分和秒的读数，水准测量和距离测量的厘米和毫米的读数。

（8）禁止连续更改，如水准测量的黑面、红面读数，角度测量中的盘左、盘右读数，距离丈量中的往、返测读数等，均不能同时更改，否则应重测。

（9）数据的计算应根据所取的位数，按"4舍6入，5前单进双舍"的规则进行凑整。例如，若取至毫米位则1.1084m、1.1076m、1.1085m、1.1075m都应记为1.108m。

（10）每个测站观测结束后，必须在现场完成规定的计算和检核，确认无误后方可迁站。

五、测量仪器、工具的操作规程

1. 打开仪器箱时的注意事项

（1）仪器箱应平放在地面或其他台子上才能开箱，不要托在手上或抱在怀里开箱，以免不小心将仪器摔坏。

（2）开箱后未取出仪器前，要注意仪器安放的位置与方向，以免使用完毕装箱时，因安放位置不正确而损伤仪器。

2. 自箱内取出仪器时的注意事项

（1）不论何种仪器，在取出前一定要先放松制动螺旋，以免取出仪器时因强行扭转而损坏制动、微动装置，甚至损坏轴系。

（2）自箱内取出仪器时，应一手握住照准部支架，另一手扶住基座部分，轻拿轻放，不要用一只手抓仪器。

（3）自箱内取出仪器后，要随即将仪器箱盖好，以免沙土、杂草等不洁之物进入箱内，还要防止搬动仪器时丢失附件。

（4）取仪器和使用过程中，要注意避免触摸仪器的目镜、物镜或用手帕等物去擦仪器的目镜、物镜等光学部分。

3. 架设仪器时的注意事项

（1）伸缩式脚架三条腿抽出后，要把固定螺旋拧紧，但不可用力过猛而造成螺旋滑丝；防止因螺旋未拧紧而使脚架自行收缩而摔坏仪器。三条腿拉出的长度要适中。

（2）架设脚架时，三条腿分开的跨度要适中。并得太靠拢易被碰倒，分得太开易滑，都会造成事故。若在斜坡上架设仪器，应使两条腿在坡下（可稍放长），一条腿在坡上（可稍缩短）。若在光滑地面上架设仪器，要采取安全措施（例如，用细绳将三脚架连接起来或用防滑板），防止滑动摔坏仪器。

（3）架设仪器时，应使架头大致水平（安置经纬仪的脚架时，架头的中央圆孔应大致与地面测站点对中），若地面为泥土地面，应将脚架尖踩入土中，以防止仪器下沉。

（4）从仪器箱取出仪器时，应一手握住照准部支架，另一手扶住基座部分，然后将仪器轻轻安放到三脚架头上。一手握住照准部支架，另一手将中心连接螺旋旋入基座底板的连接孔内旋紧，预防因忘记拧上连接螺旋或拧得不紧而摔坏仪器。

（5）仪器箱不能承重，故不可踏、坐仪器箱。

4. 仪器在使用过程中要满足以下要求

（1）在阳光下或雨天作业时必须撑伞，防止日晒或雨淋（包括仪器箱）。

（2）任何时候仪器旁都必须有人守护，禁止无关人员搬弄和防止行人车辆碰撞。

（3）如遇目镜、物镜外表面蒙上水汽而影响观测，应稍等一会儿或用纸片扇风使水汽散尽；如镜头有灰尘，应用仪器箱中的软毛刷拂去或用镜头纸轻轻拭去。严禁用手指或手帕等物擦拭，以免损坏镜头上的药膜。观测结束后应及时安上物镜盖。

（4）转动仪器时，应先松开制动螺旋，然后平稳转动。使用微动螺旋时，应先旋紧制动螺旋。

（5）操作仪器时，用力要均匀，动作要准确轻缓。用力过大或动作太猛都会造成仪器损伤。制动螺旋不能拧得太紧，微动螺旋和脚螺旋不要旋到顶端，宜使用中段螺纹。使用各种螺旋不要用力过大或动作太猛，应用力均匀，以免损伤螺纹。

（6）仪器使用完毕装箱前要放松各制动螺旋，装入箱内要试合一下，在确认安放正确后，将各部制动螺旋略为旋紧，防止仪器在箱内自由转动而损坏某些部件。

（7）清点箱内附件，若无缺失则将箱盖合上、扣紧、锁好。

（8）仪器发生故障时，应立即停止使用，并及时向指导教师报告。

5. 仪器的搬迁

（1）远距离迁站或通过行走不便的地区时，必须将仪器装箱后再迁站。

（2）近距离且平坦地区迁站时，可将仪器连同脚架一同搬迁。其方法是：先检查连接螺旋是否旋紧，然后松开各制动螺旋使仪器保持初始位置（经纬仪望远镜物镜对向度盘中心，水准仪物镜向后），再收拢三脚架，一手托住仪器的支架或基座于胸前，一手抱住脚架放在肋下，稳步行走。严禁斜扛仪器或奔跑，以防碰摔。

（3）迁站时，应清点所有的仪器和工具，防止丢失。

6. 仪器的装箱

（1）仪器使用完后，应及时清除仪器上的灰尘和仪器箱、脚架上的泥土，套上物镜盖。

（2）仪器拆卸时，应先松开各制动螺旋，将脚螺旋旋至中段大致同高的地方，再一手握住照准部支架。另一只手将中心连接螺旋旋开，双手将仪器取下装箱。

（3）仪器装箱时，使仪器就位正确，试合箱盖，确认放妥后，再拧紧各制动螺旋，检查仪器箱内的附件是否缺少，然后关箱上锁。若箱盖合不上，说明仪器位置未放置正确或未将脚螺旋旋至中段，应重放，切不可强压箱盖，以免压坏仪器。

（4）清点所有的仪器和工具，防止丢失。

7. 测量工具的使用

（1）钢尺使用时，应避免打结、扭曲，防止行人踩踏和车辆碾压，以免钢尺折断。

携尺前进时，应将尺身离地提起，不得在地面上拖曳，以防钢尺尺面刻划磨损。钢尺用毕后，应将其擦净并涂油防锈。钢尺收卷时，应一人拉持尺环，另一人把尺顺序卷入，防止铰结、扭断。

（2）皮尺使用时，应均匀用力拉伸，避免强力拉拽而使皮尺断裂。如果皮尺浸水受潮，应及时晾干。皮尺收卷时，切忌扭转卷入。

（3）各种标尺和花杆的使用，应注意防水、防潮和防止横向受力。不用时安放稳妥，不得垫坐，不要将标尺和花杆随便往树上或墙上立靠，以防滑倒摔坏或磨损尺面。花杆不得用于抬东西或作标枪投掷。塔尺的使用，还应注意接口处的正确连接，用后及时收尺。

（4）测图板的使用，应注意保护板面，不准乱戳乱画，不能施以重压。

（5）小件工具如垂球、测钎和尺垫等，使用完即收，防止遗失。

六、测量课间实训成绩考核办法

测量课间实训是测量课堂教学期间每一章节内容讲授之后安排的实际操作训练，是加深学生直观概念的必要途径。每个测量课间实训均附记录表格，学生应在观测时现场记录，并作必要的计算，在实训结束时上交。教师根据具体情况给出优、良、及格和不及格，作为测量课程的平时成绩。

第十三章　建筑施工测量课间实训

实训一　DS$_3$水准仪的认识与使用

一、实训目的

(1) 了解 DS$_3$ 水准仪的基本构造和性能，认识其主要构件的名称和作用。

(2) 练习水准仪的安置、照准、读数和高差计算。

二、仪器和工具

DS$_3$ 水准仪 1 台，水准尺 2 根，尺垫 2 个。自备 $2H$ 铅笔 2 支和测伞 1 把。

三、内容

(1) 熟悉 DS$_3$ 型水准仪各部线的名称及作用。

(2) 学会使用圆水准器整平仪器。

(3) 学会照准目标，消除视差及利用望远镜的中丝在水准尺上读数。

(4) 学会测定地面两点间的高差。

四、方法和步骤

1. 安置仪器

松开三脚架的伸缩螺旋，按需要调节三条腿的长度后，旋紧螺旋。安置脚架时，应使架头大致水平。在土地面，应将脚架的脚尖踩入土中，以防仪器下沉；对水泥地面，要采取防滑措施；对倾斜地面，应将三脚架的一个脚安放在高处，另两只脚安置在低处。

打开仪器箱，记住仪器摆放位置，以便仪器装箱时按原位置摆放。双手将仪器从仪器箱中拿出来，平稳地放在脚架架头，接着一手握住仪器，另一手将中心螺旋旋入仪器基座内，并将其旋紧。

2. 认识 DS$_3$ 水准仪的主要部件和作用

应了解 DS$_3$ 水准仪的外形和主要部件的名称、作用及使用方法。了解水准尺分划注记的规律，掌握读尺方法。

3. 粗平

粗平就是旋转脚螺旋使圆水准器气泡居中，从而使仪器大致水平。为了快速粗平，对坚实地面，可固定脚架的两条腿，一手扶住脚架顶部，另一手握住第三条腿作前后左右移动，眼看着圆水准器气泡，使之离中心不远（一般位于中心的圆圈上即可），然后再用脚螺旋粗平。脚螺旋的旋转方向与气泡移动方向之间的规律是：气泡移动的方向与左手大拇指转动脚螺旋的方向一致，同时右手大拇指转动同一方向的另一个脚螺旋进行相对运动。

若从仪器构造上理解脚螺旋的旋转方向与气泡移动方向之间的规律，则为：气泡在哪个方向则哪个方向位置高；脚螺旋顺时针方向（俯视）旋转，则此脚螺旋位置升高，反之则降低。

4. 照准水准尺

转动目镜对光螺旋，使十字丝清晰；然后松开水平制动螺旋，转动望远镜，利用望远镜上部的准星与缺口照准目标，旋紧制动螺旋；再转动物镜对光螺旋，使水准尺分划成像清晰。此时，若目标的像不在望远镜视场的中间位置，可转动水平微动螺旋，对准目标。随后，眼睛在目镜端略作上下移动，检查十字丝与水准尺分划像之间是否有相对移动，如有，则存在视差，需重新做目镜对光和物镜对光，消除视差。

5. 精平与读数

精平就是转动微倾螺旋，使水准管气泡两端的半边影像吻合成椭圆弧抛物线形状，使视线在照准方向精确水平。操作时，右手大拇指旋转微倾螺旋的方向与左侧半气泡影像的移动方向一致。精平后，以十字丝中横丝读出尺上的数值，读取四位数字。尺上在分米处注字，每个黑色（或红色）和白色分格为 1cm。读数时应注意尺上的注字由小到大的顺序，读出米、分米、厘米，估读至毫米。

综上所述，水准仪的基本操作程序为：安置→粗平→照准→精平→读数。

五、技术要求

（1）在地面选定两固定位置作后视点和前视点，放上尺垫并立尺。仪器尽可能安置于后视点和前视点的中间位置。

（2）每人独立安置仪器，粗平、照准后视尺，精平后读数；再照准前视尺，精平后读数。

（3）若前、后视点固定不变，则不同仪器两次所测高差之差不应超过 5mm。

六、注意事项

（1）仪器安放在三脚架头上，必须旋紧连接螺旋，使连接牢固。再旋转水平微动螺旋精平。

（2）当水准仪照准、读数时，水准尺必须立直。尺子的左右倾斜，观测者在望远镜中根据纵丝上可以发觉，而尺子的前后倾斜则不易发觉，立尺者应注意。

（3）微动螺旋和微倾螺旋应保持在中间运行，不要旋到极限。

（4）观测者的身体各部位不得接触脚架。

（5）水准仪在读数前，必须使长水准管气泡严格居中，照准目标必须消除视差。

（6）从水准尺上读数必须读 4 位数：米、分米、厘米、毫米。记录数据应以米或毫米为单位，如 2.275m 或 2275mm。

实训报告一　水准测量记录　单位：

日期_____天气_____班组_____仪器_____观测者_____记录者_____成绩_____

测站	点号	后视读数	前视读数	高差		高　程	备　注
				＋	－		

实训二　普通水准测量

一、实训目的

进一步熟悉水准仪的构造和使用，掌握普通水准路线测量的施测、记录与计算。

二、仪器和工具

DS_3 水准仪 1 台，水准尺 2 根，尺垫 2 个。自备 2H 铅笔 2 支和测伞 1 把。

三、内容

(1) 做闭合水准路线测量（至少要观测四个测站）。

(2) 观测精度满足要求后，根据观测结果进行水准路线高差闭合差的调整和高程计算。

四、方法与步骤

(1) 由教师指定进行闭合水准路线测量，给出已知高程水准点的位置和待测点（2～3 个）的位置，水准路线测量共需 4～6 个测站。

(2) 全组共同施测，2 人立尺，1 人记录，1 人观测；搬站后轮换工作。

(3) 在起始水准点和第一个立尺点之间安置水准仪（注意用目估或步量使仪器前、后视距大致相等），在前、后视点上竖立水准尺（注意已知水准点和待测点上均不放尺垫，而在转点上必需放尺垫），按一个测站上的操作程序进行观测，即安置→粗平→照准后视尺→精平→读数→照准前视尺→精平→读数。观测员的每次读数，记录员都应回报检核后记入表格中，并在测站上算出测站高差。完成一次高差观测，接着改变仪器高10cm，重新观测一次。两次观测同一测站的高差的较差不得超过 5mm，否则应返工。

(4) 依次设站，用相同方法施测，直到回到起始水准点，完成闭合水准路线测量。

(5) 将各测站、测点编号及后、前视读数填入报告的相应栏目中，每人独立完成各项计算。

五、技术要求

高差闭合差容许值按 $f_h \leqslant \pm 12\sqrt{n}$ 计算，式中 n 为测站数；或 $f_h \leqslant \pm 40\sqrt{L}$ 计算，式中 L 为水准路线长度的公里数。要求成果合格，可以平差；否则，应重测。并将闭合差分配改正，求出待测点高程。若超限应重测。

六、注意事项

（1）前、后视距应大致相等。

（2）同一测站，圆水准器只能整平一次。

（3）每次读数前，要消除视差和精平。

（4）水准尺应立直，水准点和待测点上立尺时不放尺垫，只在转点处放尺垫，也可选择有凸出点的坚实地物作为转点而不用尺垫。

（5）仪器未搬迁，前、后视点若安放尺垫则均不得移动。仪器搬迁了，后视点才能携尺和尺垫前进，但前视点尺垫不得移动。

实训报告二　闭合水准路线测量记录　单位：

日期_____天气_____班组_____仪器_____观测者_____记录者_____成绩_____

测站	点号	后视读数	前视读数	高差		改正数	改正后高差	高　程	备　注
				+	−				
	Σ								
检核计算		$\Sigma_后=$ $\Sigma_前$ $\Sigma_后-\Sigma_前$		$\Sigma h_测=$ $f_h=\Sigma h_测-\Sigma h_理=$ $f_{h容}$				$\Sigma h_理=$ f_h　$f_{h容}$	

实训三　DS₃水准仪的检验与校正

一、实训目的

(1) 了解水准仪的主要轴线及它们之间应满足的几何条件。
(2) 掌握水准仪的检验与校正的方法。

二、仪器和工具

(1) DS₃水准仪 1 台，水准尺 2 根，小改锥 1 把，校正针 1 根。
(2) 实验场地安排在视野开阔、土质坚硬、长度为 60～80m 的地方。

三、内容

(1) 圆水准器的检验与校正。
(2) 望远镜十字丝的检验与校正。
(3) 水准管轴平行于视准轴的检验与校正。

四、方法和步骤

(1) 在稍有高差的地面上选定相距 60m 或 80m 的 A、B 两点，放下尺垫，立水准尺。用皮尺量定 AB 的中点 C，在 C 点处安置水准仪。

(2) 安置仪器后先对三脚架、脚螺旋、制动与微动螺旋、对光螺旋、望远镜成像等作一般检查，进一步熟悉微倾式水准仪的主要轴线及其几何关系。

(3) 圆水准器轴平行于竖轴的检验与校正。

①检验：调节脚螺旋使圆水准器气泡居中。将仪器绕竖轴旋转 180°后，若气泡仍居中，则此项条件满足，否则需要校正。

②校正：调节脚螺旋使气泡反向偏离量的一半，在稍松动圆水准器低部中间的固紧螺栓，用校正针拨圆水准器的三颗校正螺栓，使气泡重新居中，再拧紧螺栓。反复检校，直到圆水准器在任何位置时气泡都能居中。

(4) 十字丝横丝垂直于竖轴的检验与校正。

①检验：以十字丝横丝一端瞄准约 20m 远处的一个明细点，慢慢调节微动螺旋丝始终不离开该点，则说明十字丝横丝垂直于竖轴；否则，需要校正。

②校正：旋下十字丝分划板护盖，用小螺钉旋具刀松动十字丝分划板的固定螺栓，略微转动之，使调节微动螺旋时横丝不离开上述明细点。如此反复检校，直至满足要求。最后将固定螺栓旋紧，并旋好护盖。

（5）视准轴平行于水准管轴的检验与校正。

①检验：用改变仪高法在 C 点处测出 A、B 两点间的正确高差 $h_{平均}$；搬仪器至后视点 A 约 3m 处，读得后视读数 a_2；按公式，$b_应 = a_2 - h_{平均}$，计算出前视读数 $b_应$；旋转望远镜在 B 点的立尺上读得前视读数 b_2；若 $b_2 \neq b_应$，则按公式 $i = (b'_2 - b_应) \rho''/D_{AB}$，计算 i 角（$\rho'' = 206265''$）。当 $i > 20''$ 时需校正。

②校正：调节微倾螺旋使十字丝横丝对准水准尺上 AQ 处（此时水准管气泡不再居中），用校正针拨动水准管校正螺栓，使水准管气泡重新居中，如此反复检校，直到 $i \leqslant 20''$ 为止。

五、技术要求

在视准轴平行于水准管轴的检校中要求正确高差庇平均，两次高差之差应不大于 3mm，再取均值。

六、注意事项

（1）以上各项检校工作必须按顺序进行，不能随意颠倒。每项至少检验 2 次，确定无误后再进行校正。

（2）拨动水准管校正螺栓时，应先松动左右两颗校正螺栓，再一松一紧上、下两颗校正螺栓，使水准管气泡逐渐重新居中。

（3）轮流操作时，学生一般只作检验，如作校正，应在教师指导下进行。

实训报告三　水准仪的检验与校正

日期_____　天气_____　班组_____　仪器_____　观测者_____　记录者_____　成绩_____

1. 一般检验

三脚架是否稳固	
制动及微动螺旋是否有效	
其他	

2. 圆水准器轴平行于竖轴的检校

转 180°检验次数	气泡偏差/mm

3. 十字丝横丝垂直于竖轴的检校

检验次数	误差是否显著

4. 视准轴平行于水准管轴的检校

	仪器在中点求正确高差			仪器在 A 点旁检验校正	
第一次	A 点读数 a		第一次	A 点尺上读数 a_2	
	B 点读数 b			B 点尺上应读数 $b_应 = a_2 - h_{平均}$	
	$h = a - b$			B 点读数实读数 b'_2	
第二次	A 点读数 a_1			视准轴偏上（或下）之数值	
	B 点读数 b_1		第二次	A 点尺上读数 a_2	
				B 点尺上应读数 $b_应 = a_2 - h_{平均}$	
				B 点读数 b'_2	
平均	平均高差 $h_{平均} = \dfrac{1}{2}(h + h_1)$			视准轴偏上（或下）之数值	
			第三次	A 点尺上读数 a_2	
				B 点尺上应读数 $b_应 = a_2 - h_{平均}$	
				B 点读数 b'_2	
				视准轴偏上（或下）之数值	

实训四　光学经纬仪的认识与使用

一、实训目的

（1）熟悉光学经纬仪的基本构造和各部件的名称、作用和使用方法。

（2）初步掌握对中、整平、照准、读数的操作方法，学会水平度盘的读数法，学会水平度盘读数的配置。

（3）练习用测回法观测一个水平角，并学会记录和计算。

二、仪器和工具

DJ_6 光学经纬仪 1 台，花杆 2 根，记录板 1 块，测伞 1 把。

三、内容

（1）熟悉 DJ_6 光学经纬仪各部件的名称及作用。

（2）练习经纬仪对中与整平。

（3）学会瞄准目标与读数。

四、方法和步骤

（1）各组在指定地点设置测站点 O 和测点 A（左目标）、B（右目标），构成一个水平角∠AOB。

（2）打开三脚架，使其高度适中，架头大致水平。

（3）打开仪器箱，双手握住仪器支架，将仪器取出置于架头上，一手握支架，一手拧紧连接螺旋。

（4）认识下列部件，了解其用途及用法。

①脚螺旋；②照准部水准管；③目镜、物镜调焦螺旋；④望远镜、照准部制动螺旋和微动螺旋；⑤复测器或换盘手轮；⑥换像手轮；⑦测微轮；⑧竖盘指标水准管或竖盘指标自动平衡补偿器揿钮；⑨光学对中器；⑩轴套固紧螺栓等。

（5）仪器操作。

①对中

观察光学对中器，同时转动脚螺旋，使测站点移至刻画圈内（对中误差小于3mm）至符合要求为止。若整平后测站点偏离刻画圈少许，则松紧连接螺旋一半处，可平移仪器使测站点移至刻画圈内后再整平。

②整平

A. 粗略整平：观察水准气泡的位置，若圆水准气泡和其刻画圈与三脚架的其中一只脚架1在一条直线上，若在脚架1一侧，通过脚架1的伸缩使其降低，使气泡居中；若在脚架1的另一侧，通过脚架1的伸缩使其升高，使气泡居中。若气泡仍未居中，若圆水准气泡和其刻画圈与三脚架的其中一只脚架2或3在一条直线上，可重复调整直至气泡居中为止。

B. 精确整平：转动照准部，使水准管平行于任意一对脚螺旋，相对旋转这对脚螺旋，使水准管气泡居中；再将照准部绕竖轴转动90°，旋转第三只脚螺旋，仍使水准管气泡居中；再转动90°，检查水准管气泡误差，最后检查水准管平行于任意一对脚螺旋时的水准管气泡是否居中，直到小于分划线的一格为止。

（6）照准。

①调节目镜调焦螺旋，看清十字丝；

②用照门和准星盘左粗略照准左目标A，旋紧照准部和望远镜制动螺旋；

③调节物镜调焦螺旋，看清目标并消除视差；

④调节照准部和望远镜微动螺旋，用十字丝交点精确照准A，读取水平度盘读数；

⑤松动两个制动螺旋，按照顺时针方向转动照准部，再按照②～④的方法照准右目标B，读取水平盘读数；

⑥纵转望远镜成盘右，先照准右目标B，读数，再逆时针方向转动照准部，照准左目标A，读数。至此完成一测回水平角观测。

（7）读数。打开反光镜，调节反光镜使读数窗亮度适当，旋转读数显微镜的目镜，看清读数窗分划线，根据使用的仪器用测微尺或单板平板玻璃测微尺读数。

（8）记录、计算。记录员将数据填入"实训报告四的相应栏目中，并完成各项计算。

五、技术要求

（1）仪器的整平误差应小于照准部水准管分划一格，光学对中误差应小于1mm。

（2）盘左与盘右半测回角值误差不超过±40″，超限应重测。

六、注意事项

（1）照准时应尽量照准观测目标的底部，以减少目标倾斜引起的误差。

（2）同一测回观测时切勿碰动脚螺旋、复测扳手或换盘手轮。

（3）观测过程中若发现气泡偏移超过一格时，应重新整平重测该测回。

（4）计算半测回角值时，当左目标读数大于右目标读数时，则应加360°。

实训报告四 经纬仪水平角测量记录表

日期_____ 天气_____ 班组_____ 仪器_____ 观测者_____ 记录者_____ 成绩_____

测站	竖盘位置	目标	水平度盘度数 （° ′ ″）	半测回角值 （° ′ ″）	一测回角值 （° ′ ″）	备注

实训五　测回法观测水平角

一、实训目的

（1）熟练掌握光学经纬仪的操作方法。
（2）掌握测回法观测水平角的过程。

二、仪器和工具

DJ_6 光学经纬仪 1 台，花杆 2 根，记录板 1 块，测伞 1 把。

三、内容

练习用测回法观测水平角的记录及计算。

四、方法和步骤

（1）安置经纬仪于测站上，对中、整平。
（2）度盘设置：

若共测 n 个测回，则第 i 个测回的度盘位置为略大于 $\dfrac{(i-1)\times180^\circ}{n}$。如测两个测回，根据公式计算，第一测回起始读数略大于 0°，第二测回起始读数略大于 90°。转动度盘变换手轮，将第 i 主测回的度盘置于相应的位置。

若只测一个测回则亦可不配置度盘。

（3）一测回观测。

盘左：照准左目标 A，读取水平度盘的读数 a_1，顺时针方向转动照准部，照准右目标 B，读取水平度盘的读数 b_1，计算上半测回角值：

$$\beta_{左}=b_1-a_1$$

盘右：照准右目标 B，读取水平度盘读数 b_2，照准左目标 A，读取水平度盘读数 a_2，下半测回角值：

$$\beta_{右}=b_2-a_2$$

五、技术要求

（1）检查上、下半测回角值互差是否超限，若在 $\pm40'$ 范围内，计算一测回角值：

$$\beta_{右}=\frac{1}{2}\left(\beta_{左}-\beta_{右}\right)$$

（2）测站观测完毕后，检查各测回角值误差不超过 $\pm24''$，计算各测回的平均角值。

六、注意事项

（1）照准目标时尽可能照准其底部。

（2）观测时，注意盖上度盘变换手轮护罩，切勿误动度盘变换手轮或复测手轮。

（3）一测回观测过程中，当水准管气泡偏离值大于1格时，应整平后重测。

（4）观测目标以单丝平分目标或双丝夹住目标。

（5）用测回法测三角形的内角之和，并校核精度。

实训报告五　测回法观测水平角

日期_____天气_____班组_____仪器_____观测者_____记录者_____成绩_____

测站	竖盘位置	目标	水平度盘读数 （° ′ ″）	半测回角值 （° ′ ″）	一测回角值 （° ′ ″）	备注

实训六 DJ₂经纬仪的认识与使用

一、实训目的

(1) 了解 DJ₂ 光学经纬仪的基本构造及主要部件的名称和作用。

(2) 掌握光学 DJ₂ 经纬仪的测角和计算。

二、仪器和工具

(1) DJ₂ 光学经纬仪 1 台，记录板 1 块。

(2) 指导教师可多设置几个目标，作为实验小组练习照准之用。

三、内容

(1) 熟悉 DJ₂ 光学经纬仪各部件的名称及作用。

(2) 学会 DJ₂ 经纬仪的测角和计算。

四、方法和步骤

1. DJ₂ 经纬仪的安置

DJ₂ 经纬仪装有光学对点器，其对中和整平工作要交替进行。三脚架放于地面点位的上方，将光学对中器的目镜调焦，使分划板上的小圆圈清晰，再拉伸对中器镜管，使能同时看清地面点和目镜中的小圆圈，踩紧操作者对面的一只三脚架腿，用双手将其他两只架腿略微提起，目视对中器目镜并移动两架腿，使镜中小圆圈对准地面点，将两架腿轻轻放下并踩紧，镜中小圆圈与地面点若略有偏离，则可旋转脚螺旋使其重新对准；然后伸缩三脚架架腿，使基座上的圆水准气泡居中，这样，初步完成了仪器的对中和粗平；整平水平盘水准管气泡，再观察对中器目镜，此时，如果小圆圈与地面点又有偏离，则可略松连接螺旋，平移基座使其对中，旋紧连接螺旋，有时平移基座后，水平盘水准管气泡又不居中，所以要再观察一下是否已整平。

2. DJ₂ 经纬仪的照准

DJ₂ 经纬仪的照准方法与 DJ₆ 经纬仪相同，照准前的重要一步是消除视差。对于目镜调焦与十字丝调至最清晰的方法，可将望远镜对向天空或白色的墙壁，使背景明亮，增加与十字丝的反差，以便于判断清晰的程度；对于物镜调焦，也应选择一个较清晰的目标来进行。照目标时，应仔细判断目标相对于纵丝的对称性。

3. DJ₂ 经纬仪的读数

(1) 利用光楔测微，将度盘对径（度盘直径的两端）分划像折射到同 1 视场中成上、下两排，测微器可使上、下分划对齐，读取度盘读数，再加测微器读数。

（2）水平度盘和垂直度盘利用换像手轮使其分别在视场中出现，具体度盘读数方法如下：

①转动换像手轮，使轮上线条水平，则读数目镜中出现水平度盘像。

②调节读数目镜调焦环，使水平盘和测微器的分划像清晰。

③转动测微手轮，使度盘对径分划像严格对齐成"｜"。

④正像读度数，再找出正像右侧相差180°的倒像分划线，它们之间所夹格数乘 $10'$ 为整十分数，小于 $10'$ 的分数及秒数则在左边小窗测微秒盘上根据指标线所指位置读出。

五、技术要求

（1）半测回归零差为 $12''$。

（2）同一测回 2C 变动范围为 $18''$。

（3）各测回同一归零方向值较差为 $12''$。

六、注意事项

（1）经纬仪对中时，应使三脚架架头大致水平，否则会导致仪器整平的困难。

（2）照准目标时，应尽量照准目标底部，以减少由于目标倾斜引起的水平角观测误差。

（3）为使观测成果达到要求，用十字丝照准目标的最后一瞬间，水平微动螺旋的转动方句应为旋进方向。

（4）观测过程中，水准管的气泡偏离居中位置的值不得大于一格。

实训报告六　DJ₂ 经纬仪水平角观测

日期_____　仪器型号_____　观测_____天气_____　仪器型号_____　记录_____

测站	测点	水平度盘读数						左一右(2C)	(左+右)/2	方向值	归零后方向值	测回平均值	备注
		盘　左			盘　右								
		(° ′)	(″)	(″)	(° ′)	(″)	(″)	(″)	(° ′ ″)	(° ′ ″)	(° ′ ″)	(° ′ ″)	
1	2	3	4	5	6	7	8	9	10	11	12	13	14

实训七　测回法观测三角形的内角

一、实训目的

(1) 熟练掌握光学经纬仪的操作方法。
(2) 全面掌握测回法观测水平角的过程。
(3) 掌握测回法观测三角形的内角和并校核精度的方法。

二、仪器和工具

光学经纬仪 1 台，花杆 2 根，记录板 1 块，测伞 1 把。

三、内容

(1) 练习测回法观测三角形的内角之和为 180°。
(2) 练习平差角值计算。

四、方法和步骤

(1) 在场地上选定顺时针的 A、B、C 三点，做好明点位标志。
(2) 分别以 A、B、C 三点为测站，以其他两点为观测目标，用测回法观测三角形的三个内角的水平角角值。
(3) 应使用复测扳手或换盘手轮，使每测回盘左目标的水平度盘读数配置在略大于零度处。
(4) 记录计算。

同实训五，记录员应将各观测值依次填入实训报告的相应栏目中，并计算出半测回角值、一测回角值及三角形的内角之和与其理论之差，即角度闭合差 f_β。

$$f_\beta = \angle B + \angle C - 180°$$

五、技术要求

实测三角形内角之和与其理论值之差的容许值公式如下：

$$f_{\beta容} = \pm 40'' \sqrt{n} = \pm 40'' \sqrt{3} = \pm 69''$$

式中，n 为三角形的内角个数。若 $f_\beta \leqslant f_{\beta容}$，成果合格，并计算观测角值改正数 $V_\beta = f_\beta / 3$；若 $f_\beta > f_{\beta容}$，成果不合格，应重测。

六、注意事项

（1）各组员轮流操作，有关注意事项同实训四。观测结束后立即计算出角度闭合差并评定精度。

（2）注意作为测站的某点和该点作为测点时点位不得变动。

实训报告七　三角形（四边形）内角观测记录及平差角值计算表

日期_____天气_____班组_____仪器_____观测者_____记录者_____成绩_____

测站	竖盘位置	目标	水平度盘读数（° ′ ″）	半测回角值（° ′ ″）	一测回角值（° ′ ″）	改正数（°）	改正后角值（° ′ ″）	备　注
	左							
	右							
	左							
	右							
	左							
	右							
	左							
	右							
求和∑								

三角形内角和＝　　　闭合差 f_β＝　　　容许闭合差 $f_{\beta容}$＝　　　f_β　　　$f_{\beta容}$

实训八　全圆方向法观测水平角

一、实训目的

（1）初步掌握全圆方向法测水平角的观测、记录、计算方法。

（2）进一步熟悉经纬仪的使用。

二、仪器和工具

DJ_6 级光学经纬仪 1 台，记录板 1 块，测钎 4 根。

三、内容

练习全圆方向法观测水平角。实验课时为 2 学时。

四、方法与步骤

（1）将仪器安置在测站上，对中、整平后，选择一个通视良好、目标清晰的方向作为起始方向（零方向）。

（2）盘左观测。先照准起始方向（称为 A 点），使度盘读数置到 $0°02'$ 左右，读数记入手簿；然后顺时针转动照准部，依次照准 B、C、D、A 点，将读数记入手簿。A 点两次读数之差称为上半测回归零差，其值应小于 $24''$。

（3）倒转望远镜，盘右观测。从 A 点开始，逆时针依次照准 D、C、B、A，读数记入手簿。A 点两次读数差称为下半测回归零差。

（4）根据观测结果计算 $2C$ 值和各方向平均读数，再计算归零后的方向值。

（5）同一测站、同一目标、各测回归零后的方向值之差应小于 $24''$。

五、技术要求

（1）每人观测一个测回，四个方向，测回起始读数变动数值用式 $180°/n$ 以计算。

（2）要求半测回归零差不大于 $24''$，各测回同一方向值互差不大于 $24''$。

六、注意事项

（1）一测站按规定测回数测完后，应比较同一方向各测回归零后方向值，检查其较差是否超限。

（2）一测回观测完成后，应及时进行计算，并对照检查各项限差。

实训报告八　全圆方向法观测记录表

日期_____ 天气_____ 班组_____ 仪器_____ 观测者_____ 记录者_____ 成绩_____

测站	测点	水平度盘读数		2C (″)	$\dfrac{盘左＋（盘右\pm180°）}{2}$ (° ′ ″)	一测回归零后方向值 (° ′ ″)	各测回平均方向值 (° ′ ″)	平均角值 (° ′ ″)	备注
		盘左 (° ′ ″)	盘右 (° ′ ″)						

实训九　光学经纬仪的检验与校正

一、实训目的

(1) 弄清光学经纬仪的四条主要轴线应满足的几何关系及竖盘指标差。

(2) 熟悉光学经纬仪检验与校正的方法。

二、仪器和工具

DJ$_6$ 光学经纬仪 1 台，校正针 1 根，塔尺 1 根，花杆 1 根，记录板 1 块，测伞 1 把。

三、内容

(1) 照准部水准管轴的检验与校正。

(2) 十字丝的检验与校正。

(3) 视准轴的检验与校正。

(4) 横轴的检验与校正。

(5) 竖盘指标差的检验与校正。

四、方法和步骤

(1) 各组选一处 AB 长为 100m 的平坦地面；用皮尺量出其中点 O，做好明细标志；场地一端插上花杆，在杆上高约 1.5m 处做一明细点，另一端同高处水平横置一根塔尺；然后对三脚架作一般性检查，再安置仪器于该中点处并与明细点大致同高。首先检查：三脚架是否牢固，仪器外表有无损伤，仪器转动是否灵活，各个螺旋是否有效，光学系统是否清晰、有无霉点等。

(2) 照准部水准管轴的检验校正。

①检验：先将经纬仪大致整平，然后转动照准部使水准管与任意两个脚螺旋的连线平行，旋转脚螺旋使气泡居中，再将照准部转动 180°，若气泡仍居中，说明水准管轴垂直于仪器竖轴，否则应进行校正。

②校正：转动脚螺旋使气泡向中间移动偏离量的一半，另一半用校正针拨动水准管一端的校正螺栓，使气泡完全居中。此项检校需反复进行。

(3) 望远镜十字丝的检验与校正。

①检验：安置好仪器并整平，用望远镜十字丝交点照准远处一明显标志点 P，转动望远镜微动螺旋，观察目标点 P，如 P 点始终沿着纵丝上下移动，没有偏离十字丝

纵丝，说明十字丝位置正确。如果 P 点偏离十字丝纵丝，说明十字丝纵丝不铅垂，需进行校正。

②校正：卸下目镜处的外罩，松开四颗十字栓固定螺栓，转动十字丝环，直到 P 点与十字丝纵丝严密重合，然后对称地逐步拧紧十字丝固定螺栓。

（4）视准轴应垂直于横轴的检验、校正。

①检验：在以上两项检校的基础上，在 AB 的中点 O 的盘左位置安置仪器，在 A 点竖立一标志，在 B 点横放一根水准尺或毫米分划尺，使其尽可能与视线 OA 垂直。标志与水准尺的高度大致与仪器等高。

②盘左位置照准 A 点，固定照准部，然后纵转望远镜，在 B 尺上读数得 b_1。

③盘右位置照准 A 点，固定照准部，然后纵转望远镜，在 B 尺上读得 b_2；若 B_1、B_2 两点重合，表明条件满足，否则需校正。

④校正。

按公式 $b_3 = b_2 - \dfrac{1}{4}(b_2 - b_1)$ 计算出此时十字丝交点在水平尺上的应读数 b_3，用校正针拨动十字丝环的左、右两颗校正螺栓，一松一紧使十字丝交点移至应读数 b_3；此项检验、校正需反复进行，直至满足条件为止。

（5）横轴垂直于竖轴的检验与校正。

①检验：在距建筑物 $20\sim30\mathrm{m}$ 处安置仪器，精确整平，在建筑物上选择一点 P，使视线仰角大于 $30°$，首先盘左照准 P 点之后固定照准部，使视线水平，在墙上标出十字丝交点所对准的点 P_1，然后盘右照准 P 点，随后同样将视线放置水平（与 P_1 同高处），在墙上标出十字丝交点所对准的点 P_2。若 P_1 与 P_2 不重合，则需要校正。

②校正：照准 P_1 与 P_2 的中点 P，固定照准部向上转动望远镜，此时十字丝的交点不能照准 P 点，而在 P 点的一侧，需抬高或降低水平轴的一端，使十字丝的交点对准 P 点来进行校正。此项校正需要专业修理人员来完成。

（6）竖盘指标差的检验与校正。

①检验：可结合横轴检校同时进行。在盘左、盘右位置用十字丝交点分别找准仰角大于 $30°$ 的墙上一明细点 P 时，读取竖盘读数 L 和 R，算出竖直角 α_L 和 α_R；以公式 $X = \dfrac{1}{2}(R + L - 360°)$ 算出指标差 X，若 $|X| > 1'$，则需校正。

②校正：依公式 $\alpha = \dfrac{1}{2}(\alpha_L - \alpha_R)$ 算出正确竖直角 α；将 α 代入盘右时的竖直角计算公式，求得照准目标时不含指标差的竖盘应读数 $R_{应}$，调节竖盘指标水准管微动螺旋使竖盘为读数 $R_{应}$，此时指标水准管气泡不再居中；用校正针拨动指标水准管校正螺栓，使其气泡重新居中。

五、技术要求

（1）照准部水准管在任何位置时气泡偏离零点不大于半格。

（2）视准轴误差 $c \leqslant \pm 10''$，横轴误差 $i \leqslant \pm 20''$。

（3）竖盘指标差 $X \leqslant \pm 1'$。

六、注意事项

（1）各检验与校正项目应在教师指导下进行，碰到问题及时汇报，不得自行处理。

（2）校正时校正螺栓一律先松后紧，一松一紧，用力适当。校正完毕后校正螺栓不能松动。

（3）检验与校正需要反复进行，直到符合要求为止。

（4）实训时每个细节都必须认真对待，并及时填写检验与校正记录表格。

实训报告九　光学经纬仪的检验与校正

日期＿＿＿＿天气＿＿＿＿班组＿＿＿＿仪器＿＿＿＿观测者＿＿＿＿记录者＿＿＿＿成绩＿＿＿＿

1. 一般性检查

三脚架是否牢固		螺旋洞处是否清洁	
横轴与竖轴是否灵活		望远镜成像是否清晰	
制、微动螺旋是否有效		其他	

2. 照准部水准管轴的检验校正

检验（即转 180°之次数）	1	2	3	4	5
气泡偏离格数					

3. 望远镜十字丝的检验与校正

检验次数	误差是否显著
1	
2	

4. 视准轴应垂直于横轴的检验校正

第一次检验	目标	横表读数	第二次检验	目标	横尺读数
		b_1			b_1
		b_2			b_2
		$\frac{1}{4}(b_2-b_1)$			$\frac{1}{4}(b_2-b_1)$
		$b_2-\frac{1}{4}(b_2-b_1)$			$b_2-\frac{1}{4}(b_2-b_1)$

5. 横轴垂直于竖轴的检验与校正

检验次数	P_1、P_2 两点间之距离
1	
2	

6. 竖盘指标差的检验与校正

检验次数	目标	竖盘位置	竖盘读数 (° ′ ″)	竖直角 α (° ′ ″)	竖直角平均值 (° ′ ″)	指标差 $X=\frac{1}{2}(R+L-360°)$	盘左、右正确读数 (° ′ ″)
		左 L					
		右 R					
		左 L					
		右 R					

实训十　距离测量

一、实训目的

（1）掌握钢尺量距。

（2）加深对视距测量原理的理解，熟悉视线水平与视线倾斜情况下的视距测量。

二、仪器和工具

30m 钢尺 1 把，DJ_6 光学经纬仪 1 台，花杆 2 根，测钎 5 根，垂球 2 个，记录板 1 块，测伞 1 把。

三、内容

（1）练习用钢尺进行往返丈量记录与计算。

（2）练习用经纬仪进行视距测量、记录与计算。

四、方法和步骤

1. 钢尺量距

钢尺量距的一般方法是边定线边丈量。

首先选定大约相距 100m 的固定点 A、B，在 A、B 两点各竖一根花杆。

（1）往测。

前尺手持标杆立于距 A 点约 30m 处，另一人站立于 A 点标杆后约 1m 处，指挥手持标杆者左右移动，使此标杆与 A、B 点标杆三点处于同一直线上。

后尺手执钢尺零点端将尺零点对准 A，前尺手持尺把携带测钎向 B 方向前进，使钢尺紧靠直线定线点，拉紧钢尺，在整尺长处插下测钎或作记号。这样就完成了一个尺段的丈量。两尺手同时提尺前进，同法可进行其他尺段的测量。最后一段不足整尺长时，可由前尺手在 B 点的钢尺上直接读取尾数，即余长。整尺长乘以整尺段数再加上余长即为往测距离。

（2）返测。

用同样的方法由 B 向 A 进行返测，可得返测距离。

如果地面高低不平，可抬高钢尺，用垂球投点。

往返测距离之差的绝对值与平均距离之比即为相对误差，如果相对误差在容许误差 1/3000 之内，则取平均值作为 A、B 两点的长度，否则，应重测。

2. 视距测量

(1) 视线水平时的视距测量。

①在平坦的实训场地选择一测站点 A，在测站点上安置好经纬仪，对中、整平。

②司尺员将视距尺（标尺）立于待测点 B 上。

③照准标尺并将视线大致水平（竖盘读数为 90°或 270°），分别读取下丝、上丝的卖数，记人观测手簿。

④按 $D=Kl$ 计算出仪器至立尺点的水平距离。（如 $K=100$，$l=$下丝读数－上丝读数。若为正像望远镜，则 $l=$上丝读数－下丝读数）。

(2) 视线倾斜时的视距测量。

①另选一处有一定坡度的场地，选择一测站点 C，在测站点上安置好经纬仪，对中、整平。

②司尺员将视距尺（标尺）立于待测点 D 上。

③量取仪器高 i（若不进行高差测量，则不做此项）。

④照准标尺，调节竖盘指标微动螺旋，使竖盘指标水准管气泡居中后，分别读取下、中 (V)、上丝读数及竖盘读数 (L)，记人观测手簿。

⑤分别计算测站点与标尺间的水平距离与高差：

$$D=Kl\cos2\alpha$$
$$h=D\tan\alpha+i-V$$

式中　$K=100$；

$l=$下丝读数－上丝读数；

$\alpha=90-L$（度盘顺时针刻划）；

i 为仪器高；

V 为目标高，即中丝读数。

五、技术要求

1. 钢尺量距

往返量距的相对误差的容许值 $K_容\leqslant1/3000$。当 $K\leqslant K_容$ 时，成果合格，取往返量距结果的平均值为最终成果。若 $K>K_容$ 时，成果不合格，应返工重测。

2. 视距测量

(1) 指标差互差在 $\pm24''$ 之内，同一目标各测回竖直角互差在 $\pm24''$ 之内，超限应重测。

(2) 视距测量前应对竖盘指标差进行检校，使其在 $\pm60''$ 之内，往返视距的相对误差的容许值 $K_容\leqslant1/300$，高差之差应小于 5cm，超限应重测。

六、注意事项

1. 钢尺量距

(1) 钢尺使用时注意区分端点尺和刻线尺。

（2）量距时钢尺要拉平，用力要均匀；遇到场地不平时，要注意尺身水平。

（3）钢尺不宜全部拉出，末端连接处易断，量距时不要把钢尺拖在地上，勿使钢尺受压或折绕。

2.视距测量

（1）视线水平时进行视距测量，也可使用水准仪进行测量。

（2）为便于直接读出尺间隔 L，观测时可用望远镜微动螺旋使上丝读数对在附近的整数上（整米或整分米处）。

（3）视距测量前应校正竖盘指标差。

（4）标尺应严格竖直。

（5）仪器高度、中丝读数和高差计算精确到厘米，平距精确到分米。

实训报告十　距离测量

日期_____天气_____班组_____仪器_____观测者_____记录者_____成绩_____

1.钢尺量距 单位：m

测线		往测		返测		$D_{往}-D_{返}$	相对精度 K	平均长度 D	备注
起点	终点	尺段数 余数	$D_{往}$	尺段数 余数	$D_{返}$	$D_{往}+D_{返}$			

2. 视距测量

测站	目标	上丝 下丝	尺间隔	竖盘读数 (° ′ ″)	竖直角 α (° ′ ″)	平距 (m)	高差 (m)	备注
		—						
		—						
		—						

实训十一　全站仪的认识与使用

一、实训目的

（1）了解全站仪的构造。

（2）熟悉全站仪的操作界面及作用。

（3）掌握全站仪的基本使用。

二、仪器和工具

实习训练设备为全站仪 1 台，棱镜 1 块，测伞 1 把。自备 2H 铅笔。

三、内容

（1）全站仪的基本操作与使用。

（2）进行水平角、距离、坐标测量。

四、方法和步骤

1. 全站仪的认识

全站仪由照准部、基座、水平度盘等部分组成，如下图所示，同样采用编码度盘或光栅度盘，读数方式为电子显示。有功能操作键及电源，还配有数据通信接口，它不仅能测角度还能测出距离，并能显示坐标以及一些更复杂的数据。

全站仪有许多型号，其外形、体积、重量、性能各不相同。

2. 全站仪的使用

（1）测量前的准备工作。

1）电池的安装（注意：测量前电池需充足电）。

①把电池盒底部的导块插入装电池的导孔。

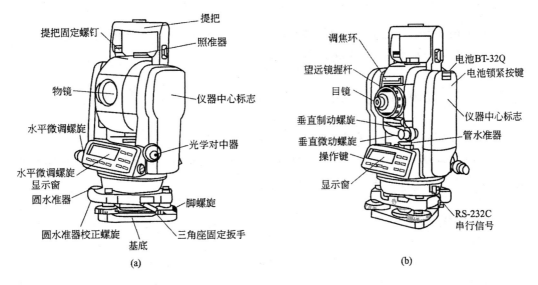

(a)　　　　　　　　　　(b)

②按电池盒的顶部直至听到"咔嚓"的响声。

③向下按解锁钮，取出电池。

2) 仪器的安置。

①在实验场地上选择一点 O，作为测站，另外两点 A、B 作为观测点。

②将全站仪安置于 O 点，对中、整平。

③在 A、B 两点分别安置棱镜。

3) 竖直度盘和水平度盘指标的设置。

①竖直度盘指标设置。

松开竖直度盘制动螺旋，将望远镜纵转一周（望远镜处于盘左，当物镜穿过水平面时），竖直度盘即已设置。随即听见一声鸣响，并显示出竖直角 V。

②水平度盘指标设置。

松开水平制动螺旋，旋转照准部 $360°$（当照准部水准器经过水平度盘安置圈上的标记时），水平度盘指标即自动设置。随即听见一声鸣响，同时显示水平角职。至此，竖直度盘和水平度盘指标已设置完毕。

每当打开仪器电源时，必须重新设置 H 和 V 的指标。

4) 调焦与照准目标。

操作步骤与一般经纬仪相同，注意消除视差。

（2）角度测量。

①首先从显示屏上确定是否处于角度测量模式，如果不是则按操作键转换为角度模式。

②盘左照准左目标 A，按置零键，使水平度盘读数显示为 $0°00'00''$，顺时针旋转照准部，照准右目标，读取显示读数。

③可以同样的方法进行盘右观测。

④如要测竖直角，可在读取水平度盘读数的同时读取竖盘的显示读数。

（3）距离测量。

①首先从显示屏上确定是否处于距离测量模式，如果不是，则按操作键转换为距

离模式。

②照准棱镜中心，这时显示屏上能显示箭头前进的动画，前进结束则完成测量，得出距离，HD 为水平距离，VD 为倾斜距离。

（4）坐标测量。

①首先从显示屏上确定是否处于坐标测量模式，如果不是，则按操作键转换为坐标模式。

②输入本站点 O 点及后视点坐标，以及仪器高、棱镜高。

③照准棱镜中心，这时显示屏上能显示箭头前进的动画，前进结束则完成坐标测量，得出点的坐标。

五、技术要求

（1）仪器的整平误差应小于照准部水准管分划一格，光学对中误差应小于 1mm。

（2）测站不应选在强电磁场影响的范围内，测线应高出地面或障碍物 1m 以上，且测线附近与其延长线上不得有反光物体。

六、注意事项

（1）运输仪器时，应采用原装的包装箱运输、搬动。

（2）近距离将仪器和脚架一起搬动时，应保持仪器竖直向上。

（3）在保养物镜、目镜和棱镜时，应吹掉透镜和棱镜上的灰尘；不要用手指触摸透镜和棱镜；只用清洁柔软的布清洁透镜；如需要，可用纯酒精弄湿后再用；不要使用其他液体，因为它可能损坏仪器的组合透镜。

（4）应保持插头清洁、干燥，使用时要吹出插头内的灰尘与其他细小物体。在测量过程中，若拔出插头则可能丢失数据。拔出插头之前应先关机。

（5）换电池前必须关机。

（6）仪器只能存放在干燥的室内。充电时，周围温度应 10～30℃。

（7）全站仪是精密贵重的测量仪器，要防日晒、防雨淋、防碰撞振动。严禁仪器直接照准太阳。

（8）操作前应仔细阅读仪器说明书并认真听指导老师讲解。不明白操作方法与步骤者，不得操作仪器。

实训报告十一　全站仪测量记录

日期_____ 天气_____ 班组_____ 仪器_____ 观测者_____ 记录者_____ 成绩_____

测站	测回	仪器高 (m)	棱镜高 (m)	竖盘位置	水平角观测		竖直角观测		距离、高差测量		坐标测量			
					水平盘度数 (° ′ ″)	方向值 (° ′ ″)	竖直盘度数 (° ′ ″)	竖直角 (° ′ ″)	斜距 (m)	平距 (m)	高差 (m)	X (m)	Y (m)	H (m)

实训十二　四等水准测量

一、实训目的

（1）掌握四等水准测量的观测、记录、计算及校核方法。

（2）熟悉四等水准测量的主要技术要求，水准路线的布设及闭合误差的计算。

二、仪器和工具

DS_3 水准仪 1 台，双面水准尺 1 对，尺垫 2 个，记录板 1 块，测伞 1 把。

三、内容

（1）用四等水准测量的方法观测一条闭合水准路线。

（2）进行高差闭合差的调整与高程计算。

（3）实训课时为 4 学时。

四、方法和步骤

1. 观测

选择一条闭合水准路线，按下列顺序进行逐站观测。

（1）照准后视尺黑面，精平后读取下、上、中三丝读数，记入手簿，照准后视尺红面，读取中丝读数，记入手簿。

（2）照准前视尺，重新精平，读黑面尺下、上、中三丝读数，再读红面中丝读数，记入手簿，以上观测顺序简为"后、后、前、前"。

2. 记录

将观测数据记入表中相应栏中，并及时算出前后视距及前后视距差、视距累积差、红黑读数差、红黑面高差及其差值。每项计算均有限差要求，当符合限差要求后，方可迁站，直至测完全程。

3. 内业计算

（1）计算线路总长度。

（2）根据各站的高差中数，计算高差闭合差。

（3）当高差闭合差符合限差要求时，进行闭合差的调整及计算各待定点的高程。

五、技术要求

（1）黑、红面读数差（即 K+黑－红）不得超过 ±3mm。

（2）一测站红、黑面高差之差不得超过±5mm。

（3）前、后视距差不得超过 3mm，全积累积差不得超过 10m。

（4）视线高度以三丝均能在尺上读数为准，视丝长度小于 100m。

（5）高差闭合差应不超过 $\pm 20\sqrt{L}$（mm）或 $\pm 8\sqrt{n}$。

六、注意事项

（1）在观测的同时，记录员应及时进行测站计算检核，符合要求方可搬站，否则应重测。

（2）仪器未搬站时，后视尺不得移动；仪器搬站时，前视尺不得移动。

实训报告十二　四等水准测量观测记录表

日期_____天气_____班组_____仪器_____观测者_____记录者_____成绩_____

测站编号	测点编号	后尺 下丝 上丝 / 后距 / 视距差 d（m）	前尺 下丝 上丝 / 前距 / Σ d（m）	方向及尺号	标尺读数（m）		K 加黑减红（mm）	高差中数（m）	备 注
					黑面	红面			
		（1）	（4）	后	（3）	（8）	（14）		
		（2）	（5）	前	（6）	（7）	（13）	18	
		（9）	（10）	后一前	（15）	（16）	（17）		
		（11）	（12）						

续表

测站编号	测点编号	后尺 下丝 上丝		前尺 下丝 上丝		方向及尺号	标尺读数（m）		K 加黑减红（mm）	高差中数（m）	备 注
		后距		前距			黑面	红面			
		视距差 d (m)		Σ d (m)							
校核		Σ (9) = −Σ (10) = ＿＿＿＿＿＿ 　　　＝ 总视距＝Σ<9）+Σ (10) =				Σ［(3) + (8)］= −Σ［(6) + (7)］= ＿＿＿＿＿＿＿＿＿	Σ［(15) + (16)］ 　　＝			Σ (18) = 2Σ (18) =	

实训十三　点位测设与坡度线测设

一、实训目的

掌握测设点的平面位置、点的高程位置及坡度线测设的基本方法。

二、仪器和工具

光学经纬仪 1 台，DS₃ 型水准仪 1 台，水准尺 1 支，钢尺 1 把，测钎 2 根；木桩和小钉各数个，斧子 1 把；记录板 1 块。

三、内容

（1）计算点的平面位置的（极坐标法）放样数据。
（2）练习用极坐标法放样点的平面位置。
（3）练习点的高程位置及坡度线测设。

四、方法和步骤

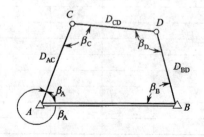

1．点的平面位置测设

（1）如图所示，图中 A、B 为控制点，C、D 为待测设点（坐标可假设），可计算出 C、D 点的数据 β_A、D_{AC}、β_B、D_{BD} 及检核数据 β_C、β_D 和 D_{CD}。

（2）在控制点 A 上安置经纬仪，盘左照准 B 点，顺时针测设出 β_A；在该角的视线方向定出 C' 点；盘右同法定出 C'' 点，取 $C'C''$ 的中点 C_1 打上木桩，桩面作出 C_1 的标志。自 A 点起沿 AC_1，方向根据 D_{AC} 用钢尺定出 C_2 点，并用钢尺往返丈量 D_{AC2}，根据其平均值调整以测设出 C 点的位置。

（3）在 B 点设站，同法测设出 D 点。

（4）分别在 C、D 两点设站，用测回法观测 β_C、β_D，并用钢尺往返丈量 CD 的距离，进行检核。

2．点的高程测设

（1）安置水准仪在水准点 A 和待测设点 B 中间，读取水准点上水准尺的后视读数 a，根据水准点高程 H_A 和测设点设计高程 H_B 计算出测设点上水准尺应读的前视读数 b。

$$b=（H_A+a）-H_B$$

（2）将水准尺紧贴测设点木桩上下移动，当水准仪的水平视线在尺上读数为 b 时，沿尺底在木桩侧面画一横线，即为测设的高程位置。

（3）检测 B 点高程，其值与设计高程值的较差应小于限差。

3．坡度线的测设

（1）假设以 A 点沿 AB 方向测设一条设计坡度 $i=-1\%$ 的坡度线及每隔 10m 钉一木桩，根据水准点高程，设计坡度 i，AB 的水平距离 D 和每 10m 间距，计算出 B 点及其余点的设计高程 $H_{设}$。

（2）安置水准仪，由后视点 A 再求出视线高，再根据各点的 $H_{设}$，计算出各桩点应读的前视读数 b。

（3）立水准尺于各桩顶上，读取各桩顶的前视读数 b'，与应读数 b 比较，计算各桩顶的填、挖数。$b-b'$，值"＋"为挖，"－"为填。

五、技术要求

（1）角度测设的限差不大于 $\pm40''$，距离测设的相对误差不大于 1/2000，高程测设的限差不大于 $\pm8cm$。

（2）管道和渠道的高程测算至毫米（mm），道路及广场的高程测算至厘米（cm）。

六、注意事项

（1）测设数据经校核无误后方可使用，测设完毕后应进行检测，若超限应重测。

（2）待测设点所打木桩应高出地面一定高度。实训完毕，回收各木桩。

实训报告十三　点位测设与坡度线测设
测设草图

1. 点的平面位置测设记录

日期＿＿＿＿天气＿＿＿＿班组＿＿＿＿＿仪器＿＿＿＿观测者＿＿＿＿记录者＿＿＿＿成绩＿＿＿＿

点名	坐标值（m）		坐标差（m）		坐标方位角（°　′　″）	边长（m）	应测设水平角（°　′　″）	应测设水平距离（m）
	x	y	Δx	Δy				

2. 点的高程位置测设记录

日期＿＿＿＿天气＿＿＿＿班组＿＿＿＿＿仪器＿＿＿＿观测者＿＿＿＿记录者＿＿＿＿成绩＿＿＿＿

测设点编号	水准点号	水准点高程	后视读数	视线高程	测设点设计高程	测设点应读前视读数	备注

3. 坡度线测设记录（m）

日期_____ 天气_____ 班组_____ 仪器_____ 观测者_____ 记录者_____ 成绩_____

桩号	后视读数	视线高程	坡线设计高程	前视应读数	桩点地面读数	填挖数		备注
						填（+）	挖（-）	
A								
10								
20								
30								
40								A 点高程已知，为
50								$H_A=$
60								坡度 $i=-1\%$
70								
80								
90								
100								

第十四章 建筑施工测量教学综合实训

建筑施工测量实训是在课堂教学结束之后在实训场地集中进行综合训练的实践性教学环节。通过实训训练，使学生了解建筑施工测量的工作过程，熟练地掌握测量仪器的操作方法和记录、计算方法；掌握经纬仪、水准仪的检验、校正的方法；掌握大比例尺地形图测绘的基本方法和地形图的应用；能够根据工程情况编制施工测量方案，掌握施工放样的基本方法；了解测量新仪器、新技术的应用和最新发展；培养学生的动手能力和分析问题的能力。

一、实训组织、计划及注意事项

1. 实训组织

以班级为单位建立实训队，指导教师为队长，班长为副队长，实训队按小组进行组织，一般安排5～6人一组，选组长一名，负责全组的实训安排和仪器管理。指导教师布置实训任务和计划。

2. 实训计划

工程测量实训一般安排2周，见下表。

序号	项目与内容	时间（天）	任务与要求
1	动员、借领仪器、工具，仪器检校，踏勘测区	5	布置实训任务，做好出测前的准备工作，对水准仪、经纬仪进行检验
2	控制测量	1.5	布设并完成导线测量工作
3	构筑物轴线测设和高程测设	1	掌握构筑物轴线测设和高程测设
4	圆曲线主点测设和偏角法测设圆曲线	1	构筑物轴线测设和高程测设、圆曲线主点测设和偏角法测设圆曲线
5	实训总结、考核	1	整理各项资料、考核、归还仪器

3. 注意事项

（1）测量实训中应严格遵守学校的各种规章制度和纪律，不得无故迟到、无故缺席，应有吃苦耐劳的精神。

（2）各组要整理、保管好原始记录、计算成果等。

（3）测量实训中记录、计算应规范，不得随意涂改。

（4）测量实训中应爱护仪器及工具，按规定程序操作；注意仪器、工具的安全。

（5）测量实训中组长要合理安排，确保每人有操作、训练的机会。

（6）小组成员应相互配合，注意培养团队合作精神。

4. 成绩评定方法

（1）成绩评定。

实训成绩的评定分优、良、及格、不及格。凡缺勤超过实训天数的 1/3、损坏仪器、违反实训纪律、未交成绩或伪造成果等均作不及格处理。

（2）评定依据。

依据实训态度、实训纪律、实际操作技能、熟练程度、分析和解决问题的能力、完成实训任务的质量、爱护仪器的情况、实训报告编写的水平等来评定。最后通过口试质疑，笔试及实际操作考核来评定实训成绩。

二、控制测量

1. 实训目的与要求

通过本内容的实训，系统地掌握小区域控制测量的基本方法。

2. 实训任务

（1）在测区实地踏勘，进行图根网选点。在城镇区一般布设闭合或附合导线。在控制点上进行测角、量距、定向等工作，经过内业计算，获得图根点的平面坐标。

（2）首级高程控制点设在平面控制点上，根据已知水准点采用四等水准测量的方法测定，图根点高程可沿图根平面控制点采用闭合或附合路线的图根水准测量方法进行测定。

3. 仪器和工具

DJ$_6$ 经纬仪 1 台，水准仪 1 台，钢尺 1 把，水准尺 2 根，标杆 2 根，工具包 1 个，记录板 1 个，测伞 1 把，木桩数个，斧头 1 把，小铁钉若干，油漆小瓶。

4. 技术要求及作业过程

（1）平面控制测量。

在测区实地踏勘，进行图根网选点。在城镇区一般布设闭合或附合导线。在控制点上进行测角、量距、定向等工作，经过内业计算获得图根点的平面坐标。

①选点、设立标志。每组在指定的测区进行踏勘，根据已知的控制点资料，找出控制点的具体位置；了解测区的地形条件。根据已知等级控制点的点位，在测区内选择若干次级控制点，选点的密度应能控制整个测区，以便于碎部测量。导线边长应大致相等，边长不超过 100m。控制点的位置应选在土质实处，以便保存标志和安置仪器，也应通视良好便于测角和量距，视野开阔便于施测碎部点。点位选定后即打下木桩，桩顶钉上小钉作为标记，并编号。如无已知等级控制点，可按独立平

面控制网布设，假定起点坐标，用罗盘仪测定起始边的磁方位角，作为测区的起算数据。

②测角。水平角观测用光学经纬仪，采用测回法观测一测回，要求两个半测回角值之差绝对值不应大于 $40''$，角度闭合差的限差为 $60''\sqrt{n}$，n 为测角数。

③量距。要求两个半测回长度之差不应大于导线的边长，用检定过的钢尺采用一般量距的方法进行往返丈量为 1/3000。有条件的或无法直接丈量的情况下可用全站仪测定边长。

④平面坐标计算。边长相对误差的限差。将校核过的外业观测数据及起算数据填入导线坐标计算表中进行计算，推算出各导线边长和坐标值点的平面坐标，其导线全长相对闭合差的限差为 1/2000。计算中角度取至秒，坐标取至厘米。

（2）高程控制测量。

首级高程控制点设在平面控制点上，根据已知水准点采用四等水准测量的方法测定，图根点高程可沿图根平面控制点采用闭合或附合路线的图根水准测量方法进行测定。

①水准测量。四等水准测量用 DS_3 型微倾式水准仪沿路线单程测量，各站采用双面尺法或改变仪器高法进行观测，并取平均值为该站的高差。视线长度不应大于 80m，路线高差闭合差限差为 $f_h \leqslant \pm 20\sqrt{L}$（mm），式中 L 为路线总长的公里数。

图根水准测量视线长度不应大于 100m，路线高差为 $f_h \leqslant \pm 40\sqrt{L}$（mm）或 $f_h \leqslant \pm 12\sqrt{n}$（mm）。

②高程计算。对路线闭合差进行平差后，由已知点高程推算各图根点高程。观测和计算单位均取至毫米，最后成果取至厘米。

5. 应交资料

（1）导线示意图（比例 $=1:1000$）

（2）测量记录及数据计算等（表 1～表 7）

表 1 普通水准测量记录

日期_____ 天气_____ 班组_____ 仪器_____ 观测者_____ 记录者_____ 成绩_____

测站	点号	后视读数	前视读数	高差		改正数	改正后高差	高 程	备 注
				+	−				
	Σ								

检核计算	$\sum_后=$ $\sum_前=$ $\sum_后 - \sum_前=$	$\sum h_测=$ $f_h = \sum h_测 - \sum h_理=$ $f_{h容}$	$\sum h_理=$ f_h $f_{h容}$

表2 测回法观测水平角记录

日期_____天气_____班组_____仪器_____观测者_____记录者_____成绩_____

测站	竖盘位置	目标	水平度盘读数 (° ′ ″)	半测回角值 (° ′ ″)	一测回角值 (° ′ ″)	改正数 (°)	改正后角值 (° ′ ″)	备 注
求和∑								

三角形内角和＝　　　　闭合差 f_β＝　　　　容许闭合差 $f_{\beta容}$＝　　　　f_β　　　$f_{\beta容}$

表3 距离测量1：钢尺量距（m）

日期_____ 天气_____ 班组_____ 仪器_____ 观测者_____ 记录者_____ 成绩_____

测线		往测		返测		$D_{往}-D_{返}$	相对精度 K	平均长度 D	备注
起点	终点	尺段数 余数	$D_{往}$	尺段数 余数	$D_{返}$	$D_{往}+D_{返}$			

表4 距离测量2：光电测距（m）

日期＿＿＿＿天气＿＿＿＿班组＿＿＿＿仪器＿＿＿＿观测者＿＿＿＿记录者＿＿＿＿成绩＿＿＿＿

测站	测回	仪器高（m）	棱镜高（m）	竖盘位置（m）	竖盘度数（° ′ ″）	竖直角（° ′ ″）	斜距（m）	平距（m）	高差（m）

表5 经纬仪导线坐标计算表（m）

日期＿＿＿＿天气＿＿＿＿班组＿＿＿＿仪器＿＿＿＿观测者＿＿＿＿记录者＿＿＿＿成绩＿＿＿＿

点号	左角或右角		方位角（° ′ ″）	距离 D（m）	坐标增量		Δx（m）
	观测角（° ′ ″）	改正角（° ′ ″）			$\Delta x'$（m）	$\Delta y'$（m）	
Σ							
辅助计算	$\Sigma\beta_{理}=$ $\Sigma\beta_{测}=$	$f_\beta=\Sigma\beta_{理}-\Sigma\beta_{测}$ $f_{\beta容}=\pm60''\sqrt{n}=$	$f_x=$ f_β $f_{\beta容}$	$f_y=$ $K=f_n/\Sigma D=$	$f_D=\sqrt{f_x+f_y}$ $K_容$		

表6 导线点成果表

日期_____班组_____　　　　　　　　　　　　　　　　　抄录者_____校核者_____

点号	方位角 (° ′ ″)	边 长 (° ′ ″)	坐标（m）		高程 H (m)
			X	Y	

表7 导线点

日期_____班组_____　　　　　　　　　　　　　　　　　抄录者_____校核者_____

点号	X	Y	H	点号	X	Y	H

建 筑 施 工 测 量

日期_____班组_____   抄录者_____校核者_____

点号	X	Y	H	点号	X	Y	H

日期_____班组_____   抄录者_____校核者_____

点号	X	Y	H	点号	X	Y	H

日期_____班组_____   抄录者_____校核者_____

点号	X	Y	H	点号	X	Y	H

三、建筑物轴线测设和高程测设

1. 实训目的与要求

(1) 掌握建筑物轴线放样的基本方法。

(2) 掌握高程测设的基本方法。

2. 实训任务

建筑轴线放样和高程测设。

3. 仪器和工具

(1) 水准仪1台，水准尺1根，光学经纬仪1台，钢尺1把，记录板1块，测伞1把。自备2H铅笔与计算器。

(2) 指导教师为实训小组提供一套实际施工图纸。

4. 技术要求及作业过程

(1) 建筑轴线放样。

①依据图纸。建筑轴线放样所依据的建筑图纸有：建筑总平面图、建筑平面图（如图所示）、放样略图（可用建筑平面图代替）。

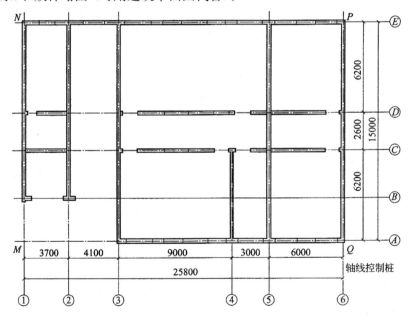

②核对施工测量的依据。在测设前应对设计图的有关尺寸进行仔细核对，以免出现差错。

③现场踏测。现场踏测的目的是为了了解现场的地物、地貌和原有测量控制点的分布情况，并调查与施工测量有关的问题，对建筑场地上的平面控制点、水准点要进行检核，获得正确的测量起始数据和点位。

④制订测设方案。根据设计要求、定位条件和现场地形等因素制订施工放样方案。

⑤准备测设数据。

A. 除了计算必要的放样数据外，尚需从下列图纸上查取房屋内的平面尺寸和高程，作为测设建筑物总体位置的依据。

B. 从建筑平面图中，查取建筑物的总尺寸和内部各定位轴线之间的关系尺寸，这是施工放样的基本资料。

C. 从基础平面图上查取建筑物的总尺寸和内部各定位轴线之间的关系尺寸，以及基础布置与基础剖面位置的关系。

D. 从基础详图中查取基础立面尺寸、设计标高，以及基础边线与定位轴线的尺寸关系，这是基础高程放样的依据。

E. 从建筑物的立面图和平面图中，可以查出基础、地坪、门窗、楼板、屋架和屋面等设计高程，这是高程测设的主要依据。

⑥放样。

A. 定位。根据现场实际情况，依据建筑总平面图、建筑平面图，采用直角坐标法或极坐标法对指定构筑物进行定位，确定出建筑物的外廓定位轴线的交点 M、N、P、Q。要求量距误差为 1/5000，测角误差为 $\pm 40''$。

B. 放样。在外墙周边轴线上测设轴线交点。如图所示，将经纬仪安置在 M 点，照准 Q 点，用钢尺沿 MQ 方向量出相邻两轴线间的距离，定出 1、2、3……各点（也可以每隔 1～2 轴线定一点），同理可定出 5、6、7 各点。要求量距误差为 1/5000～/2000。丈量各轴线之间距离时，钢尺零端始终对在同一点上。

（2）高程测设。

设已知水准点的高程为 $H_水$，± 0.000 标志的高程为 $H_设$。在定位点 M、Q 的木桩上测设出 ± 0.000 标志。

首先，在已知水准点和定位点 M 的中间安置水准仪，读取水准点上的后视读书 a，则定位点的前视应读数 b 为：

$$b = H_水 - H_设 + a$$

将水准尺紧贴定位点木桩上下移动，直至前视读数为 b 时，沿尺低面的木桩上画线，则画线位置即为 ± 0.000 标志的位置。

同法，在另一定位点 Q 的木桩上测设出 ± 0.000 的标志。

测量 M、Q 两点之间的高差，其值应为 0。若有误差，应在 ± 3mm 范围内，否则应重新测设。

5. 应交资料

应交资料见表 8～表 10。

（1）测设数据计算

①绘出导线控制点和待测设点的略图（请在示意图上标出本组所用的导线点号和设计点号）。

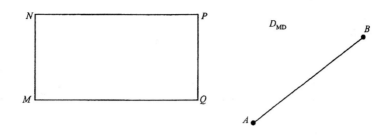

②测设数据计算见表8。

表8　测设数据计算

计算者：　　　　　日期：

项目	点名	坐标		相对测站点的坐标增量		相对测站点的方位角、距离		备注
		X (m)	Y (m)	Δx (m)	Δy (m)	方位角 a (° ′ ″)	水平距离 D (m)	
导线控制点	A							测站点
	B							定向点
待测设建筑物四大角	M							$A-M$
	N							$A-N$
	F							$A-P$
	Q							$A-Q$

③测设后检查。

四大角与设计值（90°）的偏差为：

$\Delta\angle M=$　　　　　　　　$\Delta\angle N=$

$\Delta\angle P=$　　　　　　　　$\Delta\angle Q=$

四条主轴线边与设计值的偏差为：

$\Delta\angle D_{MN}=$　　　　　　　$\Delta\angle D_{NP}$

$\Delta\angle D_{NQ}=$　　　　　　　$\Delta\angle D_{QM}$

（2）高程放样计算与记录表见表9。

①读后视读数并计算测设数据。

已知水准点高程 H_0，后视读数 a，仪器视线高 H_0+a。

表9　高程放样计算与记录表

点名	设计高程 H（m）	前视读（H_0+a）$-H_i$（m）	备注
1			
2			
3			
4			
5			
6			
7			
8			

②测设后检查。

用钢尺量得的点 1 与点 2 的实际高差为：_____

根据设计高程算得的点 1 与点 2 的高差为：_____

两者相差为：_____

③工程测量定位记录表见表 10。

表 10　工程测量定位记录表

日期_____天气_____　　　　　　　　　　　　观测者_____记录者_____

工程名称		图纸编号	
施工单位		施测日期	
坐标依据		复测日期	
高程依据		使用仪器	
施测人		复测者	
测量负责人		闭合差	
定位示意图			
抄测结果			

建设单位代表：_____　　　　　　　　　　复检：_____抄测：_____

技术负责人：_____　　　　　　　　　　施工员：_____质检员：_____

四、圆曲线主点测设和偏角法测设圆曲线

1. 实训目的与要求

掌握圆曲线主点测设和偏角法测设圆曲线。

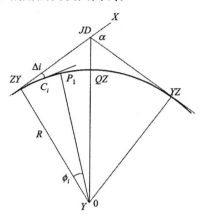

2. 实训任务

圆曲线主点测设和偏角法测设圆曲线。

3. 仪器和工具

光学经纬仪 1 台，钢尺 1 把，标杆 3 根，测钎 3 根，木桩和小钉各数个，斧子 1 把，记录板 1 块。

4. 技术要求及作业过程

（1）测设圆曲线的主点：

①根据路线等级及地形条件选定半径 R。

②在 JD 安置经纬仪，用测回法测得转角 α。

③根据曲线 R 和转角 α 计算切线长 T、曲线长 L、外矢距 E 及超距（既切曲差）D，并计算圆曲线的起点、中点及终点里程。

④安置经纬仪，在 JD 分别照准曲线起点方向和终点方向量取切线长 T，定出曲线起点 ZY 和曲线终点 YZ。照准曲线终点方向向右测设 $\frac{1}{2}$（$180°-\alpha$）角值，沿视线方向量取外矢距 E，定出曲线中点 QZ。

（2）用偏角法详细测设圆曲线在 ZY 或 YZ 架仪→照准 JD→拨角 Δ、量边 C。

①根据半径 R 和选定的弧长 L（20m 或 10m）算得偏角 Δ_i 和弦长 C_i。

②安置经纬仪，在曲线起点 ZY，以 $0°00'00''$ 照准交点 JD，转动照准部置水平度盘读数为 Δ_i，沿视线方向量取弦长 C_i，即定出细部桩点 1。

③转动照准部置水平度盘读数为 Φ，在沿视线方向从桩点 1 量取弦长 C 与视线相交得桩点 2。同法测设其他各细部点。

（3）偏角法测设细部点与曲线中点或曲线终点位置的校核，其闭合差：横向（半径方向）不大于±0.1m，纵向（切线方向）不大于 $L/1000$（L 为曲线长），超限应重测。

5. 应交资料

主点元素及里程计算表、圆曲线细部测设记录表（表11、表12）。

表11　主点元素及里程计算表

主点测设元素计算	主点里程计算			备注
	主点名称	里程	计算检核	
切线长 $T=R\times\tan\frac{1}{2}\alpha$				
外矢距 $E=R\left(\frac{1}{2}\alpha-1\right)$				交点里程＿＿＿＿＿ 实测转角＿＿＿＿＿ 选定半径＿＿＿＿＿
超距 $D=2T-L$				

表12　圆曲线细部测设记录表

点名	里程桩号	弧长 L（m）	偏角值 Δ_i（° ′ ″）	弦长 C_i（m）	备注

第十五章 建筑施工测量习题

第一节 测量基本知识

一、填空题

1. 测量的任务是_____和_____。

2. 测量的本质是确定地面_____位置，即确定_____和_____。

3. 确定地面上点的位置所需的三要素是_____、_____和_____；测量的三个基本工作是_____、_____和_____。

4. 我国现行规定以_____年推算的_____面作为大地水准面。我国采用"_____基准"，青岛水准原点的高程为_____。

5. 绝对高程是_____；相对高程是_____；高差是_____。

6. 测量工作的原则是_____、_____、_____；测量工作应按照_____工作程序。

7. 测量的平面直角坐标系，x 轴指向_____，y 轴指向_____，象限按_____方向编号。

8. 比例尺是_____；比例尺精度是_____，比例尺为 1∶500 的地形图，其比例尺精度是_____。

9. 地物符号有_____、_____、_____和_____。

10. 某建（构）筑物长度为 100m，试向在 1∶500 平面图上长度应为_____mm，在 1∶1000 平面图上长度应为_____ mm。

11. 测量误差在的原因有_____、_____、_____。

12. 系统误差消除或减弱的方法有_____、_____、_____。

二、计算题

1. 已知地面上 A、B、C 三点的相对标高各为 ±0.000m、$+3.750$m、-2.220m，其中 A 点的绝对高程为 25.125m，试求 B、C 两点的绝对高程？

2. 地面上某点的相对高程为 156.268m，已知假定水准面的绝对高程为 82.286m，试求该点的绝对高程为多少？

第二节　水准测量

一、填空题

1. 水准测量的原理是_____。
2. 水准测量最基本的要求是_____。
3. 水准仪的构造主要由_____、_____、_____三部分组成。
4. 水准仪圆水准器的作用是_____，管水准器的作用是_____。
5. 水准仪的视线高是_____，当高差为正时，表示后视点高程比前视点高程_____。
6. 水准仪使用的操作步骤是_____。
7. 水准仪粗平调_____使_____气泡居中；精平调

_____使_____气泡居中，此时视线_____。

8. 视差是_____，产生视差的原因是

_____，消除视差的方法是_____。

9. 普通水准尺的读数单位是，直接读出_____，估读出_____。

10. 水准点是_____，转点是_____。

11. 水准路线的形式有_____、_____和_____。

12. 水准测量要求前后视距离相等是为了消除_____误差。

13. 水准仪各轴线间应满足_____、_____、

_____，其中_____是主要条件。

二、计算题

1. 设 A 为后视点、B 为前视点，A 点的高程为 20.016m，当后视读数为 1.124m、前视读数为 1.428m 时，问 A、B 两点的高差是多少？B 点比 A 点低还是高？B 点高程是多少？视线高是多少？并绘图说明。

2. 计算下表所列水准测量成果的高差、高程并计算校核（高差法）。

测点	后视读数（m）	前视读数（m）	高差（m）		高程	备注
			+	−		
A	1.481				37.654	
1	0.684	1.347				
2	1.473	1.269				
3	1.473	1.473				
4	2.762	1.584				
B		1.606				
计算检核	$\sum a$	$\sum b=$				
	$\sum a-\sum b$		$\sum h=$		$H_B-H_A=$	

3. 计算下表所列水准测量成果的视线高、高程并计算校核（仪高法）。

点号	后视读数 (m)	视线高 (m)	前视读数 (m)		高程 (m)	备注
			转点	中间点		
A	2.736				8.321	
1	1.845		0.612			
2	2.257		0.324			
3				1.143		
4	0.021		1.067			
5	0.132		2.004			
B			1.401			
计算检核						

4. 计算闭合水准路线的观测成果。

测点	测站数	实测高差 (m)	改正数 (m)	改正后高差 (m)	高程 (m)	备注
A	10	+1.224			4.330	已知高程点
1	8	−1.424				
2	8	+1.781				
3	11	−1.714				
4	12	+0.108				
A						
Σ						

$f_h=$

$f_{h容}=\pm12\sqrt{n}=$

$\therefore f_h \underline{\qquad} f_{h容}$

每站的改正数$=-\dfrac{f_h}{路线总站数}$

$=$

5. 计算附合水准路线的观测成果。

测点	测段长度 (km)	实测高差 (m)	改正数 (m)	改正后高差 (m)	高程 (m)	备注
BM_A	1.8	+6.310			36.444	已知高程点
BM_1	2.0	+3.133				
BM_2	1.4	+9.871				
BM_3	2.6	−3.112				
BM_4	1.2	+3.387				
BM_B					55.977	已知高程点
Σ						

$H_B-H_A=$

$f_h=$

$f_{h容}=\pm40\sqrt{L}$

$\therefore f_h \underline{\qquad} f_{h容}$

每站的改正数$=-\dfrac{f_h}{路线总长度}$

$=$

6. 安置水准仪在高 A、B 两点等距离处，A 尺读数 $a_1 = 1.321$m，B 尺读数易，$b_1 = 1.117$m，然后搬仪器到 B 点近旁，B 尺读数 $b_2 = 1.466$m，A 尺读数 $a_2 = 1.695$m，试问水准管轴是否平行于视准轴？计算 A 点尺上应读的正确读数是多少？

第三节　角度测量

一、填空题

　　1. 水平角是_____
竖直角是_____。

　　2. 经纬仪的构造主要由_____、_____和_____三部分组成；经纬仪测角常用方法为_____。

　　3. 经纬仪安置包括_____和_____，其目的分别是_____和_____。

　　4. 经纬仪垂球对中误差不应大于_____，光学对中误差不应大于_____；整平误差不应大于_____；角度测量要求两个半测回角值之差不得超过_____。

　　5. 经纬仪整平时，使照准部水准管轴_____于两个脚螺旋的连线，转动这两个脚螺旋使_____居中，将照准部旋转_____，转动_____使气泡居中。在这两个位置来回数次，直到气泡任何方向都居中为止。

　　6. 用测回法测角，各测回起始读数递增 $180°/n$ 的目的是_____。

　　7. 竖盘读数前应使_____居中。

　　8. DJ$_6$ 经纬仪分微尺可直读到_____，估读到_____。DJ$_2$ 经纬仪数字化读数直读到_____，估读到_____。

　　9. 经纬仪各轴线间应满足_____、_____、_____、_____。

　　10. 角度观测采用盘左和盘右能消除_____误差。

二、计算题

1. 试计算测回法观测水平角记录成果并说明是否合格。

测站	竖盘位置	目标	水平度盘读数	半测回角值	一测回角值
			° ′ ″	° ′ ″	° ′ ″
B	左	A	0 00 06		
		C	63 24 24		
	右	A	180 00 12		
		C	243 24 06		

2. 试计算竖直角观测记录成果。

测站	目标	竖盘位置	竖盘读数	半测回角值	一测回角值	指标差	备 注
			° ′ ″	° ′ ″	° ′ ″	″	
B	A	左	59 29 48				
		右	300 29 48				
	C	左	93 18 54				
		右	266 40 54				

3. 试计算全圆测回法观测水平角记录成果。

测回	测点	水平度盘读数		2C (″)	左+右±180 / 2 (° ′ ″)	归零方向值 (° ′ ″)	各测回平均方向值 (° ′ ″)	水平角 (° ′ ″)
		盘左 (° ′ ″)	盘右 (° ′ ″)					
第一测回	A	00 02 36	180 02 48					
	B	42 26 30	222 26 36					
	C	96 43 30	276 43 42					
	D	179 50 54	359 50 48					
	A	00 02 36	180 02 42					
第二测回	A	90 02 36	270 02 42					
	B	132 26 54	312 26 48					
	C	186 43 42	6 43 30					
	D	269 50 54	89 51 00					
	A	90 02 42	270 02 48					

第四节 距离测量与直线定向

一、填空题

1. 直线定线是_____，其方法有
_____和_____。

2. 为了进行校核和提高丈量精度，用钢尺_____丈量，用_____误差来
衡量丈量结果的精度，其公式为_____。

3. 丈量距离的基本要求是_____。

4. 直线定向是_____；标准方向的种类有
_____、_____和_____。

5. 方位角的定义是_____，象
限角的定义是_____。

二、计算题

1. 欲丈量 A、B 两点的距离，往测 $D_{AB}=188.257\text{m}$，返则 $D_{BA}=188.205\text{m}$，规定
相对精度为 1/3000，试求该直线丈量相对误差 K 为多少？并判定是否合格？如合格则
AB 直线长度为多少？

2. 已知直线的坐标方位角分别为 $\alpha_{12}=37°25'$，$\alpha_{23}=173°37'$，$\alpha_{34}=226°18'$，$\alpha_{45}=334°48'$，试分别计算出它们的象限角和反坐标方位角。

3. 如图所示，五边形的各内角为 $\beta_1=123°40'$，$\beta_2=115°50'$，$\beta_3=85°30'$，$\beta_4=120°40'$，$\beta_5=94°20'$，$\alpha_{12}=32°20'$，试计算五边形各边的方位角和象限角。

第五节 全站仪及 GPS

一、填空题

1. 全站仪又称_____，是一种可以同时进行_____测量和_____测量，由_____、_____、_____组合而成的测量仪器。

2. 全站仪由_____和_____两部分组成。

3. 全站仪标准测量模式有_____、_____和_____。

4. GPS 系统包括_____、_____、_____三大部分。

二、问答题

1. 全站仪名称的含义是什么？

2. 全站仪的主要特点有哪些？

3. 全站仪有哪些用途？其操作方法如何？

4. 全站仪检验与校正有哪几项？如何检验？

5. GPS 定位的基本原理是什么？在测量中有哪些应用？

第六节 小地区控制测量

一、填空题

1. 为了遵循＿＿＿＿＿＿＿＿、＿＿＿＿＿＿＿＿＿的测量原则，在测绘地形图和施工放样时需先建立控制网，它有＿＿＿＿＿和＿＿＿＿＿两种。

2. 导线的布设形式有＿＿＿＿＿＿＿＿、＿＿＿＿＿＿＿＿和＿＿＿＿＿＿＿。

3. 导线测量的外业工作包括＿＿＿＿＿＿＿＿、＿＿＿＿＿＿＿＿、＿＿＿＿＿＿＿、＿＿＿＿＿＿＿＿、＿＿＿＿＿＿＿＿等。

4. 连接边是指＿＿＿＿＿＿＿＿＿，连接角是指＿＿＿＿＿＿＿＿＿＿。

5. 闭合导线与附合导线成果计算的不同点是＿＿＿＿＿＿＿＿＿＿＿＿＿＿和＿＿＿＿＿＿＿＿＿＿＿＿。

6. 四等水准测量的各项限差是①前、后视距差＿＿＿＿＿；②视距累积差＿＿＿＿＿；③最大视距＿＿＿＿＿；④红、黑面读数差＿＿＿＿＿；⑤红、黑面高差之差＿＿＿＿＿；⑥全长高差允许闭合差为＿＿＿＿＿或＿＿＿＿＿。

7. 四等水准测量一测站的观测顺序为＿＿＿＿＿＿；中丝读数前特别注意＿＿＿＿＿＿。

二、计算题

1. 试按表7－1计算闭合导线测量成果。

2. 试按表7－2计算附合导线测量成果。

表7—1　经纬仪闭合导线坐标计算表

点名	观测右角			改正值			方位角 α			边长 D (m)	增量计算值 (m)		增量改正后数值 (m)		坐标 (m)		备注略图
	°	′	″	°	′	″	°	′	″		ΔX	ΔY	ΔX	ΔY	X	Y	
A							44	32	00	299.33					500.00	500.00	
B	75	56	30							232.38							
C	107	20	00							239.89							
D	87	29	18							239.18					500.00	500.00	
A	89	15	00														
Σ																	
计算	$f_\beta =$　$f_{\beta容} =$						$\therefore f_\beta$,　$f_{\beta容}$				$f_x =$　$f_y =$				$f_D =$　$K =$		

表 7-2 经纬仪附合导线坐标计算表

点名	右角		方位角 α			边长 D (m)	增量计算值 (m)		增量改正后数值 (m)		坐标 (m)		备注
	观测者	改正值	°	′	″		ΔX	ΔY	ΔX	ΔY	X	Y	
	° ′ ″	° ′ ″											备注略图
A			45	00	00								
B	120 30 00										200.00	200.00	
1	212 15 30					297.26							
2	145 10 00					187.81							
C	170 18 30					93.40					155.37	756.06	
D			116	44	18								
Σ													

$f_\beta =$ $f_x =$ $\therefore f_D =$

$f_{\beta容} =$ $f_y =$ $K =$

$\because f_\beta \quad f_{\beta容}$ $\therefore f_\beta \quad f_{\beta容}$

3. 根据下图所给出的四等测量数据，将各站的观测数据按四等作业的观测程序填入"四等水准记录表"中，并进行计算。

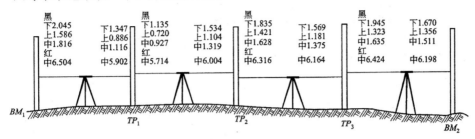

四等水准记录表

测站编号	点号	后尺	下丝上丝	前尺	下丝上丝	方向及尺号	标尺读数		K 加黑减红	高差中数	备注
							黑面	红面			
		后距		前距							
		视距差 d		$\sum d$							
						后					
						前					$K_1 = 4687$
						后－前					$K_2 = 4787$
						后					
						前					
						后－前					
						后					
						前					
						后－前					
						后					
						前					
						后－前					
						后					
						前					
						后－前					

第七节　施工测量的基本工作

一、填空题

1. 施工测量要遵循_____、_____、_____原则进行，施工测量与_____的过程相反，施工测量贯穿于_____中。

2. 施工测量的三个基本工作是_____、_____、_____、_____。

3. 测设已知数值水平角的一般方法是_____；精确方法需求得改正数为_____。

4. 点的平面位置测设的基本方法有_____、_____、_____、_____。

5. 点位测设包括点的_____和点的_____。

6. 已知水准点 A 的高程为 5.704m，需在 B 点测设高程为 5.980m，读取 A 点尺上读数为 1.637m，则 B 点尺上读数为_____，尺底标高为 5.980m。

二、计算题

1. 欲精确测设 $\angle BAC = 90°00'00''$，用经纬仪精确测得 $\angle BAC' = 89°59'42''$。已知 AC 长度为 100m，试计算 CC' 值。

2. 利用高程为 3.000m 的水准点 BM_A，欲测设出 B 点高程为 3.520m 的室内地坪 ±0.000m 标高。

（1）设尺子立于水准点上时按水准仪的水平视线在尺上画一条线，试问在同一根尺上应在何处再画一条线，才能使水平视线对准此线时尺子底部即在 ±0.000m 标高的位置。

（2）若在水准点上立尺的读取数为 0.966m，则在 B 点上立尺应读取读数为多少时，尺度即为 ±0.000m 的标高位置？画图说明之。

3. 根据水准点 BM_A 的高程为 17.500m，欲测设基坑水平桩 C 的高程为 14.000m，如图所示，B 点为基坑边设的转点。将水准仪安置在 A、B 点之间，后视读数为 0.756m，前视读数为 2.625m，仪器再搬进基坑内设站，再用水准尺或钢尺在 B 点向坑内立倒尺（即尺的零点在 B 端），其后视读数为 2.555m，在 C 点处再立倒尺。试问在坑内 C 点处前视尺上应读数 X 为多少时，尺度才是欲测设的高程线？

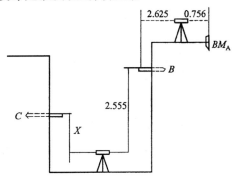

4. A、B 为控制点，其坐标分别为 $\begin{cases} X_A = 3220.00m \\ Y_A = 3100.00m \end{cases}$，$\begin{cases} X_B = 3048.68m \\ Y_B = 3086.30m \end{cases}$，$P$ 为拟测设点，其设计坐标为 $\begin{cases} X_P = 3110.50m \\ Y_P = 3332.40m \end{cases}$，现根据 B 点按坐标法在实地放样 P 点，试计算放样元素 D_{BP} 及 β_B，绘图表示。

5. A、B 为已知的控制点，1、2 为要测设的建筑物轴线，已知 $X_A = 0.000m$，$Y_A = 0.000m$；$X_B = 0.000m$，$Y_B = 135.000m$；$X_1 = 45.000m$；$Y_1 = 45.000m$；$X_2 = 45.000m$；$Y_2 = 90.000m$，试计算采用极坐标法的测设数据并简述其放样步骤。

第八节　民用建筑施工测量

一、填空题

1. 建筑施工控制通常有＿＿＿＿＿＿＿和＿＿＿＿＿＿＿＿两种形式。

2. 建筑基线可布设成＿＿＿＿＿＿＿＿、＿＿＿＿＿＿＿＿、＿＿＿＿＿＿＿＿
和＿＿＿＿＿＿＿＿等形式。

3. 建筑基线的测设方法有＿＿＿＿＿＿＿和＿＿＿＿＿＿＿。

4. 建筑方格网的主轴线应与＿＿＿＿平行，方格网的转折角应严格成＿＿＿＿。

5. 高程施工控制图应布设成＿＿＿＿＿＿＿、＿＿＿＿＿＿＿路线。

6. 民用建筑工程测设前应做以下＿＿＿＿＿＿＿＿、＿＿＿＿＿＿＿＿、
＿＿＿＿＿＿＿＿、＿＿＿＿＿＿＿准备工作。

70 建筑物的定位方法有根据＿＿＿＿＿＿＿定位、根据＿＿＿＿＿＿＿定位、
根据＿＿＿＿＿＿＿定位、根据＿＿＿＿＿＿＿定位。

8. 建筑物的放线方法有＿＿＿＿＿＿＿、＿＿＿＿＿＿＿、＿＿＿＿＿＿＿。

9. 建筑物的轴线投测方法有＿＿＿＿＿＿＿、＿＿＿＿＿＿＿和＿＿＿＿＿＿＿；
标高传递方法有＿＿＿＿＿＿＿、＿＿＿＿＿＿＿、＿＿＿＿＿＿＿。

10. 皮数杆的作用是＿＿＿＿＿＿＿＿＿＿＿＿＿＿；其位置设置在＿＿＿＿＿
＿＿＿＿＿＿＿＿。

二、计算题

如图所示为原有建筑物与拟建建筑物的相对关系，甲为原有建筑物，乙为拟建建筑物。如何根据原有建筑物甲测设出拟建建筑物乙？试画出示意图，已知水准点 BM_A 的高程为 26.740m，在水准点上读取后视读数为 1.580m，则在 2 点尺上应读的前视读数为多少时，尺底即为室内地坪标高为±0.000＝26.990m 的位置。

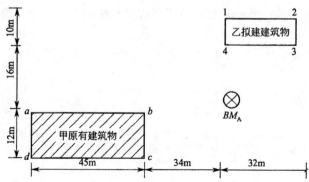

1. 已知 1、2 点施工坐标值分别为：$A_1 = 200.00$m，$B_1 = 300.00$m，$A_2 = 280.00$m，$B_2 = 500.00$m，施工坐标原点 O 在测量坐标系统中的坐标值为：$X_O = 120.00$m，$Y_O = 200.00$m，而坐标纵轴 X 与 A 所成的夹角 $\alpha = 30°$，试求 1、2 两点的测量坐标值，并绘图表示。

2. 要确定建筑方格网主要轴线的主点 A、O、B，如图所示，现根据控制网测设出 A'、O'、B' 三点，测得 $\angle A'$，O'，$B' = \beta = 179°59'36''$，已 $a = 150$m，$b = 200$m，试求移动量 δ 值。

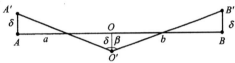

第九节　工业建筑施工测量

一、填空题

1. 柱子安装前用水准仪在杯口内壁测设_____标高线，并画出_____标志，作为杯底找平的依据。

2. 柱子安装前在每根柱子的_____个侧面上弹出柱中心线，并把据牛腿面设计标高，以牛腿面向下用钢尺量出_____及_____标高线。

3. 柱子安装竖直校正测量时，用_____台_____仪分别安置在_____。

4. 吊车轨道安装测量主要保证_____、_____以及_____符合设计要求。

二、问答题

1. 柱子安装测量时应满足哪些条件?

2. 柱子安装前应做哪些准备工作?

3. 柱子校正时应注意哪些事项?

第十节　工程变形监测

一、填空题

1. 工程变形监测的最大特点是_____。
2. 基坑墙顶位移监测点宜设在_____，其间距为_____。
3. 测斜监测点一般布置在基坑平面上_____位置，其间距为_____，每边监测点数目不应。少于_____个，其深度_____。
4. 建筑物的变形观测有_____、_____、_____、_____、_____。
5. 建筑物的沉降观测水准点至少设_____个，观测时要求前后视长度_____，其视线长度不得超过_____ m，观测要求两次后视读数之差不得超过_____。

二、问答题

1. 何谓工程变形监测？其任务是什么？

2. 基坑监测的目的原则与步骤是什么？

3. 围护墙顶水平位移及墙顶竖向位移监测分别采用什么方法？

4. 基坑围护墙顶水平位移监测频率如何？

5. 试述基坑回弹观测的方法。

6. 试述建筑物沉降观测的方法。

第十一节　管道与道路施工测量

一、填空题

1. 管道施工过程中的测量工作主要是控制_____和_____，常用的方法是_____。

2. 坡度板法测量工作的程序为_____、_____和_____。

3. 圆曲线的三个主点是、_____、_____和_____；圆曲线的测设元素有_____、_____、_____、_____和_____；圆曲线的详细测设常用的两种方法是_____和_____。

4. 道路施工前的测量工作的主要内容有_____

_____。

5. 道路施工过程中的测量工作有_____

_____。

二、计算题

1. 试计算坡度钉的测设记录表，BM_A 高程为 18.056m。

板桩号	坡度	后视	视线高程	前视	板顶高程	管底高程	（板一管）高差	选定下反数	板顶高程调整数	坡度钉高程
BM_A 0+000			1.430							
0+020			1.440							
0+040	−1%↓	1.784	1.515	15.720			2.500			
0+060			1.606							
0+080			1.348							
0+100			1.357							

2. 已知道路交点 JD_5 的桩号为 2+372.50，$\alpha_右=40°$，圆曲线半径 $R=200$m。

（1）计算圆曲线主点测设元素 T、L、E、J；

（2）计算圆曲线主点 ZY、QZ、YZ 桩号并检核；

（3）设曲线上整桩距 $l_0=20$m，计算用偏角法详细测设该圆曲线的数据。

参 考 文 献

［1］中华人民共和国住房和城乡建设部 GB 50026—2007 工程测量规范［S］. 北京：中国计划出版社，2008.

［2］中华人民共和国住房和城乡建设部 . CJJ/T 8—2011 城市测量规范［S］. 北京：中国建筑工业出版社，2011.

［3］国家标准局 . 地形图图式 1：500、1：1000、1：2000［S］. 北京：测绘出版社，2006.

［4］中华人民共和国住房和城乡建设部 GB/T 12898—2009 国家三、四等水准测量规范［S］. 北京：中国标准出版社，2009.

［5］中华人民共和国行业标准 . CGJ 8—2007 建筑变形测量规范［S］. 北京中国建筑工业出版社，2007.

［6］刘国彬，王卫东 . 基坑工程手册 . 第 2 版［M］. 北京：中国建筑工业出版社，2009.

［7］来丽芳，王云江等 . 工程测量［M］. 北京：中国建筑工业出版社，2012.

［8］王云江 . 市政工程测量 . 第 3 版［M］. 北京：中国建筑工业出版社，2015.

［9］王云江 . 建筑工程测量 . 第 3 版［M］. 北京：中国建筑工业出版社，2013.